数据科学与大数据技术丛书

DATA SCIENCE

数据科学概论

李扬　李舰◎编著

数字教材版

中国人民大学出版社
·北京·

总　序

数据科学时代，大数据成为国家重要的基础性战略资源. 世界各国先后推出大数据发展战略：美国政府于 2012 年发布 “大数据研究与发展倡议”，2016 年发布 “联邦大数据研究与开发战略计划”，不断加强大数据的研发和应用发展布局；欧盟于 2014 年推出 “数据驱动经济” 战略，倡导成员国尽早实施大数据战略；日本等其他发达国家相继出台推动大数据研发和应用的政策. 在我国，党的十八届五中全会明确提出要实施 “国家大数据战略”，国务院于 2015 年 8 月印发《促进大数据发展行动纲要》，全面推进大数据的发展与应用. 2019 年 11 月，《中共中央关于坚持和完善中国特色社会主义制度、推进国家治理体系和治理能力现代化若干重大问题的决定》将 “数据” 纳入生产要素，进一步奠定了数据作为基础生产资源的重要地位.

在大数据背景下，基于数据作出科学预测与决策的理念深入人心. 无论是推进政府数据开放共享，提升社会数据资源价值，培育数字经济新产业、新业态和新模式，支持构建农业、工业、交通、教育、安防、城市管理、公共资源交易等领域的数据开发利用，还是加强数据资源整合和安全保护，都离不开大数据理论的发展、大数据方法和技术的进步以及大数据在实际应用领域的扩展. 在学科发展上，大数据促进了统计学、计算机和实际领域问题的紧密结合，催生了数据科学学科的建立和发展.

为了系统培养社会急需的具备大数据处理及分析能力的高级复合型人才，2016 年教育部首次在本科专业目录中增设 “数据科学与大数据技术”. 截至 2020 年，开设数据科学与大数据技术本科专业的高校已突破 600 所. 在迅速增加的人才培养需求下，亟须梳理数据科学与大数据技术的知识体系，包括大数据处理和不确定性的数学刻画，使用并行式、分布式和能够处理大规模数据的数据科学编程语言和方法，面向数据科学的概率论与数理统计，机器学习与深度学习等各种基础模型和方法，以及在不同的大数据应用场景下生动的实践案例等.

为满足数据人才系统化培养的需要，中国人民大学统计学院联合兄弟院校，基于既往经验与当前探索组织编写了 “数据科学与大数据技术丛书”，包括《数据科学概论》《数据科学概率基础》《数据科学统计基础》《Python 机器学习：原理与实践》《数据科学实践》《数据科学统计计算》《数据科学并行计算》《数据科学优化方法》《深度学习：原理与实践》《数据科学的可视化方法》等. 该套教材努力把握数据科学的统计学与计算机基础，突出数据科学理论和方法的系统性，重视方法应用和实际案例，适用于数据科学专业的教学，也可作为数据科学从业者的参考书.

编委会

前　言

数据科学是大数据时代发展的必然产物，也是推动时代进步的内生动力。作为一门问题导向、数据驱动的交叉学科，数据科学要求研究者具备扎实的知识储备、高效的编程能力以及广阔的研究视野。本书尝试以概论的形式对数据科学的缘起、内涵、技术、工具、原则、方法、平台、产品、应用等展开讨论，帮助读者建立完整的知识体系与专业逻辑。全书划分为四个部分：第一部分是绪论，鸟瞰数据科学的概念、历史与应用；第二部分是基础技能，涵盖编程工具、数学基础与统计原则；第三部分是分析方法，遵循从探索性到验证性的数据分析思路，阐释数据可视化方法，讲解面向结构化数据的机器学习与人工智能模型，并讨论非结构化数据的分析技术；第四部分是数据应用，从业界视角介绍数据库、大数据平台、可重复研究的理念与实践，并以互联网、零售、金融、医疗健康四个行业为例展开实战讨论。

为适应时代要求，全书示例尽量以 R 和 Python 对照展开，方便读者掌握不同的分析工具。为提供教学便利，作者分别准备了基于 Beamer 和 PowerPoint 的课件素材，在中国人民大学出版社网站（www.crup.com.cn）提供下载，并秉承开源思想将所有数据与代码共享于 https://github.com/rucliyang/Intro2ds。

近二十年，两位作者分别修读了统计学博士、软件工程硕士与管理学博士学位，并长期活跃于基于数据科学技术的统计咨询一线，在互联网、市场研究、生物医药、金融、教育心理等领域积累了丰富的实践经验，希冀从不同视角为大家展开数据科学的画卷。本书的完成要特别感谢研究生杨昊宇、彭镜夫、余林涵和徐少东付出的努力。限于时间与精力，全书仍有遗憾，请广大读者海涵，作者亦将不断完善。下面一段文字，与诸位分享，望携手从点滴做起：

“为无为，事无事，味无味。大小多少，报怨以德。图难于其易，为大于其细。天下难事必作于易，天下大事必作于细。”

李扬　李舰

梦回中国人民大学东风六楼

目　录

第1章 绪论

本章导读

伴随大数据时代的发展，数据孤岛逐渐打通，存储与计算能力不断提升，统计分析技术持续创新，数据正在快速从“价值”向“加值”转化。作为核心技术的数据科学，在辅助政府科学决策、指导企业精准生产、促进社会可持续发展等方面发挥着越来越重要的作用。数据科学虽不是横空出世的全新理念，但又较既往技术有着本质不同。本章尝试以思辨的视角展开讨论，鸟瞰数据科学的概念、历史和应用。

1.1 数据科学的概念

1.1.1 数据科学的研究对象

数据科学（data science）是一门利用数据学习知识的学科，其目标是从数据中提取有价值的信息生产数据产品 (Dhar, 2013)。由于内涵的复杂性与综合性，数据科学有机地结合了诸多领域中的理论和技术，包括数学、统计学、模式识别、机器学习、数据可视化、数据库以及高性能计算等。物联网公司 Alluvium 的首席执行官兼创始人德鲁 · 康韦 (Drew Conway) 首先使用韦恩图来表示数据科学与各个学科之间的复杂关系 (Conway, 2010)。由图 1–1 可知，数学与统计学知识加上一定的计算机能力，构成机器学习。而将机器学习算法与各个专业领域知识相结合以解决实际数据中的问题，便是数据科学。随着数据的形式与内容日渐丰富，数据科学的定义越来越宽泛。虽然不同研究者的定义由于知识背景与业务场景的不同存在一定差异，但有一点是共通的：数据科学研究的目标，应当是解决从各个学科的实际业务需要中提炼出来的问题。

数据科学能帮助各行业人士正确处理并利用在行业中获取的海量数据来理解问题，广泛应用于生物学、社会科学、人类学、商业等领域。下面几个简单的例子分别涉及数据的收集、清洗、描述、信息挖掘、预测等环节。在每个例子中，读者会看到数学与统计学知识、计算机能力与各个专业领域的知识在不同的数据科学任务中紧密结合，共同发挥作用。

▶ **例 1–1**

生物医学研究。基于海量医疗数据的数据挖掘技术在为生物医学研究者提供有效工具

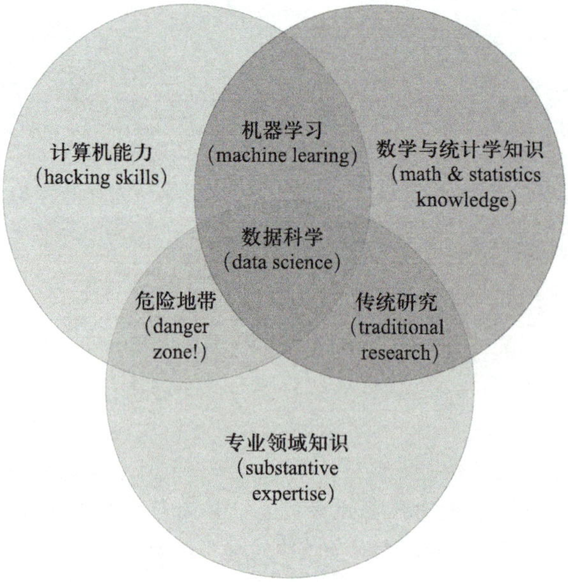

图 1–1　数据科学概念韦恩图 (德鲁 · 康韦版)

的同时，也引发了隐私保护问题。诸如研究单位的保密实验数据、个人的医疗诊断记录等信息都有可能被不法分子获取、滥用，危害公民的隐私权，甚至影响国家的公共安全 (方匡南, 2018)。目前主要通过限制数据访问、模糊数据、减少不必要分组、有目的增加噪声等数据脱敏技术来达到保护隐私的目的。例如，国内一些医院与高校合作时将患者数据转交给高校研究团队进行数据分析。在此之前，医院通常会把数据集中涉及患者姓名、手机号码等私人信息的内容隐去，防止泄露隐私。这一过程充分体现了数据分析技术、文件加密技术与医学伦理学的有机结合。

▶ **例 1–2**

社会学研究。美国社会保障管理局提供的婴儿名数据集记录了 1880—2010 年所有登记出生的婴儿的名字。基于这一数据，社会学家可能会提出这些问题：对于某个感兴趣的名字，是否可以将其受欢迎度随时间变化的趋势呈现出来？男孩与女孩名字的多样性是否存在差异？1880 年最受欢迎的十个名字与 2010 年最受欢迎的十个名字有何不同，是否可以直观展示其随时间变化的过程？强大的数据库语言 (如 SQL) 与丰富的数据可视化工具为这些问题的解决提供了高效的方案。在这一过程中，数据科学家既需要掌握统计学基础知识，也需要熟练应用数据库技术，同时还要与社会学家充分沟通，理解问题的社会学背景并给出具有解释意义的结论。

▶ **例 1–3**

商业研究。支付平台通常会向用户提供透支消费途径 (如支付宝花呗、京东白条等)，并通过用户信用评分模型规避违约风险。系统根据新用户注册时填写的收入、职业、年龄、性别等个体信息，结合其过往的消费记录，对信用等级作出客观评价，以决定该用户的最大透支额度，确保用户在一定时间内可以有效还贷。保证这一评价体系科学性的正是基于海量用户数据所建立的稳健的预测模型。这一过程要求数据科学家不仅能选择合适的统计模型来实现精准预测，同时需要考虑大规模数据的存储与运算问题。

1.1.2　常见的数据科学方法

数据科学的核心问题是采用适宜的方法充分提取数据中的信息，实现数据价值最大化。根据研究思路的不同，数据科学方法可分为有监督学习、无监督学习与半监督学习，如图 1–2 所示①。

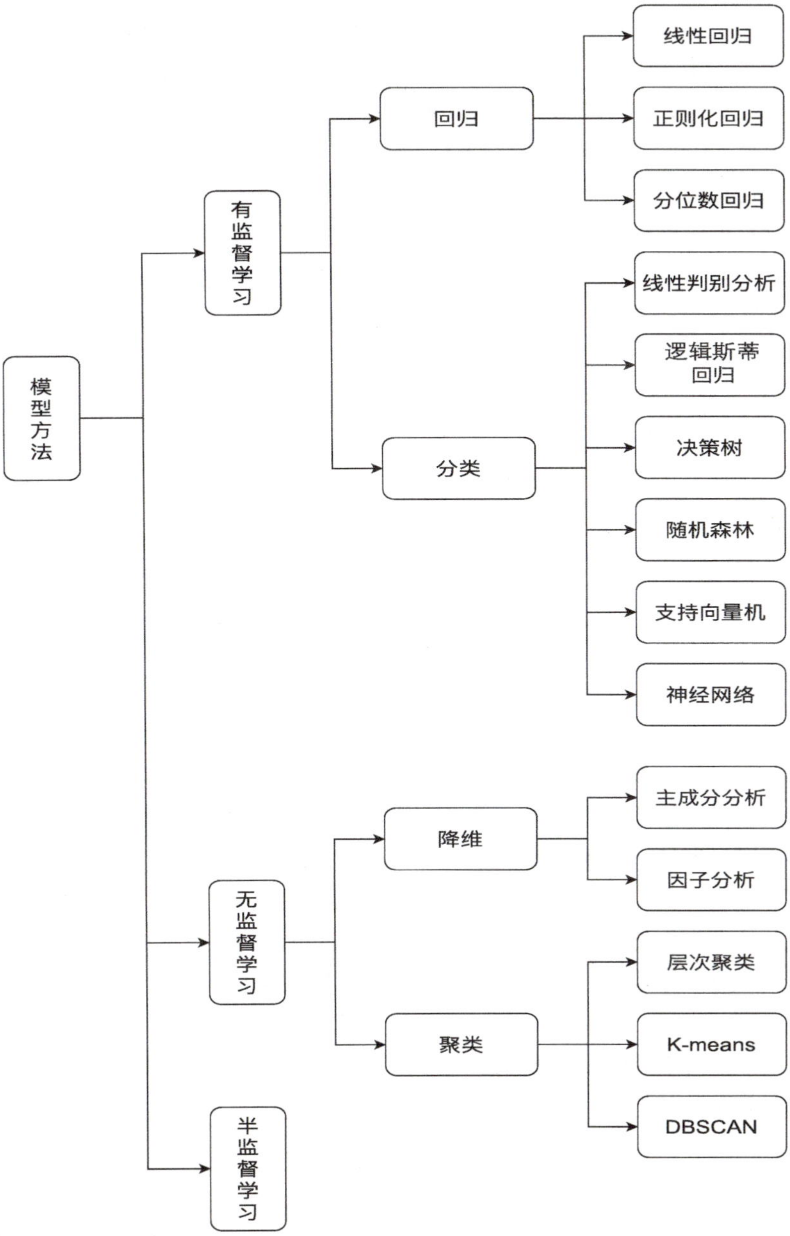

图 1–2　数据科学方法归类示意图

① 该图为归类示意，并不绝对。譬如，基于树结构的回归树模型也解决回归问题。

当训练样本中的每个观测（样本点）同时具有预测变量（特征变量）$x_i = (x_{i1}, \cdots, x_{ip})'$ 和对应的响应变量（标签）y_i $(i = 1, \cdots, n)$ 时，研究者训练模型的过程称为有监督学习。研究者可以通过度量训练样本上响应变量的实际值与预测值之间的差异，比较不同算法的优劣。有监督学习中有两大典型任务：一是分类，即通过特征变量确定样本点所属的类别，此时响应变量是分类型变量，例如通过邮件的发件人、文本内容等信息判断是垃圾邮件还是常规邮件；二是预测，研究者通过一组给定的特征来预测样本响应变量的具体取值，此时响应变量是连续型变量，例如根据钻石的切工、克拉数、颜色等信息来预测其价格。最常见的预测模型是**回归**（regression）①。值得一提的是，分类算法与预测算法之间并不存在绝对的鸿沟。例如，起源于广义线性模型的**逻辑斯蒂**（logistic）回归广泛应用于分类研究，因为它可以输出样本点属于某个类别的概率，以实现分类（比如一封电子邮件是垃圾邮件的概率为 70%，研究者可以将其归类为垃圾邮件）。又如，决策树算法通常代指用于分类的树模型，研究者只需要对其算法稍作调整，也同样可以应用于预测任务。

无监督学习的训练集样本中只有特征变量，没有对应的响应变量（标签）。无监督学习的分析重点不是预测，而是通过已有特征充分挖掘数据本身的结构信息。无监督学习最经典的任务是聚类。所谓聚类，即“物以类聚”。例如，给定一组图片，每张图片中都有一只猫或一只狗，在事先不知道每张图片中动物所属物种的情况下，通过某种统计测度度量图片之间的相似度，将相似的图片划为同一类，实现两个物种的自动区分。假如只有少数图片，人工区分的精度显然会更高，但如果有数万张图片，那么从数据中“学习”，通过训练模型来聚类是更加省力的办法。无监督学习的另一项经典任务是降维，即在不损失过多信息的前提下将多个相关的特征合并成一个，使其具有更好的解释性。在数据科学中，降维也称特征提取。例如，某团购平台记录了一群消费者对多家面馆的面条、配料、汤的打分，数据分析师可以使用主成分分析法，将三个分数合并成一个综合得分，供其他消费者参考。此外，还可以得到三个分数在综合得分中所占的比重，供面馆参考，以决定应该重点提高哪一方面来吸引顾客。

当数据中同时存在大量没有标签的样本以及少量有标签的样本时，研究者需要使用半监督学习方法。半监督学习综合利用两部分数据信息，通过后者提高整个模型的精度。移动设备的图片标记技术是一个生动的例子：某用户与父母拍了 100 张合照，在将照片上传到设备之后，他对 10 张照片中出现的人物身份进行手动标记（如“父亲”“母亲”）。被标记好的 10 张照片就是少量有标签的样本，而未标记的 90 张照片就是没有标签的样本。由于同一个人在不同照片中的肖像具有一定的相似度，移动设备能通过半监督学习算法训练模型，将剩下的 90 张照片中出现的人物与前 10 张中的进行比对，判断哪个是父亲、哪个是母亲，实现自动标记。相比于不进行手动标记直接训练模型进行聚类的无监督学习，半监督学习由于利用了有标签的样本提供的信息，往往会有更高的分类精度。

---

① “回归”一词来源于弗朗西斯 · 高尔顿（Francis Galton）对父母与子女身高关系的研究，他发现高个子父母所生的孩子往往会比他们矮，而矮个子父母的孩子往往会变高，人类的身高似乎有向中间值“回归”的趋势。后来这一名词就被他用来命名分析变量相关性的方法。

1.2 数据科学的发展变迁

1.2.1 数据科学的前身：统计学

虽然人类关于统计的实践可以追溯到原始社会的结绳计数活动，但统计学从实践上升到理论并成为一门系统的科学却是近代的事情，距今只有 300 多年的历史。根据统计方法的演变，这段历史可以划分为三个时期，分别是古典记录统计学时期、近代描述统计学时期以及现代推断统计学时期 (方匡南, 2018)。

1. 古典记录统计学时期

17 世纪中叶是古典记录统计学的萌芽期。彼时，随着欧洲资本主义兴起，政治改革家对经济数据进行科学管理的需求日益增加。一系列统计学的奠基性工作在欧洲各国展开，其主要代表是英国的政治算术学派与德国的国势学派。

政治算术学派的创始人是威廉 · 配第 (William Petty)，他在 1676 年完成的《政治算术》(*Political Arithmetic*) 一书中利用实际资料对英国、法国与荷兰的国情国力作了系统的数量对比分析，为统计学的形成和发展奠定了方法论基础。因此马克思称其为“政治经济学之父，在某种程度上也是统计学的创始人”。国势学派的主要代表人物是赫尔曼 · 康林 (Hermann Conring) 和戈特弗里德 · 阿亨瓦尔 (Gottfried Achenwall)，他们主要应用对比分析的方法研究国家领土、人口、资源财富，比较了各国实力的强弱。该学派偏重定性分析，而不注重定量计算，为统计学的发展奠定了经济理论基础。“统计学”术语大约在 18 世纪中叶由戈特弗里德 · 阿亨瓦尔提出，由英文中的“阶层”(status) 一词和德语中的“政治算术”(politische arithmetik) 一词合成。①

与此同时，在统计学中起到奠基性作用的概率论也闪亮登场。17 世纪中叶，法国的两位大数学家布莱士 · 帕斯卡 (Blaise Pascal) 与皮耶 · 费马 (Pierre de Fermat) 在信件来往中解决了著名的“赌资分配问题”② 。通过对这个问题的研究，早期概率的计算从简单粗糙的计数阶段进入了较为精确的计算阶段，并逐步形成一套科学的体系：概率论。18 世纪初，英国数学家托马斯 · 贝叶斯 (Thomas Bayes) 在回答“先验知识如何能帮助人们进行推断”这一问题时，提出了著名的贝叶斯公式，标志着贝叶斯统计思想的诞生。

2. 近代描述统计学时期

18 世纪末至 19 世纪末，欧洲各国先后完成工业革命，各行业的数据资料积累达到一定

① 分别取 “sta” “tis” “tik” 这三个字段合成，所以德语中的统计学对应的单词为 “statistik”，后在英语中演变为 “statistic”。

② 赌资分配问题即两人进行赌博，约定五局三胜，现一人 2:1 领先。假设两人每局胜率不变，若赌博中断，该如何分配赌资。统计学中的总体均值之所以被称为期望 (expectation)，就是源自对平均情况下一个赌徒可以期望自己赢得多少钱的研究。

规模，对统计的需求从国计民生延伸到科学技术的各个领域。统计学的相关理论也在这一时期迅速发展。

法国数学家亚伯拉罕 · 棣莫弗 (Abraham de Moivre) 在针对赌博问题的研究中发现了二项分布。由于受限于当时的计算能力，得到精确的概率值并不容易，这促使他寻找近似计算的方法，提出了著名的中心极限定理。法国数学家皮埃尔–西蒙 · 拉普拉斯 (Pierre-Simon Laplace) 建立了中心极限定理的一般形式，该定理随后又被其他数学家推广到更多概率分布的情形。拉普拉斯在 1812 年出版的《概率分析理论》(*Analytical Probability Theory*) 是概率论发展史上的奠基之作，他在书中总结了该时期对概率论的研究，并介绍概率在选举、审判、气象调查等领域的应用。值得一提的是，拉普拉斯还推导了贝叶斯公式的一般形式，并应用在天文学和法学等学科中。虽然贝叶斯学派在该时期逐渐发展，但由于该学派引入主观因素（先验概率）的做法与当时主流的频率学派观点相左，受到了猛烈的抨击。另一方面，贝叶斯方法对于计算效率的要求在当时几乎不可能达到，导致相关研究工作几近停滞。

1801 年 1 月，天文学家发现了一颗从未见过的光度 8 等的新星，它在夜空中出现了 6 个星期就没了踪影。由于观测数据有限，难以计算其轨道，天文学家无法确定这颗新星是彗星还是行星。这个问题很快成了学术界关注的焦点。德国数学王子高斯（Johann Carl Friedrich Gauss）通过一种崭新的方法计算出它的运行轨道，并准确预言了它下次在夜空中出现的时间和位置，这一方法就是大名鼎鼎的以正态误差分布为基础的最小二乘法。高斯不仅推导出误差的分布正是中心极限定理中的极限分布①，其方法也首次体现了极大似然的思想，对后世统计理论的发展具有深远影响。

在前人的基础上，比利时统计学家阿道夫 · 凯特勒 (Adolphe Quetelet) 创立了数理统计学派，他在代表作《关于应用于道德、科学、政治科学的概率论的书简》(*The History of Probabilities Applied to Moral and Political Sciences*) 和《社会物理学》(*Essays on Social Physics*) 中将概率论和统计方法引入社会经济方面的研究，指出需要从数据所体现的大量偶然性现象出发，探索背后的必然规律。他最大的贡献是, 将此前主要研究社会经济现象的统计学与主要研究赌博问题、自然现象的概率论这两个看起来毫无关系的学科通过正态分布联系在一起，他发现以往被人们认为毫无规律可循的社会现象，也如同自然界一样具有规律性，统计学与概率论的历史从此交汇。吸纳了概率论的统计学进入新的发展阶段——近代描述统计学时期。英国统计学家卡尔 · 皮尔逊 (Karl Pearson) 是其中的代表人物，他主张在生物领域使用统计学进行定量研究，推导了多种分布，并提出了诸如相关系数、标准差、卡方检验等重要概念和方法，受到了统计学家的推崇，整整一代的西方统计学家在他的影响下成长起来，将统计学发扬光大。

3. 现代推断统计学时期

进入 20 世纪，随着科学技术的快速发展，近代描述统计学已经无法适应生产力的需求。人类不只需要对现有数据的简单描述，更需要从来自各个学科的大量知识（数据）中挖掘更多信息以指导未来的生产活动。统计学的重心转为推断统计，进入了新的阶段。

① 由于拉普拉斯与高斯在正态分布发现和应用方面各有贡献，正态分布在当时的法国称为拉普拉斯分布，在德国称为高斯分布，后来在英国统计学家皮尔逊的倡议下学术界才统一使用正态分布这一叫法。

皮尔逊的学生，统计学家威廉 · 哥赛特 (William Gosset) 在酿酒厂从事实验数据分析工作时，为了解决小样本数据无法使用正态分布建模的问题，推导出 t 分布。1908 年，哥赛特首次以 “Student” 的笔名发表题为 “The probable error of a mean” 的论文 (Student, 1908)。这篇文章提供了 t 检验的理论基础，使基于小样本对总体均值进行推断成为可能。因此，许多统计学家把 1908 年看作统计推断理论的元年。1923 年，英国统计学家罗纳德 · 费希尔 (Ronald A. Fisher) 为满足农作物育种研究的需求，在概率论和数据统计理论的基础上提出了随机试验设计技术，以及方差分析、随机化原则等一系列统计推断理论与方法。费希尔的研究不仅适用于农业与生物学领域，也渗透到更多学科中，由此提炼出来的成系统的推断统计学逐渐被整个科学领域接受。

自 20 世纪 30 年代起，随着医学技术的发展，统计学研究逐步进入医学领域，并形成了一系列现代医学统计方法，如生存质量研究、纵向数据研究、生存分析等。统计学与医学相辅相成，一方面统计学促进了医学界对医疗数据的科学管理与应用；另一方面医学界对大量医疗数据的分析需要也推动统计方法不断迭代更新。多变量分析、非参数估计等新方法应运而生。特别是从 20 世纪 80 年代开始，随着现代生物医学的发展以及计算机技术的进步，人类对疾病的研究进入基因领域。在对基因数据的分析中，由于基因特征维度远远大于样本量，传统的统计方法诸如最小二乘法已经不再适用，进而催生了以 Lasso 为代表的大量针对高维数据的处理和分析方法。与此同时，随着计算机技术的提高，计算能力不再是限制统计方法发展的瓶颈。统计学家发现，使用贝叶斯统计理论能解决很多之前频率学派无法解决的问题。一系列基于贝叶斯思想的统计方法开始涌现，如朴素贝叶斯分类器、马尔可夫蒙特卡罗方法等。贝叶斯学派开始被学界重视，逐渐与频率学派分庭抗礼。

20 世纪 90 年代以来，随着互联网技术的迅速发展，人类能够在数据库中方便地存储和读取海量数据，如何从大样本中获取更丰富的有用信息就变得尤为重要。统计学家关心的工作不再局限于对统计理论的推导，他们往往将更多精力放在对实际数据的收集、处理和信息挖掘上。此外，各个学科对于通过现有数据预测未来数据走向的需求也日益增长。数据科学的概念应运而生，登上历史舞台。

1.2.2 当代统计学：数据科学

过去 30 年间，“数据科学” 一词逐渐成为现代科学中的热点词汇。与存在 300 多年的统计学相比，数据科学这一概念更加年轻。图灵奖获得者彼得 · 诺尔 (Peter Naur) 于 1960 年首先提出 “数据学” （datalogy）的概念，并将其作为计算科学的一个分支。在其 1974 年出版的 *Concise Survey of Computer Methods* 一书中，诺尔在对当代数据处理方法的调研中首次使用 “数据科学” （data science）一词。

1962 年，约翰 · 图基① (John W. Tukey) 在文章 “The Future of Data Analysis” 中写道：“长久以来我以为我是一名统计学家，对于从样本中获得关于总体的推断抱有兴趣。但当我目睹了数理统计学的发展，我产生了怀疑。我开始感到我根本的兴趣在于数据分析。数据分析，以及与之相关的一部分统计学，必须被赋予更多科学的特性而非数学的特性。数据分析本质上是一门经验科学。” 这篇论文发表在 *The Annals of Mathematical Statistics* 上，在当

① 美国数学家，快速傅里叶变换与箱线图之父。

时该期刊上的绝大多数论文都只关注统计学方法的定义、理论及证明。在那个极度重视统计理论的年代，意识到统计学在数据分析方面的巨大潜力，图基的观点可谓极具远见。此外，图基还指出催生“数据分析”这一新学科的四大驱动力，包括统计理论、飞速发展的计算机技术、各个领域涌现的大量数据、各个学科对于量化分析日益增长的需求。令人惊奇的是，图基认为统计理论只是这一学科的一部分 (Donoho, 2017)。Mosteller and Tukey (1968)共同发表的论文 “Data Analysis, including Statistics” 也在标题中表达了类似想法。他们的观点为日后数据科学概念的诞生与完善奠定了坚实的基础。

尽管诺尔和图基作为先行者率先意识到数据科学的萌芽，但他们并没有对其概念进行明确的定义。直到 1992 年，在法国举行的第二届“日本—法国统计研讨会”上，与会的统计学家才首次给出了数据科学的模糊定义：在已发展完善的统计理论以及数据分析原则的基础上，广泛应用算力愈加强大的计算机来研究不同来源、类型与结构的数据。1997 年，华人统计学家、统计领域最高奖项考普斯会长奖（COPSS）获得者吴建福（C. F. Jeff Wu）教授在其就任美国密歇根大学 H. C. Carver 讲座教授的仪式上，发表了题为“Statistics = Data Science”的演讲，首次把统计学表述为“数据收集、数据分析和决策的三部曲”，将此前偏重描述统计的统计学拓展至更注重分析统计的数据科学。他还建议将“统计学”改称为“数据科学”，同时将“统计学家”改称为“数据科学家”。他认为“‘统’即收集、整理数据，‘计’即基于数据的分析与决策”，统计学本质上就是关于数据的系统科学。而在当时“许多外界人士对统计学的认识还停留在传统的描述统计（比如人口普查），甚至把统计与会计混为一谈”。因此，吴建福教授认为有必要以“数据科学”之名为当代统计学正名。

随着数据科学的概念越发明晰，学术界开始正视这一学科并完善其配套设施。2002 年 4 月，国际科学理事会科学和技术数据委员会创办了 *Data Science Journal* 期刊，聚焦数据系统的描述、在互联网上的发布以及相关法律事宜。2003 年 1 月，辅仁大学、哥伦比亚大学和中国人民大学共同创办 *Journal of Data Science* 期刊，主要接收国际学者在数据科学方面的原创性文章，包括理论、方法与应用等，为数据科学家提供分享成果与交流意见的平台。2013 年，IEEE 数据科学与先进分析工作组成立，并于同年在卢森堡举办了第一届欧洲数据分析会，成立了欧洲数据科学协会（European Association for Data Science，EuADS）。2014 年，该工作组启动了第一届国际会议。美国统计学会统计学习和数据挖掘部门于 2014 年将其期刊更名为 *Statistical Analysis and Data Mining: The ASA Data Science Journal*，并于 2016 年将其部门名变更为“统计学习与数据科学”。2016 年，中国计算机学会数据库专业委员会创办 *Data Science and Engineering* 期刊，供学者交流关于数据科学以及相关编程技术（尤其是关于大数据的处理与分析技术）的最新研究成果。2019 年，由国际统计计算协会创办的 *Computational Statistics and Data Analysis* 期刊增设了 *Annals of Statistical Data Science* 子刊，关注如何使用统计模型结合先进计算机技术解决富有挑战性的数据分析问题。

统计软件的发展也为数据科学的发展提供源动力。早在 20 世纪 70 年代中叶，约翰·钱伯斯① (John Chambers) 与其在贝尔实验室的同事里克 · 贝克尔 (Rick Becker) 合作开发了统计计算软件 S，为数据分析工作提供了实现描述统计、统计推断以及数据可视化的工

① 1998 年约翰·钱伯斯因为 S 语言获得了 ACM 的软件系统奖，他将奖金捐给了美国统计学会的统计计算部门，并设立了约翰 · 钱伯斯统计软件奖 (John Chambers Software Award)，至今仍是统计软件设计的最高奖项。

具。90 年代，罗伯特 · 金特尔曼 (Robert Gentleman) 以及罗斯 · 伊哈卡 (Ross Ihaka) 开发了 R (Team et al., 2013)，作为开源的统计软件，R 迅速地被广泛应用于数据分析工作与统计学的教学工作，促进了数据科学这一概念在各个行业、学科的推广。此后，其他编程语言诸如 Python、Julia 与 JavaScript 等因为其强大、不断迭代更新的数据分析与机器学习软件包，也成为颇受数据科学家欢迎的分析工具。统计软件的迅速发展成熟，使得数据科学家可以轻易在不同平台上应用已经发表的方法展现、分析手头的数据，并进行具有可重复性的数据实验，实现了数据科学作为一门科学的自洽性 (Donoho, 2017)。与此同时，科学界也越发重视数据在科学研究中的巨大作用。2007 年，图灵奖获得者吉姆 · 格雷 (Jim Gray) 设想将“数据驱动科学”（data-driven science）作为科学的“第四范式”，将对科学实验数据的统计分析作为主要的科研方法，同时提出需要建立一个科研数据平台，研究者不仅可以在该平台上获取已经发表的文献，还可以获得相关的数据以复现分析过程。

数据科学的蓬勃发展对业界也产生了深远的影响。吴建福在 1997 年的演讲中曾半开玩笑地说“统计学家改称数据科学家，能获得更高的薪水”，这句话在日后得到了验证。根据谷歌搜索指数显示，2004 年来**统计学家**（statistician）、**数据科学家**（data scientist）与**数据分析师**（data analyst）的相对搜索热度如图 1–3 所示。可以看到，对数据科学家和数据分析师的搜索在 2010 年之后迅速崛起，而对统计学家的搜索则日渐式微。然而这并不意味着突然冒出许多数据科学家，挤占了原本统计学家的就业空间。事实上，许多所谓的“数据科学家”正是统计学科班出身的，只不过随着数据科学这一概念日益深入人心，他们接受了这个更为广泛、更为现代也更符合他们日常工作内容的概念，欣然接受在业界中被称为数据科学家这一事实。

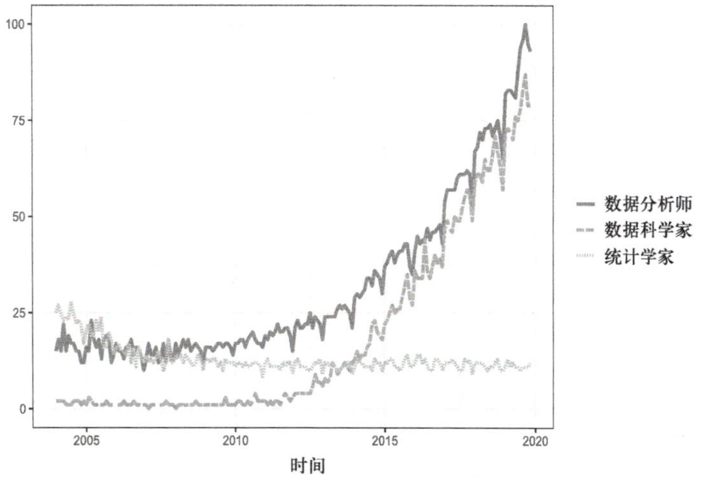

图 1–3 2004 年以来统计学家、数据科学家与数据分析师的搜索热度

一个更有趣的事实是，尽管数据科学家“抢走”了统计学家的风头，但如果在学科层面比较数据科学和统计学的热度，读者会惊奇地发现：虽然统计学近年来的搜索热度有所下降（有可能是被更为具体的方法比如机器学习与深度学习等分散了一部分热度），但其热度依然远在数据科学之上，如图 1–4 所示。这意味着，尽管许多数据科学工作者不会以统计学家

自居，但当他们出于业务需求搜索某个算法进行学习时，统计学仍然是一个绕不开的词，因为即便是在对传统统计学的概念有所延伸的数据科学中，要想掌握诸如随机森林与支持向量机等机器学习算法，仍然需要一定的统计学基础。

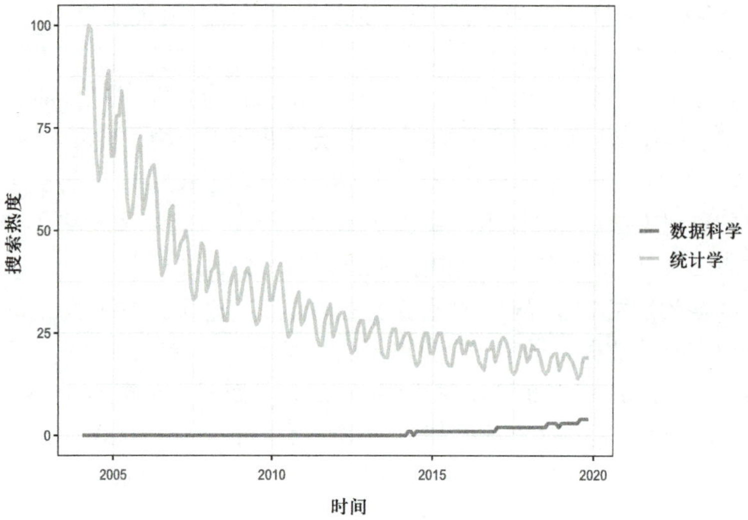

图 1–4　2004 年以来统计学、数据科学的搜索热度

关于数据科学与统计学的关系，学术界一直存在较大的争议。主要存在以下两种观点：

(1) 认为统计学应该坚持自身原则，而不是与数据科学混为一谈。在 2013 年美国统计学会联合会议主题演讲的问答部分，著名应用统计学家纳特 · 西尔弗 (Nate Silver) 说：“统计学本身就是科学的一个分支。数据科学家的提法在某种程度上是有点多余的，人们不应该对统计学家的概念加以扩大。” 威斯康星大学教授卡尔 · 布罗曼 (Karl Broman) 在其个人博客中说：“当物理学家在进行数学计算时，不会把自己称为 ‘数字科学家’，他们实际上是在运用数学。同理，当研究者在分析数据时，实际上是在运用统计学，尽管可以将其称为数据科学，但本质上还是统计学。”

(2) 认为数据科学是对统计学的升华。美国纽约大学斯特恩商学院的教授瓦森特 · 达哈 (Vasant Dhar) 指出，数据科学不同于目前广泛应用于各个学科中只关注解释现有数据的分析流程，它更注重构建能稳定预测未知数据的系统，这使它超越了传统的统计学，为生命科学与社会科学等领域提供强大的预测工具。R 的前身 S 语言的缔造者约翰 · 钱伯斯呼吁统计学家应当以更包容的态度接受从数据中学习的过程。美国计算科学家威廉 · 克利夫兰 (William Cleveland) 也指出应当优先从数据中学习以获得预测性工具，而非解释性理论。

尽管关于数据科学与统计学的关系众说纷纭，但通过对统计学与数据科学发展历史的梳理 (见图 1–5)，不难发现它们其实是一脉相承的关系：经典统计学是数据科学的前身，而数据科学则是不断发展、与时俱进的当代统计学。传统的统计学可以称为数据科学吗? 或许不可以，因为受限于当时的计算能力，它更偏重理论，与解决实际问题的根本任务存在一定的脱节。数据科学可以完全独立于统计学而存在吗? 答案也是否定的。无论是对数据的分析还是对新方法的开发，数据科学的高楼大厦都需要建立在过去几百年搭建起来的稳固的统计学地基上。例如，在随机森林算法中，通常会使用 Bootstrap 方法[①] (Efron, 1992)来划分训练样本和袋外样本。研究者在训练样本上训练模型，在袋外样本上进行预测，比较不同参数设定下的预测准确率，以此选择最优参数。而 Bootstrap 方法提出的初衷是为了评估有限样本下参数估计的不稳定性，是带有浓重统计学味道的基础方法。再比如，常用于解决二分类问题的逻辑斯蒂回归正是广义线性回归模型的一个特例，而其 Logit 连接函数又被应用于神经网络方法中作为隐层神经元的输出变换，只不过换了个名字——Sigmoid 函数。

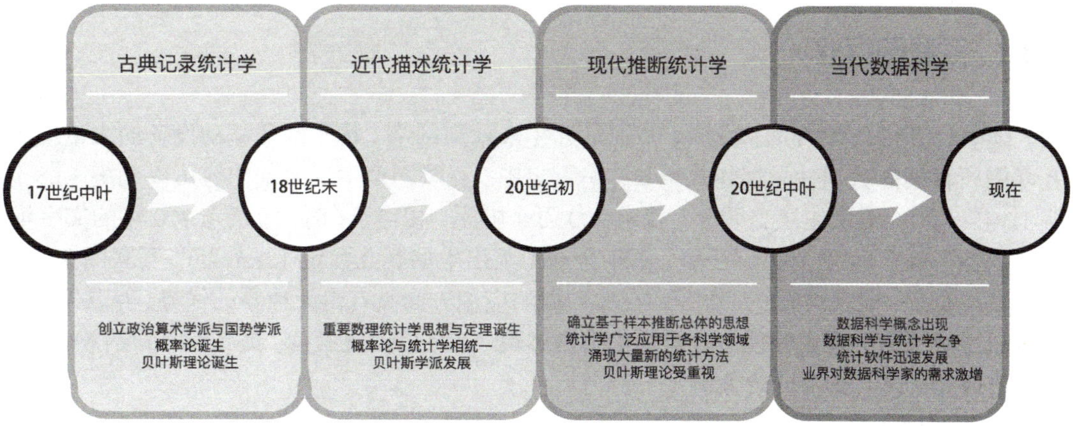

图 1–5 统计学—数据科学发展历程

数据是将传统的统计学与当代数据科学串联起来的暗线。回到故事的起点鸟瞰统计学术语的诞生历程，就会明白统计学原本就是为了实现对国计民生各个领域大量数据的分析而出现的。认为数据科学不同于统计学的学者，往往强调数据科学区别于统计学的最大特点是“从数据中学习”。虽然随着人类社会的发展，数据代表的具体对象发生了变化，分析与学习的形式也在改变，但是统计学与数据科学这两个概念无疑具有相同的精神内核：正是因为基于样本对总体参数的估计存在误差，统计学家才会不断深挖理论、改进已有估计方法、提出新的方法以提高估计精度；也正是因为基于现有数据进行模型的训练以预测未知数据总是存在不准确性与不确定性，数据科学家才会通过从数据中提取重要特征、调节模型的超参数、使用多种手段评价不同模型的预测能力以实现精准预测。无论是统计学还是数据科学，其最终目的都是从数据出发，充分挖掘重要信息，准确把握客观世界，得到有价值的结论以指导人类社会的生产活动。受到严格统计学训练的学者应该不忘“从数据中来，到数据中去”的初衷，而不是只重视理论，忽略应用场景。数据科学家也应该不断从传承了几百年的统计学思想中汲取养料和灵感，推陈出新，而不是忽略理论, 完全以数据为导向。正如布罗曼所说: “你可能并不喜欢某些统计学家在做的事情，无法认同他们的观点，甚至为此感到被冒犯, 但是这并不足以使大众抛弃‘统计学’。”(Broman，2013)

① 英语中 Bootstrap 的原意是靴带，来自短语 “pull oneself up by one’s bootstrap”。18 世纪德国文学家拉斯伯 (Rudolf Erich Raspe) 的小说《巴龙历险记》记述道:“巴龙掉到湖里，在最绝望的时候，他用靴子上的带子把自己拉了上来。” 因此，人们用 Bootstrap 指不借助别人的力量，凭自己的努力，终于获得成功。在统计学中 Bootstrap 方法特指对原始样本进行重抽样得到新的样本及统计量，现在普遍将其意译为 “自助法”。

1.3 数据科学的应用领域

如前所述，数据科学在生物学、社会科学、人类学、商业等领域得到了广泛的应用。本节聚焦互联网、零售、金融及医疗健康领域，简要介绍数据科学的具体应用。

1.3.1 互联网行业

随着计算机技术的飞速发展，特别是近年来社交网络、物联网和移动设备的大量应用，互联网所存储的数据量呈爆炸式增长。一天之中，互联网产生的全部内容可以刻满 1.68 亿张 DVD，其中，网民在社交平台上发出 200 万个帖子，相当于《时代》杂志 770 年的文字量；电子商务平台卖出 37.8 万部手机，高于全球每天出生的婴儿数量 (37.1 万)。互联网企业相比于其他企业，能获得第一手数据，在大数据的应用方面具有得天独厚的优势。互联网企业可以通过对数据的有效处理与分析优化用户体验，进行精细化运营，提高网络营销效率，将数据资源充分转化为商业价值。

(1) 推荐系统：移动端应用会追踪用户在体验服务时所表现出的个人兴趣，结合用户注册时提供的基础信息以及消费能力等特征，利用机器学习模型构建用户画像，为其推荐最可能感兴趣的商品或服务，实现精准化网络营销。

(2) 社交网络：根据用户提供的个人信息的相似度，以及在社交平台上的交友选择，实现"人以群分"，为有可能相互认识或者意气相投的用户创造交友机会，优化用户体验，提高用户黏性。

(3) 智能舆情监测：使用爬虫技术，对各大社交平台的网络言论进行实时抓取，使用自然语言处理技术进行分词，使之成为结构化数据，再通过机器学习模型过滤掉其中无价值的信息，对提取后的数据进行多维度的可视化分析，展示网友对热点事件的关注度、情感态度等，对维护社会稳定、促进国家发展具有重要的现实意义。

1.3.2 零售行业

伴随商品种类的增加和用户规模的扩张，不管是基于实体营销场所的传统零售业，还是依托互联网平台的新零售业，大型零售企业掌握的商品销售数据及用户行为数据均达到了 PB 级。如何利用数据科学方法将丰富的历史数据变现为高价值的商业信息，在瞬息万变的交易市场中准确把握商品的销售规律，兼顾规模、成本与个性化销售，对提升企业的利润与竞争力意义重大。

(1) 客户细分：企业的市场部门或数据分析团队根据用户的基础数据和行为数据，通过关联规则、聚类等数据科学技术创建细分市场，根据产品特点锁定人群实现精准化营销，并在 AB 测试中通过实验组与随机组的比较明确方案的收益。

(2) 购物篮分析：电商企业针对顾客的购物列表，通过数据挖掘技术，发现商品间潜在的销售关联，检索出可能被同一类顾客同时购买的不同类商品，启发零售企业根据商品间的关联规则设计货架布局、建立促销组合，实现利润最大化。

(3) 商业智能：**商业智能** (business intelligence, BI) 是由数据仓库、数据分析、数据挖掘等部分所构成的一个商业化数据系统。它能即时存储大规模的销售数据并在短时间内根据客户目标形成成熟的数据产品 (包括数据分析报告及其可视化)，帮助企业迅速比较不同商业策略并作出决策，实现目标最优化。

(4) 商业战略分析：随着经济全球化的发展，越来越多的企业开始拓展海外市场。面对与国内迥异的市场背景，如何分析市场需求以调整其在海外的商业战略，对于企业的市场拓展成功与否起决定作用。这一过程有赖于根据多方数据深度挖掘国内外消费者的购物需求，并通过科学的统计方法进行多方位的比对，以此为数据支撑对商品种类、进货量进行调整。

1.3.3 金融行业

在新金融时代，庞杂的数据给传统金融业务带来更多挑战，同时也创造了前所未有的机遇。作为最喜欢拥抱创新科技的传统行业之一，金融业对数据科学的运用程度明显提高，数据分析模式从商业智能 (BI) 逐步转变为人工智能 (artificial intelligence, AI)。

(1) 风险管控：金融行业的投资风险可能有多个来源，如竞争对手、监管部门、客户等。利用大量客户数据，通过科学合理的统计方法构建风险评估模型，有利于降低投资风险，保证投资策略的可持续性。

(2) 智能服务：将人脸识别、图像识别、文字语言识别技术运用于银行等金融机构的日常服务场景中，包括智能客服、网点智能机器人等，提高服务效率，降低运营成本。

(3) 欺诈识别：运用机器学习、神经网络等技术区分不诚信用户，实现信用卡业务和互联网信贷业务的反欺诈，及时打击金融犯罪。

(4) 预测分析：通过分析社交媒体、新闻趋势和其他数据源提供的数据，预测股市走势和客户终生价值，为投资决策行为提供数据支撑。

(5) 个性化定制：合理利用用户基础数据与业务数据，构建用户画像，实现针对性营销，提供个性化增值业务，如智能投资顾问和智能推荐等。

1.3.4 医疗健康行业

近年来，随着生物技术与计算机技术的不断发展，人类掌握了海量的生物学、医学实验数据。如何从数据中提取重要信息，推动生物学、医学发展以造福人类，成了一大课题。在这一过程中，数据科学发挥了举足轻重的作用。

(1) 药物研发：数据挖掘技术使得药物研发工作者可以从海量的科研文献中提取有益于研发新药的重要成果，加速药物研发的进程并减少实验成本；在新药的开发中，关键是确定药物靶点，即药物在人体内作用的位点，包括基因位点、受体、离子通道等，基于实验数据的特征提取技术使得这一过程变得更加可操作；药物试验是决定一种新药能否投放市场的重要环节，随机化试验设计及其结果分析使医疗工作者可以对药物的疗效进行精确把握。

(2) 医疗影像分析: 通过将患者接受检查时得到的医疗影像 (如 X 光、CT) 转化为结构化数据, 使用神经网络技术分析图像特征与具体病症之间的联系, 能大大提升诊断效率并有效提高诊断精度。

(3) 辅助诊疗: 以海量临床电子病历为基础, 融合临床指南、专家共识和医学文献, 利用深度学习技术建立多维度诊疗模型, 为患者提供初步的诊断提示, 实现远程医疗, 提高效率。

(4) 基因数据分析: 基因二代测序技术的发展催生了大量的基因数据, 对海量基因组数据进行处理和挖掘, 探究其与特定疾病之间的联系, 有利于公众预防、治疗重大疾病与传染病。

习题

1. 请简述数据科学与统计学的关系。
2. "数据是带有背景信息的数字", 请谈谈对这句话的理解。
3. 请简述数据科学中 "数据驱动" 的含义。
4. 在数据科学的韦恩图中, 数学与统计学知识、计算机能力、专业领域知识构成了数据科学的三个要素, 你认为哪一个最重要 (或者三者同等重要)? 为什么?
5. 试列举 5 个日常生活中使用数据科学的例子。
6. 请用 100 字以内的文字向其他专业的同学解释什么是数据科学。

第2章

数据科学的编程工具

本章导读

数据科学是一门实用的学科，利用工具解决实际问题的过程必不可少。在传统的应用中，研究者通常使用统计软件来实现各种分析方法。很多统计软件（尤其是商业软件），都包含方便快捷的图形界面，可以很简单地基于鼠标操作完成复杂的分析。在大数据时代，各种新方法层出不穷，软件的更新很难跟上变化的节奏。此外，由于数据量和数据类型都和过去有明显差别，传统的统计软件经常受限于数据结构和硬件的约束，对很多新问题都没有合适的模块供读者选择。因此，数据科学的应用实践通常直接使用编程语言来进行分析。

数据科学应用中，研究者编程的目的只是调用或者实现一些分析方法，并不需要对计算机的软硬件进行过多的控制，也不需要开发一个大型的应用系统。由于一些相对底层的编程语言（例如 C/C++、Fortran、Java）的学习成本比较高，使用也较为烦琐，通常不是数据科学家的首选。对数据科学家或者分析师来说，工作的核心是分析和解决问题，对工具的要求是方便和灵活，尤其要适应复杂多变的数据环境，便于开发各种模型和算法。基于这样的需求，目前主流的编程语言有三种：R、Python 和 Julia。

R 语言的前身是 S 语言，1976 年诞生于贝尔实验室，是第一个由统计学家发明的编程语言。1992 年，新西兰人罗斯 · 伊哈卡和罗伯特 · 金特尔曼基于 S 语言，并借鉴 Scheme 语言开发出一门新的开源编程语言，命名为 R。R 是一种解释性的高级语言，程序的编写非常简单，仅仅需要了解一些函数的参数和用法即可，无需了解更多程序实现的细节。由于 R 能够即时解释输入的程序或命令，用户所见即所得，非常适合编程经验不足的用户 (李舰，海恩, 2019)。

Python 由荷兰人吉多 · 范罗苏姆（Guido van Rossum）于 1989 年创造并发布于开源社区。起初，Python 作为一种灵活的“粘胶语言”在程序设计和系统开发领域比较流行。进入大数据时代后，基于 Python 的各种机器学习和深度学习的工具包得到了爆发式增长，Python 突然间也成了数据科学的主流语言。它在交互性和易用性方面与 R 类似，对初学者同样友好。不同于 R 语言来源于统计学家的思维方式，Python 是一门纯粹的计算机编程语言，更为通用，使用范围也更广。

R 和 Python 正好代表了数据科学工具中的两种思维方式：R 专注于统计计算和可视化，在分析方法尤其是统计模型方面资源更丰富，其基础数据结构和矩阵运算方法也更符合分析师的习惯，如果要解决除分析建模之外的其他问题，常常需要和别的专业工具配合；Python

的设计哲学是“用一种方法，最好是只用一种方法来做一件事”，它是一种通用工具，更符合计算机和工程师的思维，同时也包含丰富的数据分析资源。

R 在设计之初是为了专业的统计计算，在发展的过程中逐渐走向专业化。很多精深的方法和新巧的创意都能很容易地在 R 中体现，因此 R 非常受科研工作者的欢迎，这些年来甚至影响了整个学术界。2019 年统计学最高奖项 COPSS 奖就颁发给了著名的 R 语言工程师哈德利 · 威克姆（Hadley Wickham）。而 Python 从诞生之初就是作为“粘胶语言”而广为人知，逐渐在便利性和通用性方面做到极致，在数据科学领域也非常强，在各类应用领域的资源越来越丰富，几乎是包罗万象，大有一统天下之势。

R 和 Python 相似又相反，但它们有一个共同的缺点，就是在追求易用性的同时牺牲了运算性能。2012 年，麻省理工学院的一群开发者开源发布了 Julia，针对当时开始兴起的大数据热潮，借鉴了当时流行的 R 和 MATLAB 等编程语言，力图打造一个完美的数据科学工具。其创始人之一斯蒂芬 · 卡平斯基（Stefan Karpinski）说：“我们渴望一种语言的速度与 C++ 一样快，但又有 Python、R 或 MATLAB 的高级功能。于是，我们开发出了这样一种语言：Julia，它让我们可以用同一种语言来进行原型设计和实际开发。”

也许未来 Julia 会替代所有，也可能 R 或者 Python 会持续火热，更有可能的是这三种语言长期共存，当然还可能不断出现新的“更好的”数据科学编程语言。但是需要注意的是，编程语言毕竟只是工具，对工具的追求是没有止境的，读者要牢记数据科学的核心是分析和解决问题，不能舍本逐末、买椟还珠，选择一个合适的工具即可，不需要去追求“最好的”。当然，幸运的是这三种编程语言在数据科学的应用上非常相似，精通一门后可以很容易地迁移到另外两门，同时它们也可以互相调用各自的包，从而共享资源。

本章分别介绍这三种语言的基础知识，无论掌握哪一种都足够学习并操作后续的知识点。当然，如果能够同时了解这三种语言的异同，通过实际的操作来体会各自的特点，则可以更好地把握其中的技术要点，从而巩固数据科学的编程基础。

2.1 R 简介

R 是统计学家发明的语言，和计算机专家发明的语言不同，它更适合毫无编程经验的用户。在 R 的学习过程中，入门是非常容易的，但要游刃有余地开发 R 包则比较困难。这主要是因为 R 具有一个和其他语言都不同的特别之处，即 R 的用户可以有两种身份：使用者和开发者。对于其他编程语言来说，通常不存在单纯的使用者概念。比如 C 语言，学习语言就是为了编程。而 R 的使用者完全可以无需掌握高级的开发功能，只要会调用函数来操纵数据即可，通常一个函数会对应一种分析方法，运行后就得到分析结果。

可以简单地把使用者理解成只需要利用 R 做分析、出报告的用户，类似于传统统计软件（例如 SPSS）的用户。开发者实际上就是自己编程来实现新方法的高级用户，可以类比于开发 SPSS 功能模块的程序员。R 的官方主页上包含 1 万多个第三方程序包，都是来自世界各地、各学科领域开发者的贡献。在其他的程序托管平台上，比如 GitHub、R-forge、Bioconductor 上还有更多的资源，囊括了数据科学领域中大量的分析方法。这些 R 包一直处于不断的更新和新增中，很多新的方法不断加入进来。

作为 R 的普通用户，读者需要实现某些数据科学的任务时，第一反应应该是去搜索前人的工作。当然，R 作为一个编程语言的灵活之处在于使用者和开发者的界限并没有那么分明，读者完全可以在前人开发的包的基础上针对自己的需求进行简单的修改，如果这些修改有益，还可以贡献到开源社区。如果是初学，可以先不用关注开发相关的内容，掌握 R 的基本操作即可。读者可以秉持以数据处理和分析为核心的思想，在解决实际问题的过程中不断提升编程水平。

2.1.1　安装和设置

1. Windows 下安装

Windows 下的基础环境可以安装 R 程序，在 R 官网的资源网站 CRAN（http://cran.r-project.org）下载即可。选择“Download R for Windows”，下载最新版的 Windows 安装包，例如“`R-3.5.3-win.exe`”。R 的安装是基于文件管理的，一个操作系统下可以安装多个不同的版本。

下载成功后，双击进行安装。所有弹出的选择中全部默认进行下一步即可。除安装路径以外，其他的设置都是随时可以调整的。关于安装路径，如果对电脑不大熟悉的话，建议不要安装在 C 盘，可以装在诸如“`D:\char92 R`”这样的路径里。因为在 Windows 7 及以上系统中，默认的安全权限是“仅在程序尝试对我的计算机进行更改时通知我”，在该权限下，用户无法直接对 C 盘的文件进行修改（可以通过管理员权限进行操作）。这样对 R 的使用会造成一定的影响，比如 R 包的文件夹会存到另外的地方。注意，最好不要把 R 安装在包含中文字符的路径中。

安装成功后，安装路径下会多出一个 R 的目录（假设安装在“`D:\char92 R\char92 R-3.5.3`”下），桌面上会出现 R 的快捷图标（如果是 64 位系统，会出现两个，只保留 64 位版本那个即可），双击打开后会出现 R 的控制台（见图 2–1），可以直接在这个界面下运行 R 命令。

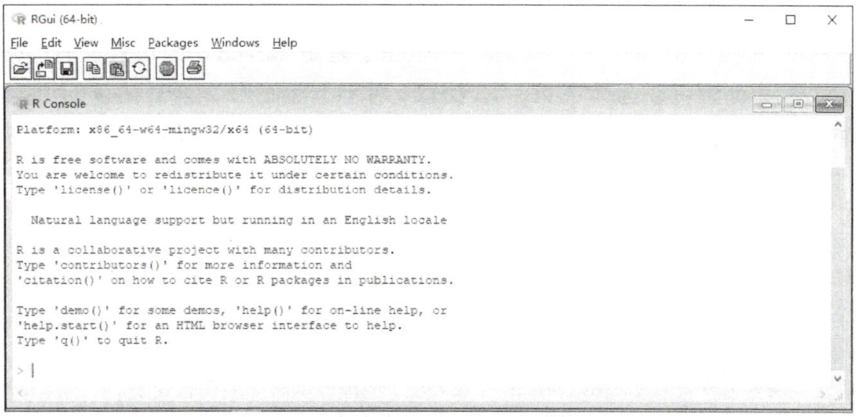

图 2–1　Windows 下 R 的控制台界面

如果操作系统是中文环境，打开 R 后界面是中文的，建议改成英文，这样的话出错提示会是英文，在网上能搜索到更多的信息。修改语言非常容易，用任意文本工具（比如记事本）打开“`D:\char92 R\char92 R-3.5.3\char92 etc\char92 Rconsole`”文件，找到最后的“`language =`”这一行，直接改成“`language = en`”，保存关闭即可。重新打开 R 后界面就变成了英文的。

如果要成为开发者进行 R 包的开发，需要额外地安装编译环境。R 的很多工具都需要通过 C 来编译，R 官方提供了 Rtools 工具，在 CRAN 下载进行默认安装即可。作为普通的 R 使用者，通常不需要了解任何与 Rtools 工具相关的信息，因此这里不做详细介绍。如果有需要，读者可以阅读 Rtools 的文档。

2. Mac 和 Linux 下安装

Mac 和 Linux 都是类 Unix 的操作系统，默认就包含了开发环境① 。在 CRAN 上找到对应的系统版本并下载安装文件，默认安装即可，可以直接在命令行操作。

Mac 自带了图形界面，和 Windows 比较类似。有时候中文显示可能有问题，在系统命令行运行如下命令即可：

```
defaults write org.R-project.R force.LANG en_US.UTF-8
```

不同版本的 Linux 都可以在线安装 R，但版本通常比较旧。读者可以在 CRAN 上下载对应的二进制包直接安装，也可以编译安装② ，详情可以参考相关文档。

由于 Windows 系统使用最广泛，后面的介绍主要基于 Windows（除高性能计算的部分内容以外），但全部可以迁移到 Mac 和 Linux 上。有时候在某些场景下会有字符编码之类的小问题，可以通过网络搜索资料来解决。

3. 集成开发环境与 RStudio

对很多编程语言来说，通常需要一个集成开发环境（IDE），以方便地进行编辑、调试、编译、执行、版本管理等工作。但是对 R 来说，主要目的是数据科学，工程化的需求并不是很多，因此使用一个普通的文本编辑器③ 在 Windows 或者 Mac 默认的图形界面下运行即可。

如果需要一个强大的 IDE，可以选择 RStudio。它是 RStudio 公司开发的产品，可以开源免费使用，其桌面版可以选择 AGPL v3 协议，对于不能使用 AGPL 协议的组织，RStudio 也提供了付费的商业版协议。RStudio 是目前最受欢迎的 R 集成开发环境，也支持 Python 和 Julia，很多数据科学相关的 IDE 都参考了 RStudio 的特性。

---

① 有些版本需要额外安装 gcc 和 Fortran 开发环境，但都可以简单地在线安装。
② 编译安装的方式通常可以得到更高的性能，但是比较烦琐，容易出错。
③ 例如记事本、Notepad++、Sublime 等。

2.1.2 基础操作

1. Hello World!

很多编程语言的入门第一课就是学习让电脑写出“Hello World!”这个事情看起来很无聊，但是对于很多语言来说是很有必要的。比如 C 语言，如果要完成这个任务，需要调用输入输出模块，然后编译成可执行文件，运行后才能在屏幕上显示出“Hello World!”在 R 中实现这个操作是很简单的，如下所示，在屏幕中原样输入（注意英文引号）然后回车即可。

```
"Hello World!"

## [1] "Hello World!"
```

再举一个简单的例子，让 R 计算 1 + 1，同样在命令行输入后回车就能看到结果：

```
1 + 1

## [1] 2
```

这个过程在读者看来是再自然不过，根本就不需要之前介绍的编译、执行等操作，这是因为 R 是一种交互式的解释型语言（Python 也如此）。虽然这种方式会牺牲一些运行的效率，但是操作起来非常方便。读者完全可以把 R 当成一个聊天工具，通过打字和它“说话”，它如果“能听懂”就会回复，“听不懂”则报错。撰写能让计算机“听得懂”的语句，就是编程。

2. 变量和赋值

在 R 中，所有被研究者操作的客体都可以称为**对象**（object），上例中的数字“1”就是一个对象。在数据科学中，研究者需要分析的数据都需要用程序中的对象来表示。一类最常用的形式是“变量”。对于变量，读者应该不陌生。数学里经常用来表示数值的代数符号形式就是变量。在计算机中，研究者也可以用一些符号来指向某些存储数据的内存空间作为变量。把数据赋给某个变量的过程称为**赋值**（assign）。在 R 中使用“=”符号进行赋值，以下是一个把数值“1”赋值给变量“x”的例子。

```
x = 1
x + 1

## [1] 2
```

当变量被赋值后，就可以用这个变量名来代替数值进行各种操作。在数据分析的实践中，数据量经常会很大，使用变量来代替它们会方便很多。

R 还有一种赋值的符号“<-”，看上去像一个指向左边的箭头，可以很直观地用来赋值，效果和“=”赋值是一样的。虽然看上去比较奇怪，但这是 R 的传统方式，有很多人喜欢用该符号来代替等号进行赋值。示例如下：

```
x <- 2
\# x = 3
x

## [1] 2
```

在这个例子中读者可以注意到“\# x = 3”这一行并没有执行，这是因为“\#”符号表示注释，即该行后面的所有信息只是解释性内容，程序会自动跳过。另外要注意，R 中的变量名对大小写是敏感的。换言之，英文字母“X”和“x”代表不同的内容。

3. 函数和操作符

之前的例子里出现的“+”和“<-”都是操作符，可以对数据进行操作和运算，是 R 中的一类特殊对象。还有一种更常用的操作数据的对象是函数，几乎所有的 R 中的分析方法都是通过函数的形式被使用的，R 也被认为是一种函数式编程语言。

在 R 中，函数通过函数名加小括号的形式来调用，通常会输出一个返回值①，比如使用“log”函数来计算对数值：

```
log (3)

## [1] 1.098612
```

R 的基础模块和第三方包中都内置了大量的函数，用户也可以自定义自己的函数，善用函数是使用 R 进行数据分析的关键。

4. 文档与帮助

对于各个函数，R 内置了一套丰富而方便的文档系统，可以很简单地用英文问号加上要查询的内容（操作符的话需要打引号）来调取，如：

```
? log
```

运行命令后，Windows 和 Mac 系统下默认会调用浏览器打开该内容的帮助文档，读者也可以通过以下方式直接打开所有帮助文档的页面：

```
help.start ()
```

5. 包的管理

R 在联网环境下可以直接通过命令进行在线安装，例如读者想安装一个能读入 Excel 文件的第三方包 readxl，直接在 R 中执行以下命令即可：

```
install.packages ("readxl")
```

① 也有一些函数运行后执行一个动作，没有返回值。

安装的过程中可能会有弹出框要求选择一个服务器镜像，选择离自己城市比较近的镜像即可。第三方包安装完成后会保存在硬盘中，成为 R 中固定的模块，可以永久提供功能。不过每次启动 R 时并不会自动将这些第三方包导入内存，否则将会浪费时间和内存空间。R 提供了一套机制可以在需要的时候导入这些包，通过 `library` 函数来实现：

```
library (readxl)
```

如果想要卸载某些包，直接到安装目录的 library 文件夹下删除需要卸载的 R 包的子文件夹即可。

2.1.3 数据结构

1. 数值类型和对象属性

对很多编程语言来说，基础的数值类型决定了内存空间的利用以及存储模式，需要探寻其中的细节。由于 R 的主要目的是宏观层面的分析建模，通常不需要关注这些细节，因此对于基础的数值类型只需要了解数值型、字符型、逻辑型即可。

数值型数值通常可以进一步细分为整数型、长整数、浮点型、单精度、双精度等，R 也包含了一些深入的功能可以处理这些类型，但是日常的操作中都可以简化成默认的类型“numeric”。通过函数“`class`”可以查看对象属性，对于单一的数值将会显示其数据类型：

```
class (1)

## [1] "numeric"
```

对于字符型（character）数值，使用双引号或者单引号包容所需字符即可，单引号和双引号可以混合使用，但需要成对。

```
class ("Hello")

## [1] "character"
```

逻辑型（logical）数值只包含两个值“`TRUE`”和“`FALSE`”，可以简写成“`T`”和“`F`”，在某些运算中可以自动转化成整数“1”和“0”。

```
class (TRUE)

## [1] "logical"
```

注意“`TRUE`”和“`FALSE`”的大小写不能错，也不要加引号。

除了这三种基础类型，R 还包含了时间、日期等基础的数据类型，读者在使用的时候关注即可，无须深究。

2. 向量

基础类型的数值可以构成一些复合的对象，在 R 中同样可以用“`class`”函数来查看对象属性。R 虽然是函数式编程语言，但也支持面向对象的功能，因此很容易自行构建新的对象类型。在很多基础模块和第三方包中都包含了各种不同的数据结构，分别对应不同的对象形式，难以穷尽。但是 R 原生的基础数据结构比较简单，只有向量、矩阵、数组、列表、数据框、因子这样少数几类。

向量是所有其他数据对象的基础，可以说是 R 的最基础结构。在 R 中不区分标量和向量，哪怕简单的数值“1”也会默认成长度为 1 的向量来处理。由于 R 的很多操作都是默认支持向量运算和矩阵运算的，因此 R 也被称为向量化编程语言或者矩阵计算语言。

在数学中，由 n 个实数 $x_1, x_2, \cdots, x_n$ 组成的一个数组 x 称为**向量** (vector)，记作：

$$x = \begin{bmatrix} x_1 \\ x_2 \\ \vdots \\ x_n \end{bmatrix} \quad 或 \quad x' = \left[x_1, x_2, \cdots, x_n\right]$$

向量默认为列 (column) 向量，其中 x 右上角的撇 ($'$) 表示将列变换成行的转置运算。R 中的向量定义方式与之相同，可以使用符号“:”来创建一个等差序列，或者使用函数 `c` 基于各元素的拼接来创建向量，还可以使用函数 `rep` 来通过复制创建向量。

```
x <- 1:6
y <- c (2, 5, 7, 1, 9, 4.5)
z <- rep ("A", 6)
```

在 R 中，向量的长度可以用函数 `length` 来获取。所有的代数运算默认都是向量运算，会把所有元素一起操作。

```
x + 1
x * 2
y > 2
x * x
```

使用符号“[]”可以进行取子集的操作。中括号里可以通过自然数来指定元素的位置，称为下标或者索引。注意，R 中的元素计数都是从 1 开始的，这符合普通人的正常思维，但是在很多其他编程语言中都是从 0 开始计数。此外，符号“[]”还可以结合赋值操作来改变向量中的**元素** (element)。可以通过以下例子来了解子集操作的详情。

```
y[1]
y[c(2,4)]
y[c(FALSE, TRUE, TRUE, FALSE, TRUE, TRUE)]
y[y > 2]
x[5] <- 100
```

R 在向量运算中，经常会自动将向量循环重复，从而复制到指定的长度，注意看下面的例子：

```
x1 <- rep(0, 7)
x2 <- 1:2
x3 <- 1:3
x1 + x2

## [1] 1 2 1 2 1 2 1

x1 + x3

## [1] 1 2 3 1 2 3 1
```

这是 R 的一个特性，也能体现出 R 的容错性非常好，比较符合普通人的思维方式。但是比起一些严格定义的编程语言，其缺点在于过于灵活，如果不注意容易犯错。

3. 矩阵和数组

由实数组成的任何矩形数表称为**矩阵** (matrix)，一个 n 行 p 列的任意数表可表示成：

$$A = \begin{bmatrix} a_{11} & a_{12} & \cdots & a_{1p} \\ a_{21} & a_{22} & \cdots & a_{2p} \\ \vdots & \vdots & & \vdots \\ a_{n1} & a_{n2} & \cdots & a_{np} \end{bmatrix}$$

n 和 p 的值称为矩阵 A 的维数。在 R 中，函数 `matrix` 通过指定一个向量以及该矩阵的维度（行数 n 和列数 p）来定义矩阵：

```
A1 = matrix(1:12, nrow = 4, ncol = 3)
A2 = cbind(x, y)
dim(A1)
```

R 中的矩阵结构本质上还是向量，因此默认的操作符都是针对向量操作（所有元素同时操作），如果要进行矩阵运算，需要使用专门的操作符，比如“%*%”表示矩阵乘法。

```
A1 + 1
A1 * A1
A1 ^ 2
A1 %*% t(A1)
```

矩阵实质上是以“先上下后左右”排列的向量，向量子集操作同样适用于矩阵。可以使用类似“[1, 1]”的方式进行取子集的操作。

```
A1[5]
A1[2, 3]
A1[c(1,4), 2:3]
A1[1:4, 2]
A1[, 2]
```

需要注意的是，R 的向量默认也是列向量，但单纯的向量数据结构不区分行向量和列向量，只有转化成矩阵的数据结构后才区分。函数 `t` 用来进行转置操作，向量转置后会变成矩阵：

```
x1 class(x1) # 数值向量默认是 numeric 类型
t(x1) # 进行转置操作
class(t(x1)) # 转置后变成 matrix 类型的行向量
t(t(x1))
t(t(t(x1)))
```

R 的最初设计目的是为了统计计算，因此向量和矩阵的地位比较特殊。如果和其他的编程语言类比，这一类结构实际上就是多维数组。在 R 中也有一个对应的基础对象数组(array)，可以看成矩阵的扩展，除行列外还有其他的维度。在 R 中，数组的数据结构实质上也基于向量，对于向量的所有操作对数组都适用。函数 `array` 通过指定一个向量以及该数组的维数来定义数组。

```
a <- array(1:24, dim = c(2, 3, 4))
dim(a)
a[2, 3, 4]
a[2, 3, ]
```

由于数据分析中绝大多数数据形式都是二维的，而且矩阵运算在各类算法中经常起着不可替代的作用，因此很多常用方法中很少使用数组的结构。但是在深度学习里，多维的**张量**(tensor)是最基础的结构，因此很多深度学习工具和 R 交互时的基础数据结构就是数组。

4. 列表

R 中还有一种非常特别的数据结构称为**列表**(list)，其**元素**(component)可以为任意数据类型，甚至是其他列表，非常灵活。可以使用函数 `list` 来创建列表，符号“`[[]]`”和“`$`”可以用来获取列表中的元素。

```
l1 <- list(x1, x2, A1)
l1[[1]]
l1[[2]]
l2 <- list(a = x1, b = x2, c = A1)
l2$b
l2[["c"]]
```

当使用“`[[]]`”的时候，双层中括号中可以用整数来指定元素的顺序，或者用字符来指定元素名，从而进行提取。当使用“`$`”来提取元素的时候，指定元素名即可，注意不需要引号。

5. 数据框

在数据分析中，最常见的数据形式是如表 2–1 所示的二维结构，通常称为**设计矩阵**(design matrix)。每一行包含一个不同的样本，每一列对应不同的变量或者特征。很多统计软件和数据库的数据结构都符合这种形式。这个二维结构看上去和矩阵相似，但是有个很明显的区别，即其行列不对称，每一列代表一个变量的数据，数据类型相同（同为数值型或者字符型），但是列与列之间可以是不同的数据类型。

表 2–1　设计矩阵示例

	姓名	年龄	性别	数据科学课程成绩
1	赵天	21	男	78
2	钱地	22	男	81
3	孙玄	23	男	99
⋮	⋮	⋮	⋮	⋮

针对这种结构，R 中使用**数据框**（data frame）来实现，类似于矩阵的二维结构，但实质上是一种列表，每一列对应于列表的一个元素，用向量来实现，可以通过函数 `data.frame` 来创建数据框：

```
d1 <- data.frame(v1 = x, v2 = z)
class(d1)
d1$v1
d1[5, 1]
```

在数据框中，可以和列表一样使用符号“`[[]]`”和“`$`”来取其中的列，将会得到一个向量。也可以和矩阵一样使用“`[i, j]`”的形式来取第 i 行第 j 列的元素。

数据框在实际的分析问题中使用非常广泛，R 的很多分析模块都是以数据框作为基础的数据结构，以至于这种形式的数据操作方法成了数据科学领域的事实标准。Python 中的 pandas 包就借鉴了 R 的数据框操作方式。

6. 因子

R 中还有一类特殊的基础数据结构，叫作**因子**（factor），用来描述分类变量。该数据结构的实质是一个自然数向量，但是对其中不重复的值打上了字符标签，因此显示的时候与字符串类似。如果将字符串转化成因子，就同时具备了字符串的展现形式以及向量的计算特性，可以和很多能处理分类变量的统计方法进行无缝衔接，使用也非常广泛。

函数 `factor` 可以基于向量构建因子，使用函数 `levels` 可以提取其中不重复的标签，称为**水平**（level），通过赋值的方式可以修改标签值，从而改变因子的显示方式，但其内部的自然数向量并没有改变。

```
f1 <- factor(1:3)
f1

## [1] 1 2 3
## Levels:  1 2 3

levels(f1) <- c("a", "b", "c")
f1

## [1] a b c
## Levels:  a b c
```

2.1.4 基础语法

1. 条件语句

计算机程序的代码通常都是按行顺序执行的，但有时候为了执行较复杂的任务，需要根据某些条件判断来执行某些分支代码 (李舰，肖凯, 2015)。在 R 中使用 if 来进行判断，并结合 else 实现条件语句，如下例所示：

```
a1 = 0
if (a1 > 1) {
        print("a1 > 1")
} else {
        print("a1 <= 1") }
```

if 后面的括号中需要传入一个返回逻辑值的条件表达式，如果其值为 TRUE 则运行其后大括号内的内容。如果后面接上 else 语句，那么当 if 后面的表达式值为 FALSE 时运行。

2. 循环语句

如果一段代码块需要重复运行，可以使用循环语句，最常用的循环结构是 for 循环。其使用一个循环变量 (例如 i) 通过关键字 in 在一个向量 (通常是一个自然数序列) 中遍历，重复执行后面大括号中的内容。每运行完一次，都会自动修改 i 的值，使其取向量中的后一个数，直到执行完整个向量。

```
for (i in 1:5) {
       print(i)
}
```

此外还有两种循环结构 while 和 repeat，其中 while 语句后面紧跟着一个条件表达式，当其值为 TRUE 时执行后面大括号中的循环体，通过在循环体中设置该条件的值来终止循环。repeat 语句会一直执行循环体中的语句，通过 break 关键字来终止循环。

```
i <- 1
while (i < 10) {
        print(i)
        i <- i + 1
}
i <- 1 repeat {
       print(i)
       i <- i + 1
       if (i >= 10) break
}
```

一般来说，只用 `for` 循环就已经足够，但有时候使用 `while` 和 `repeat` 的结构会更加简便。但是要注意的是这两种循环结构如果条件设置有误，可能会造成死循环。

2.2 Python 和数据科学

在过去，Python 经常作为和 Perl 类似的“粘胶语言”广被提及，是 IT 领域的重要工具。随着大数据时代的到来，用 Python 开发的各种工具层出不穷，尤其是机器学习和深度学习的应用，把 Python 推到了数据科学的最前沿。由于用户群体的基数很大，在数据科学变成显学之后，Python 也越来越火热。借助其通用而广博的各种功能，在很多应用领域都有良好的表现和丰富的资源，使得一门语言走天下成为可能。Python 非常适合初创公司和全栈工程师，具有很强的商业价值。

需要注意的是，Python 的很多能力都体现在系统开发、平台建设、运维等领域。虽然数据科学是其重要功能，但并不是唯一功能。综合所有需求来说，Python 也许是最简单的语言。但如果专注在数据科学的话，Python 的很多功能其实是用不上的。全部都学的话会让没有编程基础的人觉得很困难，因此学习的时候一定要注意有所取舍。如果目标是成为数据科学家而不是全栈工程师，一个合理的建议是，先专注于学习 Python 中和数据科学相关的功能，可以和 R 类比（Python 在数据科学领域的相关模块借鉴了很多 R 和 MATLAB 的内容），等到能熟练掌控，再学习一些工程化的特性，逐步成为信息时代的全才。

2.2.1 安装和使用

1. Windows 下安装

Python2 和 Python3 有很大的区别。过去有人支持 Python2 的理由是一些常用包的支持更好，现在已经不存在这个问题，因此建议读者使用 Python3。最简单的方式是到官网[①]下载最新版的安装文件，双击默认安装。

安装时使用默认路径即可，尽量不要在路径里包含中文字符。如需改变路径，可以自定义安装。注意勾选“Add Python 3.X to PATH”，可以把 Python 路径加入系统的环境变量，否则调用时可能出问题。

还有一种流行的方式是使用 Anaconda，这是一个开源的 Python 发行版，其包含了 conda、Python 等 180 多个科学包及其依赖包。由于希望尽量简化安装过程，因此本书建议使用原生的方式进行基础安装和维护。

2. Mac 和 Linux 下安装

常见版本的 Mac 和 Linux 系统都自带了 Python，在终端命令行输入 `python` 命令即可进入 Python 界面。不过很多系统的发行版内置的是 Python2，因此需要自行安装 Python3。

① 例如：https://www.python.org/downloads/release/python-373。

可以使用与 Windows 系统同样的方式在 Python 主页下载相应的安装版，默认安装即可。

在 Mac 和 Linux 下安装 Python 后通常还需要设置环境变量，这里假设使用这两个系统进行 Python 开发的用户对系统比较熟悉，如果不清楚可以在网络上搜索相关资料。

3. 集成开发环境与 Jupyter

和 R 类似，Windows 下安装 Python 后会提供一个名为 IDLE 的内置图形界面，可以从开始菜单打开。但由于这个界面功能有限，尤其是无法运行多行命令，其应用受到很大的限制，因此不推荐使用。Mac 和 Linux 的用户默认使用命令行。

传统的 Python 用户主要来自计算机领域，因此使用命令行或者专用的 IDE 比较多。很多人都在 VSCode 或者 Eclipse 下工作，甚至 Vi、EMACS 就可以，并不需要一个像 R 图形界面那样对初学者友好的工具。随着 Python 在数据科学领域越来越火，需要考虑到很多初级用户，很多便利的专用 IDE 开始浮出水面，比较典型的有 PyCharm，但是很多功能都在完善中，操作起来并不比在 RStudio 中运行 Python 更方便。

目前最受欢迎的 Python IDE 要数 Jupyter，通过浏览器的方式操作，是一种面向未来的工作方式。很多习惯了客户端软件的用户可能不适应，但是慢慢熟悉后会体会到其中的便捷之处。

Jupyter 原名 IPython Notebook，用来取代默认的命令行界面，是一个交互式笔记本，可以支持和运行 40 多种编程语言，包括 R 和 Julia。Jupyter 和 Markdown 结合后可以实现动态的文字与程序混排，非常方便，可以看做“文学化编程”的雏形。[①] Jupyter 安装方式很简单，在系统命令行[②] 使用 pip 方式网络安装即可：

```
pip install jupyter
```

同样在系统命令行运行以下命令会弹出浏览器生成一个在线的开发环境：

```
jupyter notebook
```

界面如图 2–2 所示。

图 2–2　Jupyter 界面示例

在这个界面下可以在线编辑和运行代码，并和 Markdown 结合实现文字程序的混排，非常方便。

① 本书在 11.2 节可重复研究中会介绍这个领域的专业工具。
② 比如 Windows 下的“命令提示符”（CMD），或者 Mac 与 Linux 下的 Shell。

4. Hello World!

Python 也是一种解释型语言，在交互式的操作方面和语言完全相同，变量赋值和函数操作也和 R 基本一样（支持“=”赋值，不支持“<-”），本节不再赘述这些基础操作。在 Python 中显示“Hello World！”的方式与 R 相似，只是需要显式地调用 print 函数：

```
print("Hello World!")
## Hello World!
```

5. 包的管理

Python 管理包的机制和 R 类似，都可以在线安装，并在需要时加载。不过安装方式有所不同，内置的标准方式是通过操作系统命令行（注意不是 Python 命令行）用 pip 进行安装，例如，读者想装一个处理数据的 pandas 包，打开操作系统的命令行工具后运行以下命令：

```
pip install pandas
```

另外，如果安装了 Anaconda，可以使用该套件的内置功能进行包的管理。① 每次使用 Python 的时候，如果需要加载该包，可以在 Python 里使用 import 来导入：

```
import pandas
```

2.2.2 数据结构

1. 基础数值类型

Python 的基础数值类型包括数值型（number）、字符型（str）和布尔型（bool），与 R 类似。使用内置的 type 函数可以查看数据类型：

```
type(1)
## <class 'int'>
type(1.0)
## <class 'float'>
type(complex(1,2))
## <class 'complex'>
type("a")
## <class 'str'>
type(True)
## <class 'bool'>
```

① Anaconda 内置了各种常用的包，如果需要安装新包，打开“Anaconda Prompt”再通过 conda install 来安装。

Python 中数值型数值包括整数型 (int)、浮点型 (float)、复数 (complex) 等。整数没有长度限制，可以默认处理长整型。浮点型使用双精度，可以支持约 17 位有效数字，但是浮点数的精度有限，有时候甚至会溢出，对精度要求高的话可以考虑使用整数型。复数即数学中的复数概念，由实部和虚部构成。

字符型数值在 Python 中可以用单引号 (')、双引号 (") 和三引号 (""") 的形式来表示。操作符 (+) 可以用来拼接字符串。Python 中的字符串操作功能比较丰富，使用中括号 [] 可以提取字符串中的子串，正数索引表示从左到右该位置的字符，负数索引表示从右到左。需要注意的是，Python 中的索引都是从 0 开始计数，也就是说第 1 个数的索引为 0。

```
s = "Hello world!"
s[0]

## 'H'
```

Python 中用 True 和 False 表示布尔值 (逻辑值)，对应“真”和“假”，并能对应整数 1 和 0。布尔值支持逻辑运算，主要包括四个逻辑运算符：not、and、or、==，分别对应“否”“和”“或”“等于”。

2. 列表和元组

Python 中最基础的数据结构是**列表** (list)，它和 R 中的列表并不相同，反而比较像 R 中的向量。可以使用符号“[]”来创建列表，各元素用逗号隔开：

```
a = [1, 3, 4, 8]
type(a)

## <class 'list'>

len(a)

## 4
```

将 range 对象传入 list 函数也可以创建列表，表示一个序列：

```
b = list(range(1, 5, 2))
```

使用符号“[]”可以访问对应位置的元素，并能通过赋值操作来改变向量中的元素，与 R 的操作类似，但要注意索引是从 0 开始而不是从 1 开始。

```
a[0]
a[1] = 5
```

虽然 Python 中的列表和 R 的向量或者数学中的向量比较类似，但也有差别，Python 列表的各元素可以是不同类型，而 R 以及数学中的向量的元素都必须为相同类型。虽然列表可以执行循环操作，但是无法实现向量运算。

Python 中还有一个与列表相似的数据结构叫作**元组** (tuple)。元组通过小括号来创建，一旦创建就无法修改，是不可变的。

```
a = (2, 3, 1, 9)
type(a)
## <class 'tuple'>
```

元组的查询、取子集等功能和列表类似，因为不能修改，可以避免一些操作失误，一般用来存储重要信息。不过不是很常用，可以被列表替代。

3. 字典和集合

Python 另一种常用的基础数据结构是**字典** (dictionary)，这是一种高效查询的数据结构，通过键值对来表示。键 (key) 是字符串，必须是独一无二的，每个**值** (value) 对应一个键。通过键可以迅速查询到值。字典中不存在顺序，可使用哈希算法进行查询。

```
x = {"a":1, "b":5, "c":2}
type(x)

## <class 'dict'>
```

字典的主要作用就是根据键来查询，使用 get 方法可以实现高效的查询：

```
x.get("b")

## 5
```

集合 (set) 是一种和字典类似的数据结构，可以认为是只包含键的字典，也是使用大括号来创建。集合会自动清除重复的元素。不是很常用，可以被字典代替。

```
y = {"a", "b", "c"}
type(y)

## <class 'set'>

y = {"a", "b", "c", "b"}
y

## 'a', 'b', 'c'
```

4. numpy 和 pandas

Python 中的基础数据结构并不是为了数据科学而设计的，因此在数据分析中需要借助第三方包，其中最常用的是 numpy 和 pandas。numpy 提供了灵活的数组结构，比较类似于 R 中的向量和矩阵，可以方便地进行向量操作和矩阵运算。而分析中最常用的数据结构数据框则靠 pandas 来实现。

numpy 包的基础数据对象 ndarray 也称为**张量** (tensor)，在二阶的情况下是矩阵，支持矩阵运算，在一阶情况下就是向量，以下是一个操作示例：

```
import numpy as np
a = np.array([1, 2, 3, 4])
b = np.ones([2, 4])
np.dot(a.reshape([2, 2]), b) + 1

## array([[4., 4., 4., 4.],
##        [8., 8., 8., 8.]])
```

pandas 包提供了数据框结构，可以通过字典来创建一个数据框：

```
import pandas as pd
d1 = {'city':['a', 'b', 'c', 'd', '1'],
      'year':[2000, 2001, 2002, 2001, 2002],
      'pop':[1.5, 1.7, 3.6, 2.4, 2.9]}
d2 = pd.DataFrame(d1)
type(d2)

## <class 'pandas.core.frame.DataFrame'>

d2.head(2)

## city pop year
## 0 a 1.5 2000
## 1 b 1.7 2001
```

这两个包的两种基础结构可以相互转换，共同构成了 Python 在数据科学应用中的数据基础。

2.2.3 基础语法

1. 条件语句

Python 的条件语句与 R 类似，也是通过关键字 `if` 和 `else` 来实现：

```
a1 = 0

if a1 > 1:
    print("a1 > 1")
else:
    print("a1 <= 1")
```

需要注意的是，Python 在程序中使用缩进来标识代码块，而不是像其他语言通常使用括号对。每个层级缩进 4 个空格（注意不是制表符）。

2. 循环语句

Python 的循环语句也与 R 类似，都包含 `for` 和 `while` 循环形式。其中 `for` 循环在第一行循环头中，以关键字 `for` 打头，用循环变量（例如 `i`）通过关键字 `in` 在一个序列中（常用

range 函数）重复执行循环体。

```
for i in range(5):
    print(i)

## 0
## 1
## 2
## 3
## 4
```

while 循环只要循环头中的条件表达式为真，将会一直执行循环体，需要通过其他程序来控制结束条件。可以使用 break 语句跳出循环体，或者用 continue 跳过本次循环（这两个语句也能用在 for 循环中）。

```
i = 0
while i < 5:
    print(i)
    i = i + 1
```

2.3 Julia 简介

Julia 和 R 与 Python 相似的地方在于它也是一种动态交互式编程语言，因此可以实时响应，适合数据科学的应用。不同点在于 Julia 是一种编译型的语言，利用即时编译① （JIT）的机制将性能和易用性协调到极致。使用过程中完全可以得到与 R 和 Python 相同的交互体验，而程序的运算性能又可以达到 C 语言的水平，还能够直接调用 C 程序。从各种功能点来看，Julia 可能是当前最适合数据科学的编程语言。

但在应用领域，最合适的工具经常都不是“最好的”，关键要看综合性能，除了语言本身的能力，还包含其资源丰富程度。任何语言只要用户足够多、社区足够强大、能够提供丰富的可以直接利用的资源，就能更好地解决用户的问题，毕竟几乎任何领域都是使用工具的人多、开发工具的人少。Julia 相比 R 和 Python，目前资源还比较少，但上升势头不错，可以提前了解。当然，学习 Julia 的更关键的原因在于它与 R 和 Python 比较相似，不会增加太多学习成本，通过了解 Julia 来比较三种语言的异同，也能帮助读者对编程语言有更好的了解。

2.3.1 安装和使用

1. 下载和安装

在 Julia 的官方主页（https://julialang.org/）下载相应操作系统下的安装包，直接默认安

① R 也支持这种机制，可以在某些场景下实现性能优化，但不像 Julia 能够原生地实现。

装即可。Windows 下会自动在桌面添加图形界面的快捷图标，图 2–3 是 Windows 下的图形界面。

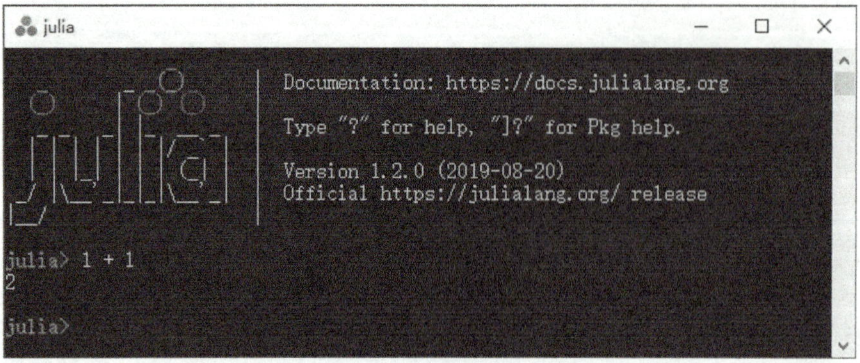

图 2–3　Julia 界面示例

这个界面和 R 类似，可以支持多行粘贴，具备了一个开发环境的功能，不需要其他工具即可完成正常工作。针对 Julia 的专门的 IDE 可以选择 Juno，但它并不是很成熟，也可以使用 RStudio 和 Jupyter，它们都对 Julia 有比较好的支持。另外 Atom、VSCode、Eclipse 也有 Julia 的接口，选择还是很丰富的。不过对初学者来说，用默认的交互界面就足够了。

2. Hello World!

Julia 虽然是编译型语言，但是交互的方式与 R 和 Python 没什么区别，也可以很容易地实现 “Hello World !”：

```
print("Hello World!")
```

3. 包的管理

在 Julia 中使用 import 可以加载包，类似于 Python，需要用包名加点号的方式调用其中的方法，比如内置的 Pkg 包用来管理包，其中的 add 函数可以从网络上自动安装。假设读者要安装处理数据框的包 DataFrames，可以执行以下命令：

```
import Pkg
Pkg.add("DataFrames")
```

Julia 中还可以使用 using 来加载包，这种方式类似于 R，加载后就可以直接调用其中的函数，例如：

```
using DataFrames
```

2.3.2 编程基础

1. 基础数据结构

Julia 的数据结构比较严格，仅数值型就分为 Int8、Int32、Int64、Float32、Float64 等几种。字符相关的类型有字符 (char) 和字符串 (string)，用引号表示。布尔型 (bool) 包含 "true" 和 "false"，注意全为小写。在 Julia 中通过 `typeof` 函数来查看数据类型，如下例所示：

```
typeof(1)
typeof(2.4)
typeof("a")
typeof(true)
```

Julia 中最基础的数据类型是数组，定义方式和 Python 中的列表很相似，但是又能支持多维数组，与 R 中的数组结构比较相似。Julia 在使用习惯上和一些编译语言类似，一般是先定义，再赋值，例如定义一个整数型的 3 行 4 列数组，将其赋值为 1~12 的自然数：

```
A = Array{Int64,2}(undef,3,4)
A[:] = 1:12
A
```

与 R 类似，可以使用 "[]" 来获取其中的子集以及重新赋值成新的值。需要注意的是，Julia 的索引也是从 1 开始的。

2. 控制语句

Julia 的条件语句也是 if-else 结构，在 `if` 后面接上条件表达式，换行后通过缩进而不是大括号来描述程序体，这一点和 Python 类似，但是不如 Python 严格，哪怕不是严格的 4 个空格也不会报错。`if` 后面可以搭配 `else` 也可以省略，但是结束时都需要一个 `end` 标记。

```
a = 0
if a > 1
    print(1)
else
    print(0)
end
```

Julia 的循环结构与 Python 类似，都支持 `for` 和 `while` 两种形式，不过在循环头中通过 "=" 加一个向量来定义循环变量，以下是一个 `for` 的示例。

```
for i = 1:
    print(i)
end
```

循环结束后也要以 `end` 标记结尾。

习题

1. 对于向量 $x=[1,3.5,2.7,6,4.8]'$，在 R、Python 和 Julia 中使用一种或者多种编程语言计算 x 的平均数 (不能直接使用求平均数的函数)。

2. 对于向量 $x=[1,3.5,2.7,6,4.8]'$，在 R、Python 和 Julia 中使用一种或者多种编程语言，编写程序将 x 从小到大排序 (不能直接使用排序的函数)。

3. 尝试在 R 或者 Python 中编写一个函数，输入一个向量 x，输出其排序后的结果。

4. 在 R、Python 和 Julia 中使用一种或者多种编程语言，输出 1~100 之间的所有素数。

5. 浅谈你对函数式编程的理解。

6. 在数据分析的过程中，数据框和矩阵各自的优势是什么?

第3章 数据科学的数学基础

本章导读

数据科学中的统计学和计算机科学都以数学为基础。数据科学之所以成为一门科学，和其中很多理论都具有坚实的数学基础是分不开的。每一种分析方法，都可以用数学理论或算法形式来表述。如果学习者想深入地理解各种方法的内涵，需要从基本的数学原理入手。如果研究者想在方法上做出一些学术贡献，也免不了进行各种数学推导和证明。在大数据时代，各种新工具层出不穷，比如 R、Python、Julia 中都内置了很多分析方法。虽然使用者可以在不懂数学原理的情形下通过调用函数来得到分析结果，但这种便利同时带来了风险。很多时候，如果不理解方法的原理和假设，盲目地套用数据可能会造成结果南辕北辙。由于软件都具有很好的容错性，看似"正常"的输出结果，实际的意义可能完全错误，因此在使用时一定要谨慎。

数学的重要性无论如何强调都不为过，但并不意味着一定要完全弄懂数学原理后才能进行分析实践。数据科学是一门应用性很强的科学，需要坚实的基础，但在学习的过程中还是要以解决实际问题为导向。本章内容中不从理论的角度逐一介绍数学基础，而是把一些重要的知识点用程序操作的形式展现出来。尤其是一些基础的矩阵运算、概率分布的计算。学习者通过程序实践操作可以进一步加深理解，也能帮助大家对一些程序内置的方法进行改进。在数据科学的项目实践中，通常使用 R 和 Python 中的内置方法以及主流的第三方程序包就能实现大部分的分析，可以很容易地得到一些分析结果，但通常这些默认的方法和参数并不会获得最好的效果。如果需要更贴合数据的规律，实现更好的预测效果，研究者需要对模型调参或者写程序对方法进行改进，这些通常都需要对模型的数学原理有一定的了解。因此，掌握一些基础的数学计算在程序中的实现方式具有必要性。

3.1 线性代数

在数据科学中最常使用的结构是设计矩阵，在 R 和 Python 中常用数据框来表示。表 3-1 显示了一个典型的数据框，每一行表示一支球队，其中包括两个变量，x_1 表示运动员工资，x_2 表示胜负比。

表 3–1 球队数据示例

球队	x_1	x_2
1	3 497 900	0.623
2	2 485 475	0.593
3	1 782 875	0.512
4	1 725 450	0.500
5	1 645 575	0.463
6	1 469 800	0.395

在数据科学研究的问题中，变量通常可以对应随机变量。变量的数目也称为“元”，多变量分析也称为“多元分析”。二元变量可以对应一个二维平面，两个变量的值可以对应该平面中的坐标点，如图 3–1 所示。

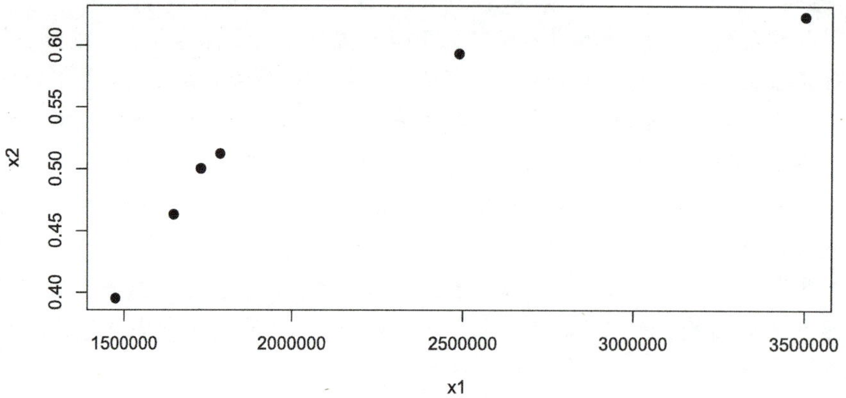

图 3–1 多元数据和向量

以此类推，N 元变量可以对应一个 N 维空间。在数据框中，每一行代表一个样本，每一个样本对应空间中的一个点，因此也称为样本点。在线性代数里，可以用向量来代表 N 维空间中的点，无论 N 代表多少维，都可以很容易地和二维平面中的情况进行类比。高维空间中多样本的问题可以很轻松地转化为向量和矩阵运算的问题，这就是线性代数在数据科学中的主要作用。

3.1.1 向量基础

在二维平面中，通常把横轴称为 X 轴，把纵轴称为 Y 轴。为了不失一般性，也可以将它们称为第一轴（记为 X_1）和第二轴（记为 X_2）。对于二维平面上的点来说，其坐标包含两个值，实际上就是对应于 X_1 和 X_2 轴上的刻度。定义向量来研究这些空间中的点：由 n 个实数 $x_1, x_2, \cdots, x_n$ 组成的一个数组 $\boldsymbol{x}$ 称为向量，写作：

$$\boldsymbol{x} = \begin{bmatrix} x_1 \\ x_2 \\ \vdots \\ x_n \end{bmatrix} \quad 或 \quad \boldsymbol{x}' = \begin{bmatrix} x_1, x_2, \cdots, x_n \end{bmatrix}$$

n 称为向量的维数，表示向量中元素的个数。向量默认为列的形式，右上角的撇 ($'$) 表示转置，也就是旋转成行的形式。所以用 $\boldsymbol{x}$ 来代表一个向量的时候通常是指按列排列的，如果为了排版的需要而横着排，就记为 $\boldsymbol{x}'$。

向量 $\boldsymbol{x}$ 在几何上可表示为一个 n 维有向线段，它沿第一个轴的坐标为 x_1，沿第二个轴的坐标为 x_2 …… 沿第 n 个轴的坐标为 x_n。一个向量可以表示 n 维空间中的一个点，即该有向线段（箭头）的顶点。图 3–2 就展现了二维空间中的向量 $\boldsymbol{x}$，根据向量的定义，可以知道该向量为 $\boldsymbol{x}' = [3, 2]$。

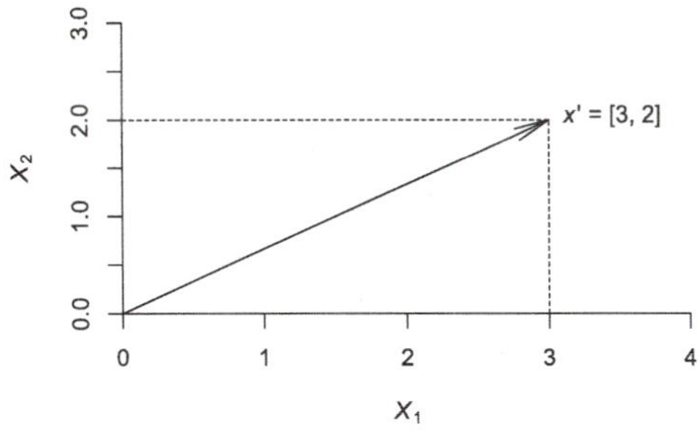

图 3–2　向量和坐标

向量可以进行运算，比如标量乘法，又称数乘，向量乘以一个实数 $c(c > 0)$ 相当于其每个元素都乘以该实数：$c \cdot \boldsymbol{x}' = [c \cdot x_1, c \cdot x_2, \cdots, c \cdot x_n]$。该操作表示将向量长度伸长或缩短，变为原来的 c 倍，当 c 大于 0 时方向不变，如图 3–3 的左图。

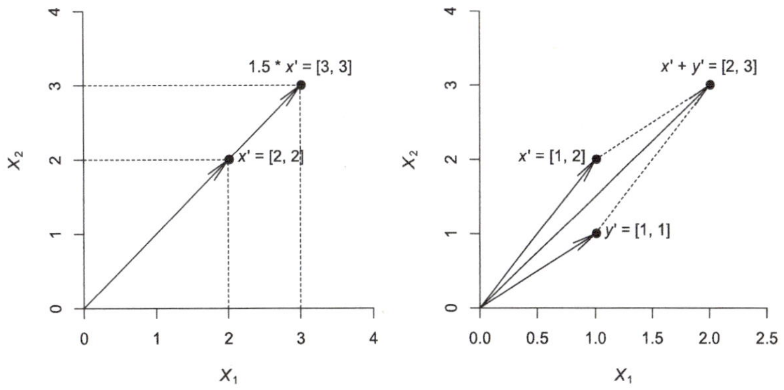

图 3–3　向量数乘与向量加法

向量定义和数乘的代码如下所示：

R 代码

```
x1 <- 1:5
x2 <- c(1, 3, 6, 1, 2)
x1 * 2
x2 * 3
```

Python 代码

```
import numpy as np
x1 = np.arange(5) + 1
x2 = np.array([1, 3, 6, 1, 2])
x1 * 2
x2 * 3
```

如果两个向量的维数相同，说明处于相同维度的空间中，可以进行加法运算。向量加法表示将两个向量的各元素分别相加：

$$\boldsymbol{x}+\boldsymbol{y}=\begin{bmatrix}x_1\\ \vdots\\ x_n\end{bmatrix}+\begin{bmatrix}y_1\\ \vdots\\ y_n\end{bmatrix}=\begin{bmatrix}x_1+y_1\\ \vdots\\ x_n+y_n\end{bmatrix}$$

其几何意义表示两个向量组成的平行四边形的对角线。这种操作很像中学物理中计算合力的“平行四边形法则”，实际上力就是向量（有些领域也称矢量），具有大小和方向，计算合力就是做向量加法。如图 3–3 的右图。

此外，对于向量 $\boldsymbol{x}'=[x_1,x_2,\cdots,x_n]$ 和 $\boldsymbol{y}'=[y_1,y_2,\cdots,y_n]$，定义其内积运算如下：

$$\boldsymbol{x}'\boldsymbol{y}=x_1y_1+x_2y_2+\cdots+x_ny_n$$

内积也称为点积，记为 $\boldsymbol{x}'\boldsymbol{y}$，其计算代码如下：

R 代码	Python 代码
`x1 %*% x2`	`x1 @ x2`
`crossprod(x1, x2)`	`np.dot(x1, x2)`

向量的长度 L_x（也记作 $\|\boldsymbol{x}\|$）也可以通过内积来计算：$L_x=\sqrt{\boldsymbol{x}'\boldsymbol{x}}$。

两个向量之间还存在夹角，记向量 $\boldsymbol{x}$ 和 $\boldsymbol{y}$ 的夹角为 θ，则有 $\cos(\theta)=\boldsymbol{x}'\boldsymbol{y}/(L_xL_y)$。如果 $\boldsymbol{x}'\boldsymbol{y}=0$，说明 $\theta=90°$，称为 $\boldsymbol{x}$ 与 $\boldsymbol{y}$ 垂直。

向量之间还可以定义距离。在欧氏空间里，对于向量 $\boldsymbol{x}'=[x_1,x_2,\cdots,x_n]$ 和 $\boldsymbol{y}'=[y_1,y_2,\cdots,y_n]$，其欧氏距离 d_{xy} 的定义如下：

$$d_{xy}=\sqrt{(x_1-y_1)^2+(x_2-y_2)^2+\cdots+(x_n-y_n)^2}$$

对于两个向量：$\boldsymbol{x}'=[x_1,x_2,\cdots,x_n]$ 和 $\boldsymbol{y}'=[y_1,y_2,\cdots,y_n]$，还可以定义 $\boldsymbol{x}$ 在 $\boldsymbol{y}$ 上的投影为：$\dfrac{\boldsymbol{x}'\boldsymbol{y}}{L_y^2}y$。该投影也是一个向量，与向量 $\boldsymbol{y}$ 的方向相同，如图 3–4 所示。

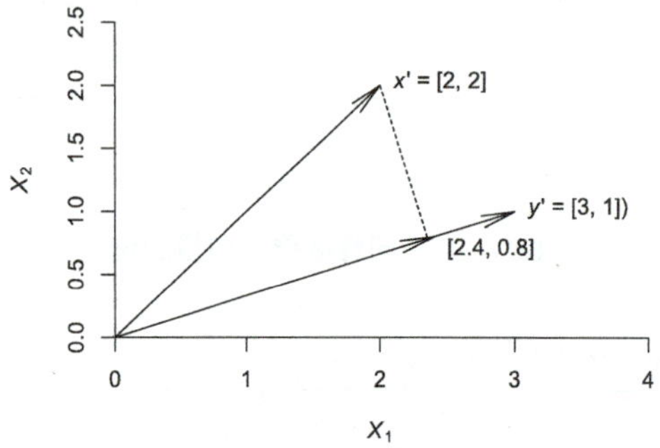

图 3–4　向量的投影

利用向量可以描述 n 维空间中的点，无论 n 有多大，都可以参考以上二维平面中的例子进行理解。各种关于向量的运算推广到多维空间中去可以解决更多更复杂的问题。

3.1.2 矩阵运算

研究者把由实数组成的这种二维结构的矩形数表称为**矩阵** (matrix)，一个 m 行 n 列的任意矩阵可以表示成：

$$\boldsymbol{A}=\begin{bmatrix} a_{11} & a_{12} & \cdots & a_{1n} \\ a_{21} & a_{22} & \cdots & a_{2n} \\ \vdots & \vdots & & \vdots \\ a_{m1} & a_{m2} & \cdots & a_{mn} \end{bmatrix}$$

记该矩阵为 $\boldsymbol{A}$，用 $\boldsymbol{A}'$ 来表示矩阵 $\boldsymbol{A}$ 的转置，表示沿左上到右下的对角线旋转该矩阵，使得行列互换位置：

$$\boldsymbol{A}=\begin{bmatrix} a_{11} & a_{12} & \cdots & a_{1n} \\ a_{21} & a_{22} & \cdots & a_{2n} \\ \vdots & \vdots & & \vdots \\ a_{m1} & a_{m2} & \cdots & a_{mn} \end{bmatrix} \Leftrightarrow \boldsymbol{A}'=\begin{bmatrix} a_{11} & a_{21} & \cdots & a_{m1} \\ a_{12} & a_{22} & \cdots & a_{m2} \\ \vdots & \vdots & & \vdots \\ a_{1n} & a_{2n} & \cdots & a_{mn} \end{bmatrix}$$

其中 m 和 n 称为矩阵的维数，如果两个矩阵 $\boldsymbol{A}$ 和 $\boldsymbol{B}$ 的维数相同且对应位置的元素都相等，则有 $\boldsymbol{A}=\boldsymbol{B}$。如果 $\boldsymbol{A}=\boldsymbol{A}'$ 则称 $\boldsymbol{A}$ 为对称矩阵。

设 c 为任一实数，矩阵 $\underset{(m\times n)}{\boldsymbol{A}}=\{a_{ij}\}$，则有：

$$c\cdot\boldsymbol{A}=\begin{bmatrix} c\cdot a_{11} & c\cdot a_{12} & \cdots & c\cdot a_{1n} \\ c\cdot a_{21} & c\cdot a_{22} & \cdots & c\cdot a_{2n} \\ \vdots & \vdots & & \vdots \\ c\cdot a_{m1} & c\cdot a_{m2} & \cdots & c\cdot a_{mn} \end{bmatrix}$$

该运算称为矩阵的标量乘法，也称为数乘。标量乘法满足交换律：$c\cdot\boldsymbol{A}=\boldsymbol{A}\cdot c$。

设矩阵 $\underset{(m\times n)}{\boldsymbol{A}}=\{a_{ij}\}$ 和矩阵 $\underset{(m\times n)}{\boldsymbol{B}}=\{b_{ij}\}$ 具有相同的维数，$\boldsymbol{A}$ 和 $\boldsymbol{B}$ 之间可以进行各种运算。其中 $\boldsymbol{A}+\boldsymbol{B}$ 称为矩阵加法：

$$\boldsymbol{A}+\boldsymbol{B}=\begin{bmatrix} a_{11}+b_{11} & a_{12}+b_{12} & \cdots & a_{1n}+b_{1n} \\ a_{21}+b_{21} & a_{22}+b_{22} & \cdots & a_{2n}+b_{2n} \\ \vdots & \vdots & & \vdots \\ a_{m1}+b_{m1} & a_{m2}+b_{m2} & \cdots & a_{mn}+b_{mn} \end{bmatrix}$$

矩阵加法满足交换律：$\boldsymbol{A}+\boldsymbol{B}=\boldsymbol{B}+\boldsymbol{A}$。矩阵减法与加法类似：$\boldsymbol{A}-\boldsymbol{B}=\boldsymbol{A}+(-1)\cdot\boldsymbol{B}$。定义矩阵和矩阵加法的代码如下所示：

R 代码	Python 代码
`A1 = matrix(1, nrow=4, ncol=3)`	`A1 = np.ones(12).reshape(4, 3)`
`A1 + A1`	`A1 + A1`

矩阵的乘法有两种形式，$\boldsymbol{A}\odot\boldsymbol{B}$ 称为哈达玛乘积或基本积：

$$\boldsymbol{A} \odot \boldsymbol{B} = \begin{bmatrix} a_{11} \cdot b_{11} & a_{12} \cdot b_{12} & \dots & a_{1n} \cdot b_{1n} \\ a_{21} \cdot b_{21} & a_{22} \cdot b_{22} & \dots & a_{2n} \cdot b_{2n} \\ \vdots & \vdots & & \vdots \\ a_{m1} \cdot b_{m1} & a_{m2} \cdot b_{m2} & \dots & a_{mn} \cdot b_{mn} \end{bmatrix}$$

$\boldsymbol{A} \odot \boldsymbol{B}$ 表示两个矩阵对应位置元素的乘积，该运算满足交换律。

设矩阵 $\underset{(m\times n)}{\boldsymbol{A}} = \{a_{ij}\}$ 和矩阵 $\underset{(n\times k)}{\boldsymbol{B}} = \{b_{ij}\}$，矩阵乘法 $\boldsymbol{A} \cdot \boldsymbol{B}$ 定义如下：

$$\boldsymbol{A} \cdot \boldsymbol{B} = \begin{bmatrix} \sum\limits_{l=1}^{n} a_{1l} \cdot b_{l1} & \sum\limits_{l=1}^{n} a_{1l} \cdot b_{l2} & \dots & \sum\limits_{l=1}^{n} a_{1l} \cdot b_{lk} \\ \sum\limits_{l=1}^{n} a_{2l} \cdot b_{l1} & \sum\limits_{l=1}^{n} a_{2l} \cdot b_{l2} & \dots & \sum\limits_{l=1}^{n} a_{2l} \cdot b_{lk} \\ \vdots & \vdots & & \vdots \\ \sum\limits_{l=1}^{n} a_{ml} \cdot b_{l1} & \sum\limits_{l=1}^{n} a_{ml} \cdot b_{l2} & \dots & \sum\limits_{l=1}^{n} a_{ml} \cdot b_{lk} \end{bmatrix}$$

$\boldsymbol{A} \cdot \boldsymbol{B}$ 也可记作 $\boldsymbol{AB}$。前一个矩阵的列数必须等于后一个矩阵的行数，否则无法相乘。维数为 $m \times n$ 和 $n \times k$ 的两个矩阵相乘后，生成的新矩阵的维数为 $m \times k$ 。注意，矩阵乘法不满足乘法交换律，亦即 $\boldsymbol{AB}$ 不一定等于 $\boldsymbol{BA}$。矩阵乘法的代码如下：

R 代码	Python 代码
`A1 * A1`	`A1 * A1`
`A1 %*% t(A1)`	`np.dot(A1, A1.T)`

如果一个矩阵的行数与列数相等，则称为方阵。除主对角线（左上到右下）外其他数值全为 0 的方阵称为对角矩阵。对角线上的值都为 1 的对角矩阵称为单位矩阵，如下：

$$\boldsymbol{I} = \begin{bmatrix} 1 & 0 & \dots & 0 \\ 0 & 1 & \dots & 0 \\ \vdots & \vdots & & \vdots \\ 0 & 0 & \dots & 1 \end{bmatrix}$$

单位矩阵与任何矩阵相乘（假设维数相符）都等于原矩阵。

如果一个矩阵是方阵，可以定义行列式的运算。$n\times n$ 的方阵 $\boldsymbol{A}$ 的行列式记作 $|\boldsymbol{A}|$，定义如下：

$$|\boldsymbol{A}| = \begin{vmatrix} a_{11} & a_{12} & \dots & a_{1n} \\ a_{21} & a_{22} & \dots & a_{2n} \\ \vdots & \vdots & & \vdots \\ a_{n1} & a_{n2} & \dots & a_{nn} \end{vmatrix} = \sum_{j_1 j_2 \cdots j_n} (-1)^{\tau(j_1 j_2 \cdots j_n)} a_{1j_1} a_{2j_2} \dots a_{nj_n}$$

其中 $j_1 j_2 \cdots j_n$ 代表 $1, 2, \cdots, n$ 的一个排列。τ 代表计算逆序数，亦即逆序对① 的总数。行列式看上去和矩阵长得很像，但完全不是一个概念。如果从几何角度来理解，可以认为是

① 一组数中前面的数比后面的数大的称为一个逆序对。

该矩阵对应的平行体的体积，是一个数值，可以用来解决一些矩阵方面的问题。但是从历史角度来说，行列式比矩阵要早很多。有些教材会先讲行列式再讲矩阵，但对于理解矩阵并用矩阵解决问题来说并不是必需的。因此，这里只需要大概了解其概念即可，实际工作中可以使用计算机工具来求解。

矩阵可以看作一组向量的组合。对一组向量 $x_1, x_2, \cdots, x_k$，如果存在不全为 0 的常数 $c_1, c_2, \cdots, c_k$ 使得 $c_1x_1 + c_2x_2 + \cdots + c_kx_k = 0$，则称这组向量线性相关，反之则线性无关。如果把矩阵的每一行看成向量（即行向量），所有行向量线性无关的最大行数称为行秩。同理，根据列向量可以得到列秩。可以证明一个矩阵的行秩和列秩是相等的，称为矩阵的秩。

对方阵 $\underset{(k\times k)}{\boldsymbol{A}}$，如果 $\underset{(k\times k)}{\boldsymbol{A}} \cdot \underset{(k\times 1)}{\boldsymbol{x}} = \underset{(k\times 1)}{0}$ 意味着 $\underset{(k\times 1)}{\boldsymbol{x}} = \underset{(k\times 1)}{0}$，则称此方阵是非奇异的，反之则为奇异的。可以证明，如果一个方阵的秩等于它的行数（或列数），则此方阵是非奇异的。还可以证明，一个矩阵非奇异等价于它的行列式不为 0。

如果 $k\times k$ 维矩阵 $\boldsymbol{A}$ 是一个非奇异矩阵，可以证明存在唯一的 $k\times k$ 维矩阵 $\boldsymbol{B}$，使得 $\boldsymbol{AB} = \boldsymbol{BA} = \boldsymbol{I}$。若 $\boldsymbol{B}$ 满足 $\boldsymbol{AB} = \boldsymbol{BA} = \boldsymbol{I}$，称 $\boldsymbol{B}$ 为 $\boldsymbol{A}$ 的逆，并用 $\boldsymbol{A}^{-1}$ 表示。矩阵求逆的代码如下：

R 代码

```r
A2 = matrix(0:8, nrow=3, ncol=3)
A2[1, 1] <- 100
solve(A2)
```

Python 代码

```python
A2 = np.arange(9).reshape(3, 3)
A2[0, 0] = 100
np.linalg.pinv(A2)
```

对于方阵 $\boldsymbol{Q}$，如果 $\boldsymbol{QQ}' = \boldsymbol{I}$ 或者 $\boldsymbol{Q}' = \boldsymbol{Q}^{-1}$，则称 $\boldsymbol{Q}$ 为正交矩阵。根据矩阵乘法的计算公式可知，矩阵中任意两个不相同的向量的内积为 0，说明这两个向量垂直，也称为正交。

矩阵对角线上的元素的和称为迹，记为 $tr(\boldsymbol{A})$，可以证明 $tr(\boldsymbol{A} \pm \boldsymbol{B}) = tr(\boldsymbol{A}) \pm tr(\boldsymbol{B})$，以及 $tr(\boldsymbol{AB}) = tr(\boldsymbol{BA})$。

3.2 概率论和数理统计

一般认为，概率论是由法国数学家、物理学家帕斯卡于 1654 年创立的。他在和法国数学家费马的通信中讨论一个计算赌资的题目，对于这一类的不确定问题提出了很多清晰而全面的解决方案。1812 年，法国数学家拉普拉斯出版了《概率分析理论》，标志着古典概率论的完善。他对概率进行了一个直观的定义：“概率，指的是合适情况的个数占所有可能发生的情况的个数的比例。” 1933 年，在现代测度论的基础上，苏联数学家柯尔莫哥洛夫 (Колмогóров) 建立了概率论的公理化系统，其著作 *Foundations of the Theory of Probability* 的出版是现代概率论诞生的标志事件。

3.2.1 随机变量和分布

试验是为了了解性能或者结果而进行的测试性操作，满足以下三个条件的试验可以称为随机试验：

- 可以在相同的条件下重复进行；
- 每次试验的可能结果不止一个，并且能事先明确试验的所有可能结果；
- 进行一次试验之前不能确定会出现哪一个结果。

对于某个随机试验 E，把所有可能结果组成的集合称为 E 的样本空间。如果试验 E 只有两个可能的结果：A（比如代表硬币正面朝上）和 $\overline{A}$（比如代表硬币反面朝上），并且事件的概率 $P(A)=p$，$P(\overline{A})=1-p=q$，其中 $0<p<1$。把 E 独立重复地做 n 次的试验构成了一个新试验，称为 n 重伯努利试验，简称伯努利试验。

记 B_k 为 n 重伯努利试验中事件 A 出现 k 次的事件，其中 $0\leqslant k\leqslant n$ ，那么可以计算该事件的概率：

$$P(B_k)=\mathrm{C}_n^k p^k q^{n-k},\quad 0\leqslant k\leqslant n \tag{3–1}$$

在 n 重伯努利试验中，其样本空间是可以穷举的，每个基本事件的概率也可以通过式 (3–1) 来计算。对于该试验中每个 B_k 的次数可以用变量来描述，但这个变量肯定与大家平时熟知的变量有些不同：其取值都在样本空间中，而且有很好的方式来描述其中的概率，把这一类变量称为随机变量。为了不失一般性，通常不用"="的方式来描述概率，而是使用"⩽"的形式。一种比较直观的定义方式如下：设 X 是定义在某样本空间上的实值函数，如果对任意实数 x，$X\leqslant x$ 都是随机事件，则称 X 为随机变量① 。

在 n 重伯努利试验中，记概率 p 下发生的次数为 $X(p)$，那么 $X(p)=x$ 是随机事件，其概率也可以用式 (3–2) 来表示，很显然，$X(p)\leqslant x$ 也是随机事件，其概率可以计算如下：

$$P(X\leqslant x)=\sum_{k=1}^{x}\mathrm{C}_n^k p^k q^{n-k} \tag{3–2}$$

根据定义，X 可以认为是随机变量。如果 X 是随机变量，定义 $F(x)=P(X\leqslant x)(-\infty<x<\infty)$ 为 X 的分布函数，简称分布。如果 X 的分布函数为 $F(X)$，则称 X 服从分布 $F(X)$。在本例中，式 (3–2) 就是伯努利试验的分布函数，这种形式的分布称为二项分布，当 $n=1$ 的时候称为伯努利分布。

如果 X 只取有限个或可列无穷多个值 $\{x_1,x_2,x_3,\cdots\}$，则称 X 为离散型随机变量，则有：

$$p_k=P(X=x_k),\quad k\geqslant 1 \tag{3–3}$$

称 p_k 为随机变量 X 的分布律。根据分布的定义，称式 (3–2) 为二项分布的分布函数，但实际上二项分布就是一种离散分布，利用式 (3–1) 的形式来描述随机变量 X 会更简洁：

$$P(X=k)=\mathrm{C}_n^k p^k q^{n-k},\quad 0\leqslant k\leqslant n \tag{3–4}$$

式 (3–4) 就是二项分布的分布律。利用该公式可以计算每个取值 k 的概率。假设二项分布的 $n=2$，概率 $p=0.5$，计算分布律的代码如下：

---

① 对随机变量的精确定义需要用到测度论的知识，超出了本书的范围和初衷，因此此处采用比较直观和简洁的不严格定义方式。

R 代码

```r
dbinom(1, size=2, prob=0.5)
dbinom(2, size=2, prob=0.5)
```

Python 代码

```python
from scipy import stats
stats.binom.pmf(1,n=2,p=0.5)
stats.binom.pmf(2,n=2,p=0.5)
```

假设 X 为随机变量，$F(X)$ 为其分布函数，如果存在定义在 $(-\infty,\infty)$ 上的非负实值函数 $F(x)$，使得：

$$F(x)=\int_{-\infty}^{x}f(y)\mathrm{d}y,\quad -\infty<x<\infty \tag{3–5}$$

则称 X 为连续型随机变量，称 $F(X)$ 为连续型分布函数，称 $f(x)$ 为 X 的概率密度函数。相较于离散型随机变量，连续型随机变量并没有分布律，因为 X 的取值是连续的，所以对于单个的取值 k 不存在概率。不过密度函数 $f(x)$ 有些类似概率的性质，首先是 $f(x)\geqslant 0(-\infty<x<\infty)$。此外，类比于所有可能取值的概率之和为 $1\left(\sum\limits_{k\geqslant 1}p_k=1\right)$，连续型随机变量的密度函数还满足：

$$\int_{-\infty}^{\infty}f(x)\mathrm{d}x=1 \tag{3–6}$$

最常用的连续分布是正态分布，如果随机变量 X 的概率密度函数为：

$$f(x)=\frac{1}{\sqrt{2\pi}\sigma}\mathrm{e}^{-\frac{1}{2\sigma^2}(x-\mu)^2},\quad -\infty<x<\infty \tag{3–7}$$

则称 X 服从参数为 μ 和 σ^2 的正态分布，记为 $X\sim N(\mu,\sigma^2)$。图 3–5 展现了正态分布密度函数的曲线，可以发现该曲线图像一口大钟，在 $x=\mu$ 处左右对称，$f(x)$ 的最大值也出现在此处，最大值为 $\dfrac{1}{\sqrt{2\pi}\sigma}$。$\mu$ 的不同取值会导致密度函数的曲线图左右平移。σ 的值会影响图形的形状：其值越大，图形就越扁；其值越小，图形就越尖。此外，$f(x)$ 在 $x=\mu\pm\sigma$ 处有拐点。

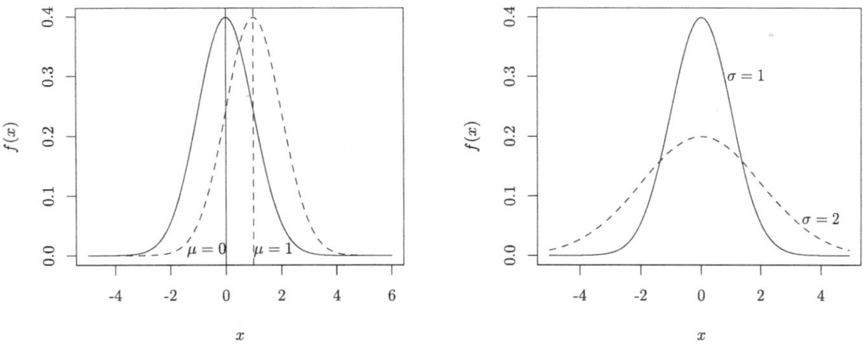

图 3–5　正态分布的密度函数

对于连续随机变量 X 来说，分布函数 $F(x)$ 表示的含义与离散随机变量相同，都是 $P(X\leqslant x)$，但是计算时不能用离散分布律那种求级数的方式，而是要用积分。图 3–6 体现了基于正态分布进行概率计算的过程，左图是分布函数，右图是密度函数。比如 $F(1)$ 表示概率 $P(X\leqslant 1)$，对应左图的分布函数中 X 轴取值为 1 时 Y 轴的值。如果要计算概率

$P(-2 \leqslant X \leqslant 1)$，根据定义可知其值应该是 $F(1)-F(-2)$，在右图的密度函数中对应阴影部分的面积。计算该值的代码如下：

R 代码

```
pnorm(1) -
pnorm(-2)

## [1] 0.8185946
```

Python 代码

```
stats.norm.cdf(1) -
stats.norm.cdf(-2)

## 0.8185946141203637
```

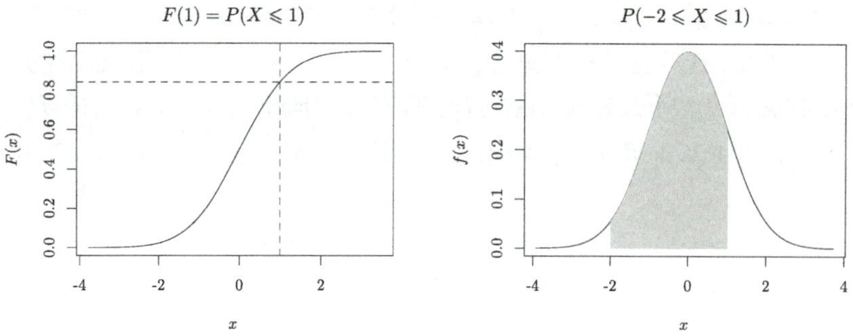

图 3–6　正态分布的相关计算

如果 $\mu=0$ 且 $\sigma=1$，研究者称之为“标准正态分布”，记为 $X \sim N(0,1)$。对于标准正态分布来说，如果要手动计算 $P(-2 \leqslant X \leqslant 1)$，计算积分 $\dfrac{1}{\sqrt{2\pi}}\displaystyle\int_{-2}^{1} \mathrm{e}^{-\frac{x^2}{2}}\mathrm{d}x$ 即可。多年以前，这样的积分并不太容易计算，因此人们对不同取值编制了正态分布表。在很多传统的统计学教材里，最后的附录中都会包含这样的正态分布表，因为正态分布实在是太常用了，很多计算都需要。但是今天通过计算机可以非常轻松地计算出正态分布中的任意概率，也就不需要这样的表了。

3.2.2 数理统计简介

在数据分析中，被研究的对象的全体称为总体，组成总体的元素称为个体。自然界中值得研究的问题很多，对于一些不确定的问题，研究者通常假设随机变量来处理。总体就是一个具有确定分布的随机变量 X，需要研究其分布函数 $F(X)$。如果总体中的个体总数是有限的，称为有限总体；如果个体总数无限，则称为无限总体。如果有限总体的个体数很大，也可以将其当成无限总体，这样理解起来会比较方便。

总体的分布函数 $F(X)$ 通常是未知的，所以研究者希望能想办法进行推断。通常的方式是从总体中抽取部分个体进行试验，从而得到数据，再利用这些数据来推断 $F(X)$。从总体中抽取 n 个个体进行观察或试验的过程称为抽样，得到的 n 个随机变量彼此独立并且与 X 具有相同的分布，称为样本，该样本的容量为 n。

假设 $\{X_1, X_2, \cdots, X_n\}$ 是 n 个随机变量，彼此相互独立并且都和总体 X 具有相同的分布，则 $\{X_1, X_2, \cdots, X_n\}$ 是取自总体 X 的容量为 n 的样本。对抽取的样本进行观察或试验，得到一组实数 $\{x_1, x_2, \cdots, x_n\}$，它们分别是 $\{X_1, X_2, \cdots, X_n\}$ 的观察值，称为样本值，也称样本观察值。

对于一组数据，假设是一个从 $0 \sim 9$ 的向量，简单随机抽样出 3 个数，用代码实现如下：

R 代码	Python 代码
默认无放回	默认有放回
`x1 <- 0:9`	`x1 = np.arange(10)`
`sample(x1, size = 3)`	`np.random.choice(x1, 3)`
`## [1] 8 9 4`	`## array([9, 1, 3])`

假设离散型随机变量 X 的分布律为 p_k，如果 $\sum\limits_{k\geqslant 1}|x_k|p_k < \infty$，则称 X 存在数学期望，简称期望，记为 $E(X)$，其计算公式为：

$$E(X) = \sum_{k\geqslant 1} x_k p_k \tag{3-8}$$

假设连续型随机变量 X 的密度函数为 $f(x)$，如果 $\int_{-\infty}^{\infty}|x|f(x)\mathrm{d}x < \infty$，则称 X 存在期望，其计算公式为：

$$E(X) = \int_{-\infty}^{\infty} xf(x)\mathrm{d}x \tag{3-9}$$

对于期望的运算，还满足以下规则：

- 常数 k 的期望是其自身：$E(k) = k$；
- 随机变量的数乘满足：$E(kX) = kE(X)$；
- 任意两个随机变量 X_1 和 X_2 的期望满足：$E(X_1 + X_2) = E(X_1) + E(X_2)$。

对于一组样本 $\{X_1, X_2, \cdots, X_n\}$ 来说，如果存在某个函数 $g(x_1, x_2, \cdots, x_n)$ 是关于 $x_1, x_2, \cdots, x_n$ 的函数，并且不再包含任何其他未知的参数，则称 $g(x_1, x_2, \cdots, x_n)$ 为统计量。如果 $\{x_1, x_2, \cdots, x_n\}$ 为样本观察值，则称 $g(x_1, x_2, \cdots, x_n)$ 为该统计量的观察值。很显然，统计量也是随机变量。

统计量可以是任意形式的，只要满足定义即可。但最常用的统计量应该是样本均值：$\overline{X} = \dfrac{1}{n}\sum\limits_{i=1}^{n} X_i$。此外，人们还定义了样本方差：$S^2 = \dfrac{1}{n-1}\sum\limits_{i=1}^{n}(X_i - \overline{X})^2$。用观察值来计算样本均值这个统计量，就得到大家熟知的平均数了。可以证明 $E(\overline{X}) = E(X)$，可见样本均值的期望与总体的期望是相等的，所以用样本均值来代表总体期望是有道理的。

还有一类常用的统计量称为顺序统计量，假设 $\{X_1, X_2, \cdots, X_n\}$ 是来自总体 X 的样本，定义一个统计量 $X_{(k)}$，对任意一组样本观察值 $\{x_1, x_2, \cdots, x_n\}$，将其从小到大排成 $x_{(1)} \leqslant x_{(2)} \leqslant \cdots \leqslant x_{(n)}$，它总是取其中的第 k 个值 $x_{(k)}$，则称 $X_{(k)}$ 是样本 $\{X_1, X_2, \cdots, X_n\}$ 的第 k 位顺序统计量。我们常见的最大值、最小值、中位数都属于顺序统计量。

使用程序代码计算样本的均值、中位数、最大值、最小值如下：

R 代码	Python 代码
`x1 <- 0:9` `mean(x1)`	`x1 = np.arange(10)` `np.mean(x1)`
`## [1] 4.5`	`## 4.5`
`median(x1)`	`np.median(x1)`
`## [1] 4.5`	`## 4.5`
`max(x1)`	`np.max(x1)`
`## [1] 9`	`## 9`
`min(x1)`	`np.min(x1)`
`## [1] 0`	`## 0`

3.3 最优化方法

最优化方法是在所有的可行方案中找出最优方案的方法，本书专指通过数学计算的方式来搜寻最优解，是应用数学的重要领域。很多时候，研究者可以根据模型的数学公式推导求得精确的解析解。但更多的时候，只能通过一些算法来求得近似的数值解。在实际应用中，很多经典的算法已被软件或者运算库实现，用户最主要的工作是将要解决的实际问题转化为数学问题，然后建立最优化模型并调用算法进行求解。

最优化方法严格来说并不是数据分析的方法，因为它不是从历史数据中发现规律和建立模型。但最优化方法是数据科学中不可或缺的重要方法。很多统计模型的求解和机器学习算法的实现都需要使用它。

3.3.1 非线性规划

最常见、最广泛存在的优化问题是无约束的非线性规划。对于任意非线性函数，求其最小值① 是普遍存在的问题。比如我们使用最小二乘法估计二元回归模型系数的时候，要求残差的平方和最小，用数学形式来表示就是：

$$\min z = \sum_{i=1}^{n}(y_i - (\alpha + \beta_1 x_{i1} + \beta_2 x_{i2}))^2 \tag{3-10}$$

① 也可以是最大值，但是可以将其添加一个负号转为求最小值。

这是一个标准的无约束非线性规划问题，min 表示优化的方向是求最小值，z 称为优化的目标函数，该函数包含 α、β_1 和 β_2 这三个未知参数。该问题并不包含约束条件，说明 α、β_1 和 β_2 可以取任意实数值。实际上，当对这个问题求得最优解时的 $\widehat{\alpha}$、$\widehat{\beta_1}$ 和 $\widehat{\beta_2}$ 的值就是回归系数的估计值。

无约束问题 $\min\limits_{x\in\mathbf{R}^n} f(x)$ 的最优解必定是 $f(x)$ 的局部极小点，而若 $f(x)(x\in\mathbf{R}^n)$ 在点 $x^{(0)}$ 处可微，且 $x^{(0)}$ 为局部极小点，则必有梯度 $\nabla f(x^{(0)})=0$。所以求极值的问题往往会转化成求解梯度函数等于 0 的方程组的问题，对于线性回归最小二乘的例子，可以很容易地求出方程的解，但是对于很多较复杂的函数，很难精确地求出解析解，那么研究者就需要使用数值计算的方法来求极值，最常见的是迭代法。从一个初始点出发，沿着某个方向搜索，得到新的函数值，然后在新的点上确定新的搜索方向，继续搜索新的点。如果目标函数的值在不断减小，这样的算法就称为下降算法；如果目标函数的值会收敛，就说明可以找到极值。本节介绍的优化算法其实都是基于这样的思路，通过数值计算的方式来找到极值的。

基于某个点的搜索，如果搜索的方向确定，那么寻找下一个点的问题就变成了一维搜索的问题。这个问题非常简单，平时最常见的就是查字典的方式，假如我们要查某个字，先随意翻到某个中间的页码，然后确定该字是在该页码之前还是之后，然后在确定的范围内继续翻，直到查出这个字。在算法的设计中，常用的有平分法和黄金分割法。

对于凸函数来说，局部极小值就是全局极小值，这样的情况并不是很常见，很多时候目标函数都是非凸函数，这样一旦初始点附近的极值不是全局极小值，就会为搜索带来困难，也很考验各种算法。本节以著名的 Rosenbrock 香蕉函数举例，函数形式如式（3–11）所示，其三维图如图 3–7 所示。

$$f(x_1,x_2)=(1-x_1)^2+100(x_2-x_1^2)^2 \tag{3–11}$$

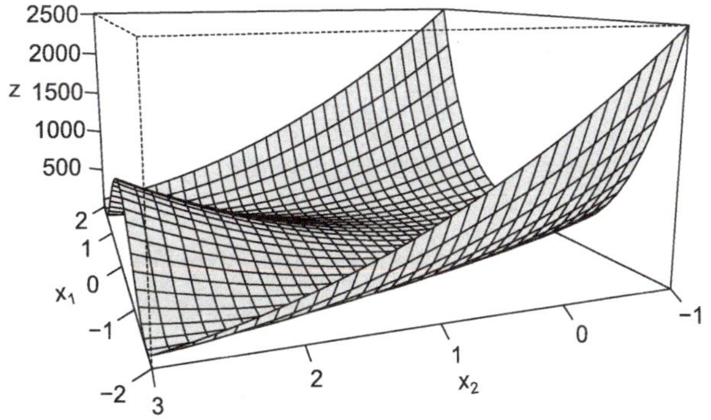

图 3–7 Rosenbrock 香蕉函数

该函数绘制出的曲面并不规则，很明显不是凸函数，沿着不同的起始点可以找到不同的极值，通过函数的数学形式可以很容易地找到全局最小值位于点 $(x_1=1,x_2=1)$，此时这个非负函数取值为 0。从图中可以看出，最小值的点附近的区域像是一个香蕉形的山谷，因此得名香蕉函数。在山谷中函数值的变化并不大，因此不容易搜索到全局最小值，这个函数也成了用来测试优化算法的一个非常常用的函数。

在 R 中可以使用内置的 `optim` 函数来进行规划求解，Python `scipy` 包中的 `optimize`

模块提供了 minimize 可以实现最优化。在调用最优化函数之前，都需要定义一个目标函数，用各自的函数定义方式定义如下：

R代码

```
rosenbrock <- function(x) {
  v <- (1 - x[1])^2 +
  100 * (x[2] - x[1] ^2)^2
  return(v)}
```

Python代码

```
def rosenbrock():
    v = lambda x:(1 - x[0]) ** 2
+ 100 * (x[1] - x[0] ** 2) ** 2
    return v
```

在 R 中对这种有多个自变量的函数，传入一个参数 x 表示向量，每个自变量用向量 x 的分量来表示，从而定义出目标函数。需要注意的是，这种定义目标函数的方式是 R 的 optim 函数习惯的方式，但是似乎成了 R 中第三方优化包的约定俗成的通用形式。当然，也有一些优化包采用其他的方式来定义函数，需要通过阅读文档来了解。

Python 中可以定一个无参数的函数，然后在函数体内部使用 lambda 函数的定义方式，同样可以实现这种多个分量的定义方式。

在很多优化算法中，需要用到函数的梯度。很多语言里都是采用近似的方法来计算梯度，如果能够显式地传入梯度函数的形式，那么对于计算将会产生很大的便利。R 语言的 optim 函数中提供了 gr 参数来接纳目标函数的梯度函数，默认为 NULL，表示 R 来自行计算近似值。Python 的 minimize 函数提供了 jac 和 hess 参数用来选择方法计算梯度向量和**海塞矩阵**（Hessian Matrix）。

我们使用默认的方法，由最优化函数自己计算梯度，以图中的高点($x_1=0, x_2=3$) 作为初始点，在 R 和 Python 中分别优化求解。R 的 optim 函数中使用 par 参数设定初始值，使用 fn 参数传入刚才定义的目标函数。Python 的 minimize 函数通过 fun 参数传入目标函数，通过 x0 参数传入一个 numpy 数组形式的初始值向量。

R代码

```
optim(par = c(0, 3),
  fn = rosenbrock)

## $par
## [1] 1.000300 1.000562
##
## $value
## [1] 2.301092e-07
##
## $counts
## function gradient
##       83       NA
##
## $convergence
```

Python代码

```
from scipy.optimize import minimize

import numpy as np
minimize(rosenbrock(),
    np.asarray((0, 3)))

##       fun: 1.995659664066e-11
##  hess_inv: array([[0.5, 1.0],
                     [1.0, 2.0]])
##       jac: array([5.364e-06,
                     -2.667e-06])
##      nfev: 144
##       nit: 22
##      njev: 36
```

```
## [1] 0
##
## $message
## NULL
```

```
##    status: 0
##   success: True
##         x: array([0.99999554,
## 0.99999105])
```

R 和 Python 的结果都是带有很多小数点的数值解，说明其使用的是数值计算的算法。在 R 中，结果中的 value 代表了最终的目标函数的值，接近于 0，说明找到了最优解，par 表示最优解。Python 的结果中，fun 表示目标函数的值，也接近于 0，说明找到了最优解，x 表示最优解。两者的结果都与我们预想的最优点 $(x_1 = 1, x_2 = 1)$ 非常接近。

在很多优化问题中，通常还存在约束条件，例如对于式 (3–11)，加上式(3–12) 中的约束条件：

$$\min z = (1 - x_1)^2 + 100(x_2 - x_1^2)^2$$

$$\text{s.t.} \begin{cases} -3x_1 - 4x_2 \geqslant -12 \\ -x_1 + 2x_2 \geqslant -2 \\ x_1 \geqslant 0 \\ x_2 \geqslant 0 \end{cases} \tag{3-12}$$

这说明这个优化问题将不再搜索整个空间，而是要在满足约束条件的前提下求最优解，在 R 中可以利用内置的 constrOptim 函数来求解带约束条件的优化问题，Python 的 minimize 函数提供了 constraints 参数，可以输入约束条件，如下所示：

R 代码

```
consui <- rbind(c(-3, -4),
  c(-1, 2), c(1, 0), c(0, 1))
consci <- c(-12,-2, 0, 0)

constrOptim(theta = c(2, 1),
  f = rosenbrock, grad = NULL,
  ui = consui, ci = consci)

## $par
## [1] 1.000001 1.000001
##
## $value
## [1] 3.30391e-12
##
## $counts
## function gradient
##      223       NA
##
```

Python代码

```
x0 = np.asarray((2, 1))

cons = ({'type': 'ineq', 'fun':
        lambda x: -3 * x[0] -
4*x[1] + 12},
        {'type': 'ineq', 'fun':
        lambda x: -1 * x[0] +
2*x[1] + 2},
        {'type': 'ineq', 'fun':
        lambda x: x[0]},
        {'type': 'ineq', 'fun':
        lambda x: x[1]})

res = minimize(rosenbrock(), x0,
constraints=cons)
res
```

```
## $convergence                    ##        fun: 1.6142506301389e-09
## [1] 0                           ##        jac: array([0.00097891,
##                                 ##                   -0.00045179])
## $message                        ##    message: 'Successfully.'
## NULL                            ##       nfev: 78
##                                 ##        nit: 19
## $outer.iterations               ##       njev: 19
## [1] 4                           ##     status: 0
##                                 ##    success: True
## $barrier.value                  ##          x: array([1.00003318,
## [1] -0.001534302                ##                   1.00006409])
```

3.3.2 线性规划

另一类常见的优化问题是线性规划。目标函数以及约束条件都是线性函数，从而进行规划求解。由于自然界中的大量关系都是线性的，因此线性规划有着非常广泛的应用。另一方面，线性规划问题也能够通过一些算法非常高效地求得精确解，因此如果能将难题转化成线性规划的问题将会非常简便。

式 (3–13) 是一个简单的线性规划的问题，目标函数的写法与之前介绍的无约束非线性规划问题并没有什么不同，都是对目标函数 z 求最小值，不同的只是这个函数是变量 x_1 和 x_2 的一个线性组合。此外，这个规划还具备约束条件，所有的条件以不等式组的形式写在大括号里，这也是优化问题中约束条件的一般格式。读者可以发现，在这个例子中，所有的约束问题都是线性的。

$$
\begin{aligned}
&\min z = -2x_1 - x_2 \\
&\text{s.t.} \begin{cases} -3x_1 - 4x_2 \geqslant -12 \\ -x_1 + 2x_2 \geqslant -2 \\ x_1 \geqslant 0 \\ x_2 \geqslant 0 \end{cases}
\end{aligned}
\tag{3–13}
$$

由于这个例子中只包含两个变量，读者很自然地可以想到直线的方程形式。实际上也是如此，线性的约束条件对应几何空间中某条直线的一侧，而目标函数可以认为是某条直线的截距项。在二维空间中作图，如图 3–8 所示。

图中四条直线代表四个约束条件，箭头的方向注明了约束的方向，可以发现这四个约束条件围出来了一个四边形，在图中用灰色区域来表示。这个区域显然是有限的，区域中的每个点都是可行解，最优解也显然存在于这个区域内。根据目标函数的方程来做直线，在图中用虚线表示，每条虚线都是目标函数可能经过的位置，通过式 (3–13) 中目标函数的形式研究者可以知道，所有这样的直线在 Y 轴的交点的值就是该目标函数的相反数，从图中可以看出，当直线经过灰色区域最右侧的顶点时截距最大，也就是说 z 的值最小。直线 $-3x_1 - 4x_2 = -12$ 和 $-x_1 + 2x_2 = -2$ 的交点就是我们要求的最优解。解方程可得该点为

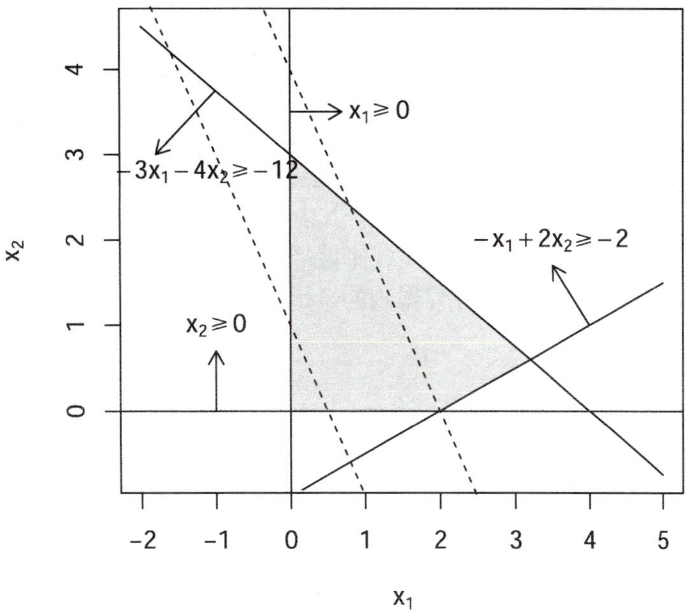

图 3–8 两变量的线性规划

$(x_1 = 3.2, x_2 = 0.6)$。

实际上，这种通过多边形来逼近最优值的思路就是线性规划求解最常用的方法——单纯型法，具体的算法我们不作介绍，直接调用 R 和 Python 中的函数求解。R 中求解线性规划的最常用的包是 lpSolve，Python 使用 optimize 模块中的 linprog 函数。对上面的例子建模求解，如下所示：

R代码

```r
library(lpSolve)

fobj <- c(-2, -1)
fcon <- matrix(
  c(-3, -4, -1, 2, 1, 0, 0, 1),
  nrow = 4, byrow = TRUE)
fdir <- c(">=", ">=", ">=", ">=")
frhs <- c(-12, -2, 0, 0)
res <- lp("min", fobj,
  fcon, fdir, frhs)

res

## Success:
## the objective function is -7
```

Python代码

```python
import numpy as np
from scipy.optimize import linprog

c = np.array([-2, -1])
A_ub = np.array([[3,4],[1,-2]])
b_ub = np.array([12, 2])
r = linprog(c,A_ub,b_ub,
    bounds=((0,None),(0,None)))
print(r)

##      con: array([],dtype=float64)
##      fun: -6.999999999655335
##  message: 'Successfully.'
##      nit: 4
##    slack: array([6e-10,1e-10])
```

```
res$solution                              ##   status: 0
                                          ##  success: True
## [1] 3.2 0.6                            ##        x:  array([3.2, 0.6])
```

R 语言中输出的结果是一个 lp 的对象，直接打印该对象时只会显示求解的状态和目标函数的值，它其实是一个列表，包含很多信息，其中最重要的是 solution，表示最优解。Python 的输出结果里的 x 代表最优解。在本例中它们都为 $c(3.2, 0.6)$，代表 $(x_1 = 3.2, x_2 = 0.6)$ 这个点，这与我们之前通过作图和解方程得到的最优解是一致的。

习题

1. 矩阵 $A = \begin{bmatrix} 2 & -1 & -1 & 1 \\ -1 & 2 & 1 & -1 \\ -1 & 1 & 2 & -1 \\ 1 & -1 & -1 & 2 \end{bmatrix}$，用 R 或 Python 计算：$A^{\mathrm{T}}$、$A^{-1}$、$3A$、$A \cdot I_{4\times 4}$、$A \odot I_{4\times 4}$、$A$ 的特征值和特征向量。

2. 使用 R 或 Python 编程，使用二分法求单调连续函数 $f(x) = \left(x - \dfrac{1}{3}\right)^3$ 在定义域 $[-10, 10]$ 上使 $f(x) = 0$ 的近似解，要求近似解与精确解 $\dfrac{1}{3}$ 的误差在 10^{-5} 以内，返回近似解和求解的迭代次数。

3. 使用牛顿迭代法求解问题 2，并与二分法比较迭代次数。

4. 生成一个包含 100 个正态分布随机数的向量，$\mu = 1, \sigma = 2$，计算该向量的均值和标准差。

5. 编写一个函数，实现色子的功能，每次运行可以随机产生 $1 \sim 6$ 之间的数。

6. 从 100 个人（编号为 $1 \sim 100$）中简单随机抽样 10 个人，计算出现 3 连号（及以上）的近似概率。

第4章 数据科学的统计原则

本章导读

郁彬（Bin Yu）教授在 2014 年国际数理统计学会（Institute of Mathematical Statistics）的会长致辞中指出：数据科学是计算和统计思维的必然融合。伴随数据科学理念与技术的进步，统计思想的地位和作用越来越不容忽视。Carmichael and Marron (2018)强调：数据科学是一门从数据中学习的学科，从传统上讲源自统计学。优秀的数据科学方法应遵循三个统计原则：可重复原则（reproducibility）、可预测原则（predictability）以及可计算原则（computability）。

4.1 可重复原则

可重复原则是保证研究结果具有客观性和科学性的必然要求之一。在统计学中，可重复性表现为统计结果的稳定性，即当数据或模型发生一定程度的扰动时，分析结果依然能够保持相对一致。在物理、化学、生物等实验科学领域，可重复性一直是研究者关注的焦点。如果实验结果不具有可重复性，其结论的科学性会大打折扣，其揭示规律的客观性也会受到质疑。在数据科学领域，随着研究问题的复杂化和处理数据的多样化，可重复性逐渐引起研究者重视。Yu and Kumbier (2020)把导致统计结果出现扰动的因素归纳为两方面：一是分析数据的扰动；二是分析工具（或模型）的扰动。这两类扰动给统计结果带来不稳定性的作用机制有所不同，在统计学中有相应的统计方法来刻画这两类扰动带来的影响。

4.1.1 数据的扰动

数据扰动是造成统计结果不稳定的重要因素之一。导致数据扰动的因素包括：原始数据的采集过程中的测量误差、数据清洗和整理过程中出现的扰动、抽样变异性等（Yu and Kumbier, 2020）。其中，抽样变异性是统计推断方法的重要基础，本节重点围绕其展开讨论。

1. 抽样变异性

在统计学中有两个基本概念：总体和样本。总体是研究人员所感兴趣的所有试验单元的总和。例如，总体可以是中国的全部人口、某打车软件的所有用户、A 股的所有上市公司、某种药物的全部消费人群。对于特定的研究问题，研究人员通常关注的是总体的某些特征，可以通过一个或多个变量进行刻画。例如，失业者的年龄、高血压患者的舒张压、应届大学毕业生的年收入。记变量为 Y，则总体特征的期望为 $E(Y)$。研究人员往往关注总体特征间的关系，例如，劳动者就业状况与该劳动者的年龄及性别之间的关系，应届大学生的年均收入与学历、学习成绩以及所在城市的关系。统计学中通常采用构建模型的方法来刻画不同变量之间的关系。简单线性模型是其中最基础的一种，具体形式如下：

$$Y = \beta_0 + \beta_1 X_1 + \beta_2 X_2 + \cdots + \beta_p X_p + \varepsilon \tag{4–1}$$

式中，Y 在该模型中称为响应变量; $X_1, \cdots, X_p$ 称为协变量; ε 是随机误差项，通常假定其服从正态分布 $N(0, \sigma^2)$; 而 $\beta_0, \beta_1, \cdots, \beta_p$ 和 σ^2 则是研究者感兴趣的总体参数。

受实证研究中调查成本和测量手段等诸多因素限制，研究人员很难对总体中的每个个体逐一进行观察。因此研究者通常只能从总体中随机抽取一部分个体展开研究，这个过程就是抽样。抽样所得到的试验单元集合构成总体的一个样本。例如，研究人员感兴趣的是总体的某一个属性，那么可以从总体中随机抽取一个样本容量为 n 的样本，可以将其记作 $\{y_i, i = 1, \cdots, n\}$。又如，研究人员感兴趣的是总体中某一个属性和其他 p 个属性之间的关系，那么样本容量为 n 的样本可以记为 $\{(y_i, \boldsymbol{x}_i), i = 1, \cdots, n\}$，其中 $\boldsymbol{x}_i$ 是一个 p 维向量。而统计推断的核心就是利用有限样本的信息构造统计量，并尽可能准确地对总体参数进行估计。对于总体平均水平，常用的统计量有样本均值、样本中位数等。对于简单线性模型回归系数的估计，常用的估计量有最小二乘估计、岭估计。在 $p > n$ 的情形下，还可以使用一些正则化方法，如 Lasso (Tibshirani, 1996)等对变量同时进行选择和估计。

由于抽样过程所具有的随机性，研究者通常无法保证每一次抽取的样本完全一样。这就会导致基于样本计算的统计量的取值在每一次抽样过程中具有变异性。如图 4–1 所示，若有 M 位研究者，或者同一位研究者在不同的 M 个时间点从总体 Y 中进行抽样，可以得到 M 个不尽相同的样本，那么统计量 $s(y_1, y_2, \cdots, y_n)$ 也会随着样本的变化而变化，呈现出 M 个可能的取值，这就是抽样的变异性。如何刻画抽样的变异性，如何解决由抽样变异性带来的问题，是提高数据分析结果可重复性的重要途径。

2. 抽样变异性的度量

(1) 参数估计的变异性。由于抽样的随机性，不同的样本以一定的概率分布出现。因此利用样本信息构造的统计量也具有随机性，并且服从一定的分布。研究者将样本统计量的分布称为抽样分布。为了度量随机变量的变异程度，研究者可以计算该随机变量的方差。例如，考虑总体变量 Y 的期望为 μ，方差为 σ^2。研究者可以利用简单随机抽样从总体中抽取一份独立同分布的样本 $y_1, y_2, \cdots, y_n$，计算样本均值 $\overline{y}$ 以对总体期望进行估计。为了评价 $\overline{y}$ 的变异程度，考虑

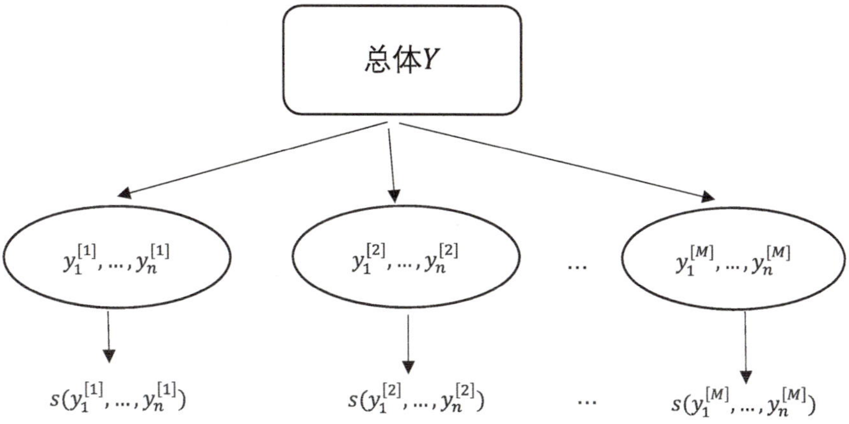

图 4–1　从总体中进行 M 次随机抽样

$$Var(\overline{y}) = Var\left(\frac{\sum_{i=1}^{n} y_i}{n}\right) = \frac{1}{n^2}\sum_{i=1}^{n} Var(y_i) = \frac{\sigma^2}{n} \tag{4–2}$$

由式 (4–2) 可知，$\overline{y}$ 的变异程度由两方面因素决定：一是总体方差 σ^2，总体方差越大，$\overline{y}$ 的变异程度也将越大；二是样本量 n，增大样本量可以给研究者带来更多的关于总体的信息，由此就可以得到更加精确可靠的估计。又如，为了对简单线性模型式 (4–1) 中的回归系数进行估计，考虑使用最小二乘方法：

$$\widehat{\boldsymbol{\beta}} = \left(\boldsymbol{X}'\boldsymbol{X}\right)^{-1}\boldsymbol{X}'\boldsymbol{Y} \tag{4–3}$$

式中，$\boldsymbol{Y} = (Y_1,\cdots,Y_n)'$，$\boldsymbol{X} = (\boldsymbol{x}_1,\cdots,\boldsymbol{x}_p)$。通过计算可以得到系数向量估计 $\widehat{\boldsymbol{\beta}}$ 的协方差阵为:

$$Var(\widehat{\boldsymbol{\beta}}) = \left(\boldsymbol{X}'\boldsymbol{X}\right)^{-1}\sigma^2 \tag{4–4}$$

观察式 (4–4) 可以发现影响最小二乘估计变异程度的因素来自三方面：一是误差项方差 σ^2，误差项方差越大，最小二乘估计的变异程度也越大；二是样本量 n，与总体均值的估计类似，随着样本量的增大，最小二乘估计的变异程度也会逐渐变小；三是设计阵 $\boldsymbol{X}$ 的结构，在所有协变量独立的情形下，$\boldsymbol{X}$ 每一列的数值越分散，最小二乘估计的变异性也将越小。本书将第二和第三方面留作思考题供读者研讨。需要注意的是，式 (4–2) 和式 (4–4) 给出的估计量变异性的度量将依赖于未知参数 σ^2。在实际问题中，研究者还需要使用样本信息对未知参数 σ^2 进行估计，比如使用样本方差或者回归模型的离差平方和。

上述度量估计量变异性的方法对总体的分布有着较为严格的假定，那么是否存在一些方法可以从样本数据出发对估计量的变异性进行度量呢? 自助法 (bootstrap) 为研究者提供了一种解决思路 (Efron, 1979)。其主要操作如图 4–2 所示，从样本 $\boldsymbol{Y} = (Y_1,\cdots,Y_n)$ 中进行 n 次有放回的随机抽样，得到一个 Bootstrap 样本 $\boldsymbol{Y}^{*(1)}$，重复进行该过程 B 次，可以得到 B 个 Bootstrap 样本。基于这 B 个 Bootstrap 样本，研究者可以在每一个样本上计算估计量 $s(\cdot)$ 的取值，于是可以得到 B 个估计量的取值，由此估计出统计量 $s(\cdot)$ 的方差：

$$Var[\widehat{s}(\boldsymbol{Y})] = \frac{1}{B-1}\sum_{b=1}^{B}(s(\boldsymbol{Y}^{*(b)}) - \overline{s}^*)^2 \tag{4-5}$$

式中，$\overline{s}^* = \dfrac{1}{B}\sum_{b=1}^{B} s(\boldsymbol{Y}^{*(b)})$。

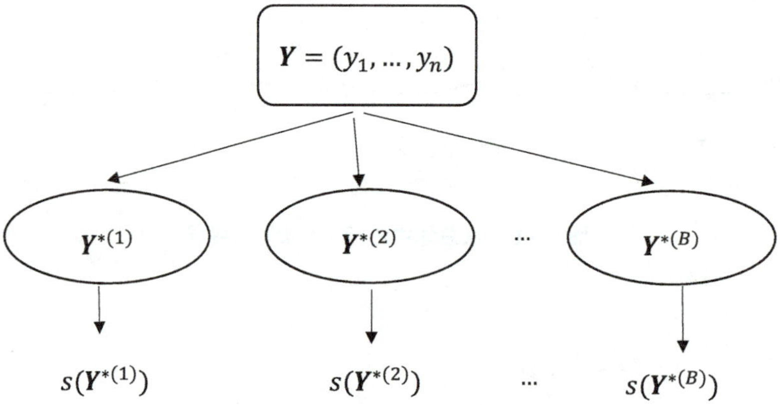

图 4–2 自助法

(2) 变量选择结果的稳定性。对于简单线性模型式 (4–1) 的估计问题，当 $p > n$ 时，最小二乘估计式 (4–3) 将不再适用。为了解决 $p > n$ 时模型的估计问题，一系列以 Lasso（Tibshirani，1996）为代表的正则化方法被提出。这一类方法假定在真实的回归模型中，重要的变量相对于所有变量而言是少数的，即稀疏性假设。对于稀疏模型的估计问题，研究者有时对变量选择的结果更感兴趣。由于变量选择的结果同样可以视为基于样本信息所构造的统计量，所以在变量选择问题中同样存在抽样变异性的问题。度量变量选择结果的稳定性可以通过以下三种方法 (Nan and Yang, 2014)：

第一种方法是序列不稳定性。序列不稳定性可以用于度量当样本量减小时，变量选择结果的一致性。具体操作是：首先基于所有样本选择出一个重要变量的集合，然后随机从数据集中删去部分样本再重新拟合模型，比如研究者可以从原始样本中随机删去 1/20、1/10 和 1/5 的原始样本，然后计算基于不完全样本得到的重要变量的集合和基于所有样本得到的重要变量集合的对称差，将上述过程重复进行 1 000 次，求其平均值就可以得到序列不稳定性。

第二种方法是 Bootstrap 不稳定性。研究者首先利用所有数据进行建模，可以得到 n 个样本观测的拟合值 $\widehat{y}_i(i = 1, \cdots, n)$ 以及误差项方差的估计值 $\widehat{\sigma}^2$。记 $\overline{y} = \dfrac{1}{n}\sum_{i=1}^{n}\widehat{y}_i$，然后利用参数 Bootstrap 的方法从 $N(\overline{y}, \widehat{\sigma}^2)$ 中进行再抽样，再利用模型选择方法从 Bootstrap 样本 $(\boldsymbol{x}_i, y_i^*)$ 中重新拟合模型，选择出重要变量，将上述过程重复进行 100 次。同样地，Bootstrap 不稳定性可以利用模型选择集合的对称差来评价模型选择结果的稳定性。

第三种方法是扰动不稳定性 (Yuan and Yang, 2005)。在这里，不稳定性的度量同样依赖于基于原始数据得到的模型选择结果和基于扰动数据得到的模型选择结果之间的对称差。产生扰动的方式是通过从正态分布 $N(0, \tau\widehat{\sigma}^2)$ 中产生扰动误差 ξ_i，其中参数 $0 < \tau < 1$ 控制着扰动量的大小，$\widehat{\sigma}^2$ 是基于原始数据得到的误差项方差的估计。对于每一个 τ，利用 $\tilde{y}_i = y_i + \xi_i$

重复产生扰动数据 100 次，然后将变量选择方法用在扰动数据 $(x_i, \tilde{y}_i)(1 \leqslant i \leqslant n)$ 上进行变量选择。对于每一个 τ，研究者可以计算基于扰动数据的变量选择结果与基于原始数据的变量选择结果的对称差，然后将其绘制在坐标图中，线条越靠近左上角，模型选择结果的不稳定性将会越大。

3. Bootstrap 组合方法

抽样变异性的问题可以通过 Bootstrap 得到一定程度的解决。首先考虑一个回归模型，假设研究者通过训练数据 $Z = ((y_1, \boldsymbol{x}_1), (y_2, \boldsymbol{x}_2), \cdots, (y_n, \boldsymbol{x}_n))$ 来训练一个回归模型，获得回归函数的估计 $\widehat{f}(x)$。Bootstrap 组合算法也称 Bagging 算法 (Breiman, 1996)，其基本思想是对基于 Bootstrap 样本训练出来的多个回归函数的估计进行平均，由此减小估计的变异程度。首先利用 Bootstrap 方法从原始样本中有放回地抽取 Bootstrap 样本 $Z^{*(b)}$ $(b = 1, 2, \cdots, B)$，然后基于该 Bootstrap 样本训练得到回归模型 $\widehat{f}^{*(b)}(x)$ $(b = 1, 2, \cdots, B)$，那么 Bagging 估计量定义为:

$$\widehat{f}_{\text{bag}}(x) = \frac{1}{B}\sum_{b=1}^{B}\widehat{f}^{*(b)}(x), \quad b = 1, 2, \cdots, B$$

Bagging 提高估计量精度的原理在于通过 B 次平均来降低估计量的方差，但是其不能够改善偏差的影响，所以该方法更加适用于具有低偏差高方差的估计量。

算法 1: 随机森林算法

for $b = 1, \cdots, B$

1. 从原始数据集中有放回随机抽取一个样本量为 N 的 Bootstrap 样本 $\mathcal{Z}^*$
2. 利用 Bootstrap 样本数据训练一棵随机森林模型 T_b，其基本操作流程如下

repeat

3. 对于每一棵树的终节点，从 p 个变量中随机选取 m 个变量作为输入变量
4. 从这 m 个输入变量中选取最好的一个变量及其取值作为节点分割的依据
5. 将该节点分割成两个子节点

until 最小的节点数 n_{min} 达到

6. 输出 B 棵随机森林树 T_{b1}^{B}
7. 那么对于回归问题，随机森林算法得到的最终估计为

$$\widehat{f}_{\text{rf}}^{B}(x) = \frac{1}{B}\sum_{b=1}^{B}T_b(x)$$

8. 对于分类问题，最终的预测类别可以通过 B 棵随机森林树投票来确定

end

Breiman (2001)提出了随机森林算法，可以用来解决 Bagging 方法中各个模型之间相关性的影响。首先，考虑一个简单的统计问题：如果有 B 个独立同分布的随机变量，每一个随机变量的方差为 σ^2，那么这 B 个随机变量平均值的方差就为 σ^2/B。随着 B 的增大，平均值的方差将会趋于 0，所以这是一个优良的估计。但如果这些随机变量不是独立的，其相关系数记为 ρ，那么通过简单的计算，可以得到平均值的方差为：

$$\rho\sigma^2 + \frac{1-\rho}{B}\sigma^2 \tag{4–6}$$

可以发现，随着 B 逐渐增大，第一项始终存在。注意到，利用 Bagging 方法构造的各个估计量之间的确存在一定的相关性，那么 Bagging 的提升能力就会由于每一个 Bootstrap 上的估计量相关性太强而受到限制。随机森林的基本思想就是减小 Bagging 估计量之间的相关性，而不会给方差带来很大的增长。随机森林可以在树生长的过程中通过随机选取输入变量的方式降低 Bagging 估计量之间的相关性。

4.1.2 模型的扰动

研究者通常假定观察样本产生于某个总体分布，总体分布对于研究者而言是完全未知的，统计模型即假定总体分布具有某种特定的模型结构。比如，当研究某个随机变量的总体特征时，研究者通常假定其总体服从正态分布 $N(\mu,\sigma^2)$，而研究者的目标即利用样本数据对总体中的参数 (μ,σ^2) 进行估计，此时正态分布就是我们对总体的一种模型假定；又如，当研究多个随机变量之间的统计关系时，通常假定响应变量与协变量之间服从简单线性模型式 (4–1)，而研究者的目标即利用样本数据对该模型中的系数进行估计，此时简单线性模型式 (4–1) 就是研究者对这几个随机变量之间的关系的一种模型假定。但是，对于绝大多数实际问题而言，正态分布绝对不是对真实分布最精准的刻画。同样地，响应变量与协变量之间也未必总是具有线性的关系，那么稳定性原则在这里体现为：当真实的总体分布或者真实的模型偏离于假设，研究者仍然期望估计的结果不会发生太大的变化 (Yu and Kumbier, 2020)。与模型扰动相对应的统计方法称为稳健统计，本小节将首先介绍如何度量由模型扰动带来的影响，其次简要介绍几个经典的稳健估计量。

1. 模型扰动的度量

假设研究者希望估计总体分布 P 的某个函数特征为 $T(P)$。如果 P 是一个具有有限期望的分布函数，那么总体期望就可以定义为 $T(P)=\int x\mathrm{d}P(x)$。下面考虑当总体分布偏离 P 时，T 的函数值将会发生多大变化。定义 $\mathcal{P}_0$ 是一系列可能的真实总体分布的集合，然后定义一个函数 $T:\mathcal{P}_0\to\mathbb{R}^k$。对于每一个样本点 $x\in\mathcal{X}$ 和分布 $P\in\mathcal{P}_0$，定义 $t\in[0,1)$，对于每个事件 B，定义一个扰动分布 $P_{x,t}(B)=(1-t)P(B)+tI_B(x)$，这里的 t 其实就是扰动发生的程度。那么 T 相对于总体分布的扰动就可以定义为以下函数：

$$IF(x;T,P)=\lim_{t\to 0}\frac{T(P_{x,t})-T(P)}{t} \tag{4–7}$$

该函数表明的是当真实分布发生一点扰动时，函数 T 的取值的变化速率会有多大，也可以视为 $T(P_{x,t})$ 在 $t=0$ 处关于 t 的右导数。

下面举几个例子，如果 T 是均值函数，那么容易得到 $T(P_{x,t})=(1-t)T(P)+tx$，所以由模型扰动带来的影响为 $IF(x;T,P)=x-T(P)$。显然，当 $x=T(P)$ 时，影响函数的取值为 0，说明这个时候分布的扰动对于均值函数没有影响。但是当 x 远离总体均值 $T(P)$ 时，分布带来的扰动的影响将与 x 到 $T(P)$ 的距离成正比例。同样，在这里也可以考虑有限样本的情形，假设有 n 个观测 $x_1,\cdots,x_n$，以及另外一个观测样本 x_{n+1}。考虑前 n 个观测的经验分布为 P，那么所有 $n+1$ 个观测所构成的经验分布其实就是 $P_{x_{n+1},t}$，其中 t 为 $1/(n+1)$。在这种情况下 $T(P_{x_{n+1},t})-T(P)$ 其实刚好为 $[x_{n+1}-T(p)]/(n+1)$，所以这个时候直观的含义也是非常好理解的。

下面再来看中位数，假设 T 是用于求分布中位数的函数，记 F 是 P 的累积分布函数，那么通过计算可以得到

$$T(P_{x,t})=\begin{cases}F^{-1}\left(\dfrac{\dfrac{1}{2}-t}{1-t}\right), & x<F^{-1}\left(\dfrac{\frac{1}{2}-t}{1-t}\right)\\ x, & F^{-1}\left(\dfrac{\dfrac{1}{2}-t}{1-t}\right)\leqslant x\leqslant F^{-1}\left(\dfrac{1}{2[1-t]}\right)\\ F^{-1}\left(\dfrac{\dfrac{1}{2}-t}{1-t}\right), & x>F^{-1}\left(\dfrac{\dfrac{1}{2}-t}{1-t}\right)\end{cases} \tag{4–8}$$

此时，中位数的影响函数就为:

$$IF(x;t,P)=\frac{1}{2f\left(F^{-1}\left(\dfrac{1}{2}\right)\right)}\times\begin{cases}1, & x>F^{-1}\left(\dfrac{1}{2}\right)\\ -1, & x>F^{-1}\left(\dfrac{1}{2}\right)\end{cases} \tag{4–9}$$

由式 (4–9) 可知，当 x 小于中位数或者大于中位数时，影响函数的取值不会发生变化。另外也可以考虑有限样本的情形，当有观测 $x_1,\cdots,x_n$，记号与之前相同，那么这个时候样本中位数的差异 $T(P_{x_{n+1,t}})-T(P)$ 会依赖于 n 的奇偶性，当 n 是奇数时，$T(P)=x_{(n+1)/2}$。如果 $x_{n+1}>x_{(n+1)/2+1}$，那么 $T(P_{x_{n+1},t})=[x_{([n+1]/2)}+x_{([n+1]/2+1)}]/2$；同样地，也可以得到当 $x_{n+1}<x_{(n+1)/2+1}$ 时相应的表达，那么 $T(P_{x_{n+1},t})-T(P)$ 大概的值就为 $x_{([n+1]/2)}$ 与其上一个或者下一个观测之间的差。当 n 是偶数时也可以得到类似的结论。如果是一个连续分布的话，那么这个值大概也可以通过 $1/[2nf(F^{-1}(1/2))]$ 来近似。

如果定义一个全局的变量 $\gamma^*(T,P)=\sup_x|IF(x;T,P)|$，那么当使用样本均值作为考察对象时，如果真实的分布的支撑也是无界的话，$\gamma^*(T,P)$ 将无穷大。但是对于中位数的话，可以观察到一个有限的上界 $[2f(F^{-1}(1/2))]^{-1}$，通过以上的例子，可以发现中位数相对于总体分布的扰动而言，会比均值更加稳健。

2. 稳健估计

本节将简要介绍 M 估计 (Huber, 1981)的思想。首先，定义 $\mathcal{P}_0$ 是所有可能的总体分布，然后感兴趣的变量的定义依然是 $T:\mathcal{P}_0\to\mathbb{R}^k$，这是一个 k 维函数，在这里定义一个很关键的函数 $\psi:\mathcal{X}\times\mathbb{R}^k\to\mathbb{R}^k$，这是一个取值为向量的函数，对该函数的第一个要求是在点 $\theta=T(P)$ 时，函数 $\psi(x,\theta)$ 关于 θ 是可导的；第二个要求是 $\psi(x,T(P))$ 关于所有的 $P\in\mathcal{P}_0$ 其均值为 0，也就是

$$\int\psi(y,T(P))\mathrm{d}P(y)=0 \tag{4–10}$$

同样地，对于每一个 $x \in \mathcal{X}$，$P \in \mathcal{P}_0$，$t \in [0,1)$，以及 $B \in \mathcal{B}$，定义一个扰动分布 $P_{x,t}(B) = (1-t)P(B) + tI_B(x)$，假定扰动分布 $\psi(X, T(P_{x,t}))$ 的均值也为 0，也就是

$$(1-t)\int \psi(y, T(P_{x,t}))\mathrm{d}P(y) + t\psi(x, T(P_{x,t})) = 0 \tag{4–11}$$

将上面两个式子相减，可以得到：

$$\int [\psi(y, T(P)) - \psi(y, T(P_{x,t}))]\mathrm{d}P(y) = t\left[\psi(x, T(P_{x,t})) - \int \psi(y, T(P_{x,t}))\mathrm{d}P(y)\right] \tag{4–12}$$

在这里，假设对 $\int \psi(y, T(P_{x,t}))\mathrm{d}P(y)$ 关于 t 求导可以进行求导和积分交换顺序，那么将上式左右两端同时除以 t 然后求极限，由于之前的连续性假设，有

$$\lim_{t\to 0}\int \psi(y, T(P_{x,t}))\mathrm{d}P(y) = 0 \tag{4–13}$$

以及

$$\lim_{t\to 0}\psi(x, T(P_{x,t})) = \psi(x, T(P)) \tag{4–14}$$

所以上式的右边取极限就为 $\psi(x, T(P))$。感兴趣的变量 T 其实是一个 k 维的函数，那么影响函数也应该是一个 k 维的向量函数，其第 j 维的函数值记为 $IF(x; T, P)_j$，那么对上式的左边求导，第 i 项即为:

$$-\int \sum_{j=1}^{k} \frac{\partial}{\partial \theta_j}\psi_i(y, \theta)|_{\theta=T(P)} IF(x; T, P)_j \mathrm{d}P(y) \tag{4–15}$$

如果定义矩阵 $M = (m_{i,j})$，其中，

$$m_{i,j} = \int \frac{\partial}{\partial \theta_j}\psi_i(y, \theta)|_{\theta=T(P)}\mathrm{d}P(y) \tag{4–16}$$

综上，通过代数变换就可以将影响函数反解出来

$$IF(x; T, P) = -M^{-1}\psi(x, T(P)) \tag{4–17}$$

如果对于经验分布 P_n，定义感兴趣的估计量 $T(P_n) = T_n$，T_n 是以下方程的解

$$\frac{1}{n}\sum_{i=1}^{n}\psi(X_i, T_n) = 0 \tag{4–18}$$

这种估计量即为 M 估计量。

首先来看为什么这个估计量与最大似然估计量有联系。如果令函数 ρ 满足 $\partial\rho(x,\theta)/\partial\theta_i = \psi_i(x,\theta)$，要求极大似然估计，即要使得 $\sum_{k=1}^{n}\rho(X_k, T_n)$ 达到最大，那么上式肯定是一个必要条件。如果取 $\rho(x,\theta)$ 是对数似然 $\log f_{X|\theta}(x|\theta)$，那么这时 M 估计就是极大似然估计的一种推广。比如，假设 $X_1, \cdots, X_n$ 是一个来自密度函数 $f_{X_1|\Theta}(x|\theta)$ 真实分布函数的集合，将其定义为 $\mathcal{P}_0 = P_\theta : \theta \in \Omega$，定义感兴趣的变量为 $T(P) = \theta$，也就是说感兴趣的变量就是总体参数。这时将 $\psi_i(x,\theta)$ 函数定义为得分函数 $\partial \log f_{X_1|\Theta}(x|\theta)/\partial\theta_i$，那么这时 M 估计显然就是极大似然估计，矩阵 M 就是 Fisher 信息阵，影响函数是 Fisher 信息阵的逆乘以得分函数。

下面再说明为什么 M 估计是一种稳健的统计量。以一维的位置参数的估计为例，将函数 ψ 定义为 $\psi(x,\theta) = h(x-\theta)$，其中，

$$h(t)=\begin{cases}-b, & t<-b\\ t, & -b\leqslant t\leqslant b\\ b, & t>b\end{cases} \tag{4–19}$$

如果 P 是一个连续分布的话，那么可以得到影响函数

$$IF(x;T,P)=\frac{\psi(x,T(P))}{P([T(P)-b,T(P)+b])} \tag{4–20}$$

注意到，当 $b\to 0$ 时，此时该影响函数就与中位数的影响函数基本接近了，M 估计的稳健性就体现于此。关于稳健性分析更详细的内容可以参见参考文献 Huber (2004)和 Hampel et al. (2011)。

另外一些关注于模型扰动的方法有贝叶斯稳健性分析 (Skene et al., 1986)，比如关于 Lasso 的系数估计问题 (Meinshausen and Bühlmann, 2010)，神经网络估计中的 Dropout 算法 (Srivastava et al., 2014)等。

4.2 可预测原则

预测是数据科学的主要工作之一。一个数据集 $\boldsymbol{X}$ 包含很多信息，这些信息与因变量 $\boldsymbol{y}$ 之间存在某种联系。预测建模过程是想找到一个预测模型 f，使得这个模型可以根据数据集 $\boldsymbol{X}$ 中各自变量的信息给出一个对因变量的预测结果 $\widehat{\boldsymbol{y}}=f(\boldsymbol{X})$。如果 $\widehat{\boldsymbol{y}}$ 与 $\boldsymbol{y}$ 之间的差距很小，说明该模型准确刻画了因变量与自变量间的规律，具有可预测性。

4.2.1 可预测性

可预测性指模型预测结果与现实情况的契合程度，契合程度越高则可预测性越强。换言之，可预测性强意味着模型预测的结果准确，对数据科学的预测工作更具现实意义。伯克斯曾说："All models are wrong, but some are useful。(所有模型都不可能永恒正确, 但不妨碍其有用性。)" (Box, 1979) 可预测性是一个评价模型是否"有用 (useful)"的重要标准。如果预测结果与现实情况大相径庭，即使模型再复杂精美也缺乏实用价值。譬如，研究者从总体中抽取样本构建预测模型，即使该分析结果具有较好的解释意义，但若该模型在总体的其他样本上预测效果不佳，也缺乏实际应用的价值。

导致可预测性不佳的原因有很多，本节主要讨论**过拟合** (overfitting) 带来的影响。过拟合是指模型为了得到一致假设而使假设变得过度严格。当研究者使用样本数据进行分析时，过拟合的模型虽然对当前样本具有优良的代表性，但对同一总体的其他样本往往可预测性较低。在数据科学研究中，如果不加限制地训练模型，会导致模型过度复杂。虽然这个复杂模型可以完美预测训练样本数据，但对新的数据集预测时会得到较大的偏差。以图 4–3 为例：假设黑色实线代表总体中的规律，训练样本中各点由于随机误差的存在并不完全落在黑色实线上。灰色曲线穿过所有的点，即在训练样本上该模型所有的预测值都等于真实值，但其对总体其他样本的预测偏差会比较大。究其原因，该预测曲线强行拟合训练样本数据导致

泛化能力较差，即对于新的数据几乎没有预测能力。为了在保证可预测性的同时避免过拟合现象，研究者采用交叉验证作为评价模型预测效果的方法。

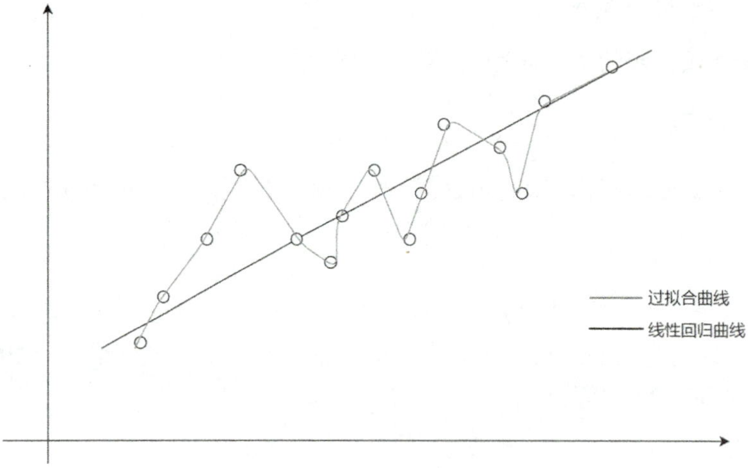

图 4–3　过拟合示意图

4.2.2　交叉验证

交叉验证法（cross validation）是数据科学中常用的可预测性评价方法，也可以指导研究者在不同的模型间进行选择。其核心思想是将“建立模型”和“评价预测”的数据分开，实现提升拟合效果的同时避免过拟合的目标。根据数据集的分割方式差异，常用的交叉验证法分为**保留交叉验证**（handout method）、k **折交叉验证**（k-fold cross validation）和**留一交叉验证**（leave-one-out）。

保留交叉验证将数据随机划分为**训练集**（training set）和**测试集**（testing set），在训练集上估计模型，在测试集上评价预测效果。训练集和测试集的比例不是固定的，但一般研究中训练集大于测试集，如训练集占 70%，测试集占 30%。研究者使用**损失函数**[①]（loss function）来评价模型的预测准确度。最常见的损失函数是**平方损失函数**（quadratic loss function），即 $L=\sum_{i=1}^{n}(y_i-\widehat{y}_i)^2$，为预测值和实际值间差的平方和。损失函数衡量了模型面临的风险程度，取值越小越好。在训练集中，损失函数的最小化是参数估计的优化目标。在测试集中，损失函数体现了模型可预测性的优劣。k 折交叉验证将数据随机等分为 k 份，使用其中一份作为测试集，剩余 $k-1$ 份作为测试集，并将上述过程重复 k 次，每次使用不同的测试集。以 5 折交叉验证为例：将数据随机均匀分割成 5 份；如图 4–4 所示，轮流将其中 1 份数据作为测试集，剩余 4 份数据作为训练集构建模型；记录每一次数据集上的预测准确度 E，并将 5 次结果取平均以得到该模型的 5 折交叉验证预测准确度。留一交叉验证可看作 k 折交叉验证的特例，将数据中的每一个样本轮流用于测试，其余的 $n-1$ 个样本轮流作为训练集。无

① 在样本空间 $(\Omega, F, \mathbb{P}_\theta)$ 内有可测状态 $\theta\in\Theta$ 和随机变量 X 根据法则 $\mathbb{P}_\theta$ 所做的决策 $d\in D$，此时若在乘积空间 $\Theta\times D$ 上有函数 $L(\theta,d)$ 满足：$\forall\theta\in\Theta, d\in D, L(\theta,d)\in[0,+\infty)$，即对任意的 $\theta\times d\in\Theta\times D, L(\theta,d)$ 是非负可测函数，则 $L(\theta,d)$ 称为损失函数，表示状态 θ 下采取决策 d 所对应的损失或风险。

论上述哪种交叉验证方法，研究者只使用训练集中的数据估计参数，并使用与之不交叉的测试集数据评价模型可预测性，以避免过拟合现象。

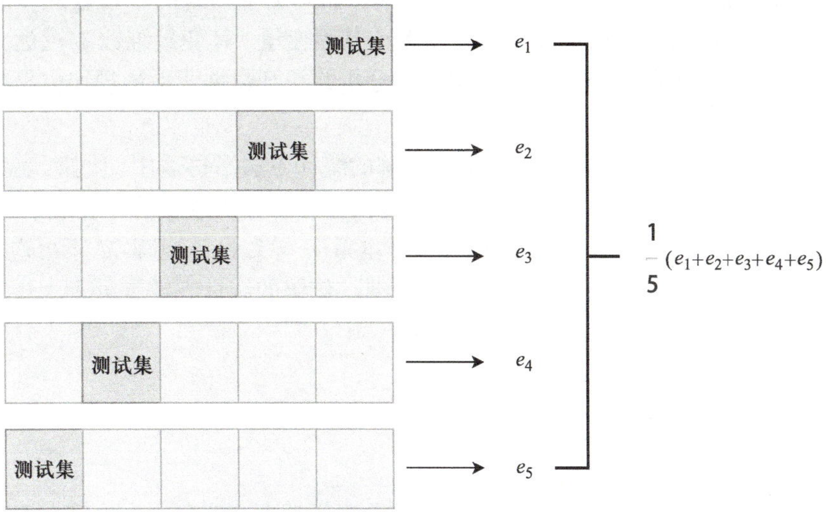

图 4–4　5 折交叉验证

特别地，交叉验证思想还可用于**超参数**（hyperparameter）的选择。超参数是模型在训练过程之外需设置的参数，如神经网络的网络深度、变量选择模型的惩罚强度等。为实现超参数的最优化，研究者需要将数据划分为训练集、测试集和**验证集**（validation set），并使用验证集选择最优的超参数。验证集与测试集既有共性也有差异：其相同点在于二者都不参与模型参数估计的训练过程；其不同点在于验证集需使用多次以实现超参数的最优化，而测试集只需使用一次以评价在给定超参数的情况下模型结果的预测准确度。

4.3 可计算原则

可计算原则是数据分析过程得以顺利进行的重要保障 (Yu and Kumbier, 2020)。从狭义的角度看，可计算原则指针对某个实际问题的分析过程所采用的模型或算法是否具备可计算性。从广义的角度看，可计算原则贯穿数据分析的整个过程，如数据清洗、预处理过程中的计算问题等。本节以狭义的可计算原则为对象，从大数据时代普遍存在的数据特征出发介绍针对特定问题的统计方法。

4.3.1 大数据时代的数据特征

大数据时代的数据通常有以下两个特征：一是数据量大，可称为大规模化；二是数据的维数高，可称为高维化。由于计算机的发展为数据的收集和存储提供了必要条件，大规模数据集越来越常见。比如，互联网电商致力于实现对用户的个性化营销，因此需要记录用户在平台上的所有行为 (点击、购买等)。由于互联网电商平台上的用户动辄千万计，故相应的数据为大规模数据集。大规模数据带来计算方面的挑战，在数据分析中处理大规模数据的高效的算法以及分布式并行计算越来越重要。高维/超高维数据指待估计的未知参数数量 p 比样本量 n 大一个或多个数量级的数据，如人类基因组的单核苷酸多态性 (single nucleotide polymorphism, SNP) 数据中有 64 万个基因变量，其变量维数 p 远远大于样本量 n $(p \gg n)$。如何高效地对高维/超高维数据进行分析并找到数据背后的规律也是数据科学研究的重点内容。

大规模化与高维化的数据特征导致很多传统的统计方法不再适用。比如，若采用传统的抽样方法对大规模数据集进行抽样，抽样时间过长会导致分析过程的计算效率过低；又如，高维/超高维数据集中变量的个数 p 远远大于样本量 n 导致设计矩阵 X 不可逆，无法采用传统的最小二乘方法进行参数估计。上述现象表明，传统的统计方法在处理大规模数据或者高维/超高维数据的问题上不具备可计算性。

4.3.2 大规模数据的处理方法

随着信息技术的高速发展，大规模数据集在数据科学中普遍存在，如万维网、社交网络、即时通讯等。大规模数据资源蕴涵着巨大的商业价值和社会价值，有效地管理和利用这些数据、挖掘数据的深度价值，对国家治理、社会管理、企业决策和个人生活将带来巨大的影响。不可否认，大数据在带来新的发展机遇的同时，也会带来很多挑战 (李扬等, 2018): 一方面，大规模数据集要求计算设备具有更大的内存容量; 另一方面，数据规模的快速增长会直接导致计算效率的大幅下降。格式多样、形态复杂、规模庞大的行业大规模数据给传统的存储及计算技术带来了巨大挑战，传统的信息存储与计算技术已难以有效地应对。大规模数据的有效处理面临数据的存储、计算和分析等层面的技术困难。动辄达到数百 TB 级甚至 PB 级的行业大规模数据，远远超出了传统数据库系统的处理能力。同时，大规模数据处理是一个非常耗时的计算过程，传统的单机系统远远无法满足其对计算性能的要求。为解决上述问题，分布式存储和并行计算成为数据分析的新趋势。

分布式存储是目前公认的有效存储与管理大规模数据的方法。国内外已有多种基于分布式存储的大规模数据存储管理系统，目前广为使用的是基于磁盘存储的分布式文件系统 (Hadoop HDFS)。为了进一步提高大规模数据存储系统的性能，近几年又出现了综合运用磁盘、固态盘以及分布式内存的分层式大数据存储系统，其中最有影响的是出自加利福尼亚大学伯克利分校 AMP 实验室的著名的内存存储系统 Alluxio。大规模数据的并行计算是大数据处理技术中的核心。并行计算通过访问底层分布式文件系统 (如 HDFS) 中的大规模数据并进行处理，为上层大数据应用提供并行化计算服务。相比于传统的单机计算系统，大规模数据并行计算系统 (如 Hadoop、Spark) 通常采用分布式架构，这使得它们具有大规模并行处理能力、较好的系统容错性和可扩展性，能够显著提升针对大规模数据的计算效率。更多关于大规模数据的分布式存储与并行计算，请参见第 10 章大数据平台。

虽然基于分布式的存储及并行算法设计可以解决计算效率问题，但这类方法得出的结果只有在大规模数据是总体 (或对总体有代表性) 时才有意义。然而现实情况是即使大规模样本也不一定能够完全替代总体，反而会因为有偏部分的大样本量夸大局部作用而带来估计的偏倚 (林存洁等, 2016)。因此，针对大规模数据的算法设计不仅要考虑算法的计算成本，还需要考虑如何刻画估计结果的不确定性以得到更为可靠的分析结果 (Sengupta et al., 2016)。研究者需要在分布式存储与并行计算的前提下引入统计思想，构造可以评价估计结果不确定性的大数据算法。

本章 4.1 节可重复原则中已对自助法进行了简要的介绍。自助法通过有放回重复抽样得到一组对总体有代表性的经验样本，并在这组样本的基础上构造估计量的经验分布，可用于评价估计结果的不确定性。采用传统的自助法进行抽样时，假设有 n 个样本，有放回地从中随机抽取 n 次。那么对于一个样本来说，一次都没有被选中的概率是 $\left(1-\frac{1}{n}\right)^n$。根据公式 $\lim\limits_{n\to+\infty}\left(1-\frac{1}{n}\right)^n=\frac{1}{\mathrm{e}}$。当 Bootstrap 样本总数很大时，任意一个样本被抽中的概率是 $1-\frac{1}{\mathrm{e}}\approx 1-\frac{1}{2.718\ 28}\approx 0.632$。也就是说，在传统的自助法中每一组经验样本平均包含原样本中 63% 的样本单元，属于同一计算数量级。因此，采用自助法分析大规模数据时不能有效降低计算复杂度。虽然研究者可以采用**子集抽样自助法** (subsampling) 降低抽样的计算量，但 Samworth (2003)发现子集抽样自助法对子样本的选择或者子样本的数量和大小十分敏感，说明子集抽样自助法并不一定能得到稳定可靠的分析结果。Chang and Hall (2015) 提出的快速双重自助法虽然可以同时提升运算效率与估计精度，但两次自助抽样的计算成本仍远高于传统自助法。更多关于传统抽样方法在处理大规模数据时的缺陷，感兴趣的读者请参见 Kleiner et al. (2014)。

尽管在分析大规模数据时存在诸多困难，研究者仍需要高效准确的抽样方法对估计结果进行评估。本节重点介绍两种基于自助法思想的大规模数据抽样方法: **小自助包算法** (bag of little bootstraps, BLB) 和**子集双重自助算法** (subsampled double bootstrap, SDB)。这两种方法能够通过针对子样本的自助法实现针对数据变异性的调整，在降低计算成本的同时实现数据变异性的还原，能够较好地度量出估计的不确定性。

1. 小自助包算法 (BLB)

假设大规模数据集的样本量为 n，采用传统的自助法进行抽样时，由于需要遍历所有的样本，因此计算的复杂度为 $O(n)$。小自助包算法通过减少每次抽样规模的方式降低抽样的计算量，从而提高计算效率。算法包含的关键步骤可以概括如下：首先，针对总样本无放回地抽取样本子集以降低抽样的计算复杂度；其次，针对上一步抽取的子样本通过自助法实现数据变异性的还原，即在子样本上进行有放回的抽样得到多个蒙特卡罗样本；最后，基于上一步中的多个蒙特卡罗样本刻画估计量的经验分布。

记样本为 $\{\boldsymbol{X}_1,\boldsymbol{X}_2,\cdots,\boldsymbol{X}_n\}$，BLB 首先从样本量为 n 的总样本中随机无放回地重复抽取 s 个大小为 b 的子样本。然后在每个子样本中通过自助法有放回地抽取 r 个大小为 n 的蒙特卡罗样本以模拟数据的变异性，每个蒙特卡罗样本实际上是 b 个不同样本单元的加权组合，因此其计算复杂度为 $O(b)$。相比于传统抽样方法，当子样本量 b 远小于总样本量 n 时，BLB 的计算效率会有明显提升。

BLB 的计算流程如算法 2 所示。

算法 2: BLB

Input: 数据集 $\mathcal{X}_n = \{\boldsymbol{X}_1, \boldsymbol{X}_2, \cdots, \boldsymbol{X}_n\}$；子样本集合大小 b；子样本数量 s；蒙特卡罗迭代次数 r；评估函数 $\xi(\cdot)$。

Output: 统计量的估计 $\widehat{\theta}$，不确定性度量 $\xi(\widehat{\theta})$。

for $j \leftarrow 1$ to s

  从数据集 $\mathcal{X}_n$ 中随机无放回地抽取一个大小为 b 的子样本 $\mathcal{X}_{j,b}$

  for $k \leftarrow 1$ to r

    从子样本 $\mathcal{X}_{j,b}$ 中应用自助法有放回地抽取样本量为 n 的蒙特卡罗样本 $\mathcal{X}_{j,b}^k$

    计算样本 $\mathcal{X}_{j,b}^k$ 的参数估计 $\widehat{\theta}_{j,b}^k$

  end

  $\widehat{\theta}_{j,b} \leftarrow r^{-1}\sum_{k=1}^{r}\widehat{\theta}_{j,b}^k$

  $\xi_j \leftarrow \xi\left(\widehat{\theta}_{j,b}\right)$

end

$\widehat{\theta} \leftarrow s^{-1}\sum_{j=1}^{s}\widehat{\theta}_{j,b}$

$\xi(\widehat{\theta}) \leftarrow s^{-1}\sum_{j=1}^{s}\xi_j$

针对 BLB 的计算成本，由算法 2 可知，采用 BLB 进行抽样估计时需要进行两层的抽样过程，抽样的总次数为 $s + s \times r = s \times (r+1)$。在完成第二层的抽样后需要对参数进行估计，已知有 s 个子样本，针对每个子样本进行估计的计算成本为 $O(b) \times r$，总的计算成本为 $s \times O(b) \times r$。在实际情况中，研究人员通常需要在有限的计算资源下考虑计算问题。由于 BLB 的计算成本与蒙特卡罗样本数 r 正相关，当给定计算成本时，BLB 会把运算资源消耗在子样本的 r 个蒙特卡罗样本的重复计算中，这可能导致对不确定性估计的精度有所下降。

2. 子集双重自助算法 (SDB)

相比于传统的抽样方法，BLB 由于不需要遍历所有的样本而具有明显较高的计算效率。但在给定计算成本时，研究者通常希望能将有限的计算资源更多地放在子样本个数 s 上，以保证对不确定性估计的精度。因此，Sengupta et al. (2016)在 BLB 的基础上提出子集双重自助算法 (SDB)。与 BLB 类似，SDB 也包含几个关键步骤: 首先，针对总样本无放回地抽取多个子样本以降低计算复杂度; 其次，针对得到的多个子样本通过自助法实现数据变异性的还原，即在每个子样本上进行有放回的抽样形成一个蒙特卡罗样本; 最后，基于在多个子样本上分别得到的蒙特卡罗样本刻画估计量的经验分布。

SDB 不仅可以应用于**独立数据集** (independent data)，也可以应用于**时间序列数据集** (time series data)。接下来给出在样本独立数据集上的 SDB，针对时间序列数据集的算法，感兴趣的读者请参见 Sengupta et al. (2016)。

算法 3: 针对样本独立数据集的 SDB

Input: 数据集 $\mathcal{X}_n=\{\boldsymbol{X}_1,\boldsymbol{X}_2,\cdots,\boldsymbol{X}_n\}$；子样本集合大小 b；子样本数量 s；评估函数 $\xi(\cdot)$；根函数 $T_n(\widehat{\theta}_n,\theta)$。

Output: 统计量的估计 $\widehat{\theta}$，不确定性度量 $\xi(\widehat{\theta})$。

for $j\leftarrow 1$ to s

1. 从数据集 $\mathcal{X}_n$ 中无放回地抽取一个大小为 b 的子样本 $\mathcal{X}_{n,b}^{*j}$
2. 由 $\mathcal{X}_{n,b}^{*j}$ 计算 $\widehat{\theta}(\mathcal{X}_{n,b}^{*j})$
3. 由 $\mathcal{X}_{n,b}^{*j}$ 生成大小为 n 的子样本 $\left(\mathcal{X}_{n,b}^{*j},\mathcal{W}_{n,b}^{*(j,1)}\right)$
4. 由子样本 $\left(\mathcal{X}_{n,b}^{*j},\mathcal{W}_{n,b}^{*(j,1)}\right)$ 计算估计值 $\widehat{\theta}\left(\mathcal{X}_{n,b}^{*j},\mathcal{W}_{n,b}^{*(j,1)}\right)$
5. 计算 $T_n^{*j}=T_n\left(\widehat{\theta}\left(\mathcal{X}_{n,b}^{*j},\mathcal{W}_{n,b}^{*(j,1)}\right),\widehat{\theta}\left(\mathcal{X}_{n,b}^{*j}\right)\right)$

end

由 $\{T_n^{*1},\cdots,T_n^{*s}\}$ 得到经验分布 $\widehat{Q}_{n,b,s}$，得到参数不确定性度量 $\xi(\widehat{Q}_{n,b,s})$

$\widehat{\theta}\leftarrow s^{-1}\sum_{j=1}^{s}\widehat{\theta}(\mathcal{X}_{n,b}^{*j})$

$\xi(\widehat{\theta})\leftarrow\xi(\widehat{Q}_{n,b,s})$

针对 SDB 的计算成本，由算法 3 可知，采用 SDB 进行抽样估计时只需要进行一层的抽样过程，抽样的总次数为 $2s$，针对每个子样本进行估计的计算成本为 $2\times O(b)$，总的计算成本为 $2s\times O(b)$。相比于 BLB，SDB 的计算效率明显更高。当给定计算成本时，SDB 会把运算资源放在更多的子样本个数 s 上。也就是说，SDB 在给定计算成本时通过覆盖更多的总样本单元来提升估计不确定性的精度，且这种优势随着总样本量 n 趋于无穷而逐渐明显。因此，SDB 在计算资源有限时对大数据实证研究者更具实际意义。

4.3.3 高维/超高维数据的处理方法

在大数据时代，许多行业都面临处理分析高维/超高维数据的问题，如生物信息学、天文学等。高维数据的特征变量维数高于样本观测数量 ($p>n$)。若高维数据集中变量的个数 p 比样本观测数量 n 增长的快得多且关系满足 $\log p=O\left(n^a\right)$ $(a\in(0,1))$ 时，此类数据称为超高维数据 (Fan and Lv, 2011)。

虽然高维/超高维数据中蕴含着更为丰富的信息，但也为数据分析带来诸多挑战。首先，变量维数越高，模型训练的时间成本越高。模型复杂度和计算量随着维数的增加呈指数增长，出现维数灾难问题 (curse of dimensionality)。其次，随着变量维数的增加，研究者构建的模型更为复杂，可能导致泛化能力下降、解释性降低、纳入冗余测量误差等风险。

1. 针对高维数据的处理方法

稀疏性 (sparsity) 是高维数据研究中的常见假设，即认为在众多变量中只有一小部分对响应变量真正产生影响。在稀疏性假设前提下，降维方法和变量选择方法可以提高模型估计的准确性并有很好的解释性，在高维数据分析中起到至关重要的作用。**降维** (dimensionality reduction) 指将原始数据变量的维度从高维转换到低维的过程，形成低维的、能够反映部分原始数据信息的新变量。**变量选择** (variable selection) 指在原始数据集全部变量中按照某种规则选择出一个变量子集的过程。另一方面，降维和变量选择都通过减少原始数据中变量的数量来降低模型复杂度，从而防止过拟合现象。二者的区别在于，降维通过原始变量构造出新的变量，而变量选择并不构造新的变量，仅从原始变量中选取重要的变量。

(1) 降维方法。降维方法可分为线性降维和非线性降维。典型的线性降维方法包括主成分分析和线性判别分析; 常用的非线性降维方法包括多维尺度变换和局部线性嵌入等。本节重点介绍两种线性降维方法，对非线性降维方法感兴趣的读者请参见 Roweis and Saul (2000) 和 Tenenbaum et al. (2000)。

1) 主成分分析。**主成分分析** (principal component analysis, PCA) 是由卡尔 · 皮尔逊于 1901 年提出的线性降维方法。其基本思想是构造原始变量的线性组合，从而形成低维的变量，并使降维后的数据最大限度地保持原始数据的方差信息 (尽量减少原始变量所包含信息的损失)。

首先通过一个简单的例子说明 PCA 的主要思想。假设原始数据集中有 11 个样本点 (n=11)，每个样本点包含两个变量 x_1 和 x_2 (p=2)。原始数据集的散点图如图 4–5 所示。若研究人员希望将数据降至一维，则需要找到一个合适的方向，将这 11 个样本点在这个方向上做投影。那么能够使得原始数据在该方向上经投影后的方差达到最大的方向就是最好的方向。图 4–5 中直线的方向代表了最好的方向。

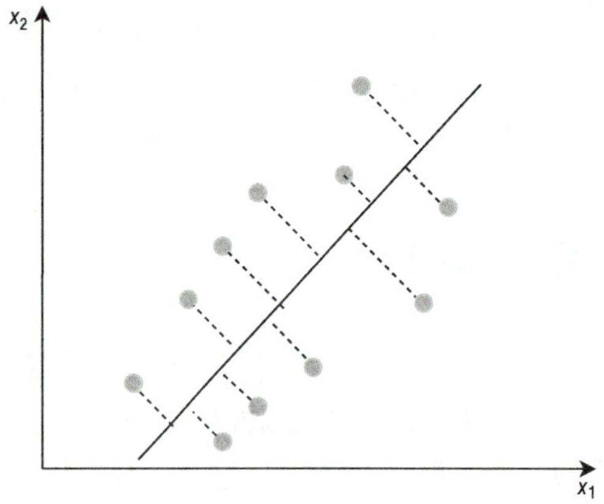

图 4–5 PCA 原理示意图

主成分分析以最大化数据方差为目标，使得降维后数据重构的误差最小，以便最大化地保留原始数据本身的内部信息。当原始数据中存在线性结构且方差较大时，通常可以选择主成分分析作为首选降维方法。PCA 算法的计算流程如算法 4 所示。

PCA 作为一种线性降维方法，依据转化矩阵 W，低维空间的每一个变量都能够写成高维变量的线性加权的形式，为理解降维后的低维数据提供了便利。此外，主成分分析没有需要调参的超参数且具有全局最优解，计算效率较高。

2) 线性判别分析 (LDA)。如前所述，主成分分析是以方差最大化为目标 (尽量减少原始变量所包含信息的损失) 的线性降维方法。然而在实际问题中，有时方差最大化并不是研究者感兴趣的目标。比如当数据存在类别标签时，研究人员通常对预测数据的类别更感兴趣。

算法 4: PCA 算法

Input: 数据矩阵 $X_{n\times d}$ (数据包含 n 个样本，每个样本的维数为 d)，降维后样本的维数为 l。

Output: 转换矩阵 $W=(\omega_1,\omega_2,\cdots,\omega_l)$。

1. 对于 X 中的每一个样本 x_i 进行中心化处理:

$$x_i \leftarrow x_i - m$$

式中，$m=\dfrac{1}{n}\sum\limits_{j=1}^{n}\boldsymbol{x}_j$ 为样本均值

2. 计算协方差矩阵 $\Sigma=\dfrac{1}{n-1}\boldsymbol{X}^T\boldsymbol{X}$

3. 对协方差矩阵 Σ 做特征值分解并将特征值降序排序：$\lambda_1\geqslant\lambda_2\geqslant\cdots\geqslant\lambda_d$

4. 取最大的前 l 个特征值对应的特征向量 $\omega_1,\omega_2,\cdots,\omega_l$ 组成转换矩阵 W

因此研究者希望通过线性的方法将数据降到一维，使得在一维空间中也能够很好地将数据进行分类。如图 4–6 所示，使用主成分分析得到的方向 **a** 无法将两类数据很好地进行区分。

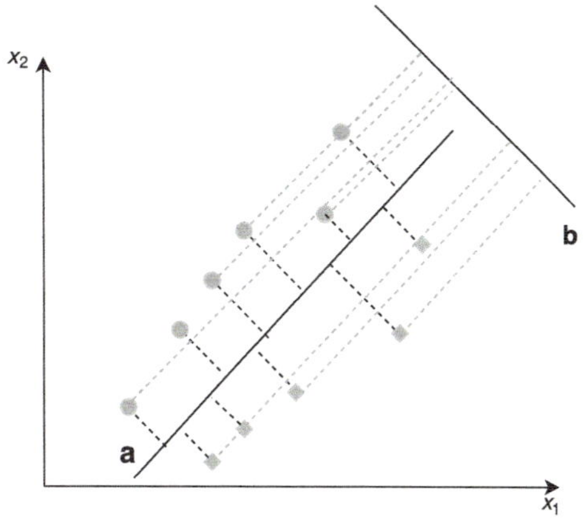

图 4–6 LDA 原理示意图

Fisher (1936) 提出的**线性判别分析** (linear discriminant analysis, LDA) 是一种典型的有监督线性降维方法。LDA 不再以方差最大化作为优化目标，而是利用样本的类别信息找到数据的线性低维表示，使得低维表示最有利于对数据进行分类。如图 4–6 所示，LDA 找到的方向 **b** 在一维情形下最有利于对数据进行分类。

LDA 算法的计算流程如算法 5 所示。

当数据集 D 中每一类数据的样本数量 n_c 远小于样本维数 p 时，矩阵 $\boldsymbol{S}_\omega$ 将无法求逆。此时通常可以按照 Ahdesmäki et al. (2010)的思路将矩阵 $\boldsymbol{S}_\omega$ 进行如下调整：

$$\boldsymbol{S}_\omega=(1-\lambda)\boldsymbol{S}_\omega+\lambda\boldsymbol{I} \tag{4–21}$$

式中，$\lambda>0$ 为收缩参数；I 为单位矩阵。此时的算法也称**收缩判别分析** (shrinkage discriminant analysis)。

(2) 变量选择方法。

1) 最优子集选择法。由于数据中存在非重要或冗余的变量，变量选择本质上是一个组

算法 5: LDA 算法

Input: 数据集 $D=\{(\mathbf{x}_1,y_1),(\mathbf{x}_2,y_2),\cdots,(\mathbf{x}_n,y_n)\}$, 降维后样本维数为 l。

Output: 转换矩阵 $W=(\omega_1,\omega_2,\cdots,\omega_l)$。

1. 计算数据集的均值 $\boldsymbol{m}$ 和每一类数据的均值 $\boldsymbol{m}_c, n_c$ 代表每一类内的样本数量

$$\boldsymbol{m}=\frac{1}{n}\sum_{i=1}^{n}\boldsymbol{x}_i,\quad \boldsymbol{m}_c=\frac{1}{n_c}\sum_{i=1}^{n_c}\boldsymbol{x}_i$$

2. 计算类内离散度矩阵 $\boldsymbol{S}_\omega=\sum_{c=1}^{C}\frac{n_c}{n}\boldsymbol{S}_c$, 其中 $\boldsymbol{S}_c$ 为第 c 类样本的类内离散度矩阵
3. 计算类间离散度矩阵 $\boldsymbol{S}_b$

$$\boldsymbol{S}_b=\sum_{c=1}^{C}\frac{n_c}{n}(\boldsymbol{m}_c-\boldsymbol{m})(\boldsymbol{m}_c-\boldsymbol{m})^T$$

4. 计算矩阵 $\boldsymbol{S}_\omega^{-1}\boldsymbol{S}_b$, 并对其做特征值分解, 将矩阵 $\boldsymbol{S}_\omega^{-1}\boldsymbol{S}_b$ 的特征值降序排序
5. 选取前 l 个特征值对应的特征向量 $(\omega_1,\omega_2,\cdots,\omega_l)$ 按列组合成转化矩阵 W

合优化问题, 最优子集是包含且仅包含所有重要变量的集合。研究人员可以在原始变量的基础上通过穷举法穷尽所有的子集, 然后按事先确定的评价准则对每一个子集的建模结果进行评价, 选择评价结果最好的作为最优子集。目前广泛应用的评价准则主要分为三类: 以 Akaike (1998)提出的 AIC 准则为代表的基于信息论的准则, 以 Schwarz et al. (1978)提出的 BIC 准则为代表的基于贝叶斯方法的准则以及以 Mallows (1973)提出的 Mallows C_p 准则为代表的基于预测误差的准则。

最优子集选择法的变量选择过程穷尽了所有的可能性, 因此研究人员能够确保找到最优的子集。然而最优子集选择法在计算成本上存在明显的弊端。假设数据集包含 p 个变量, 那么所有变量的子集的个数为 2^p。采用最优子集选择法进行变量选择时, 求解的时间复杂度为 $O(2^p)$。因此, 针对变量个数较少的数据集, 穷举法可以被认为是最好的选择。但针对变量个数较多的数据集, 计算成本和复杂度的限制导致最优子集选择法不再可行。

2) 正则化方法。**正则化** (regularization) 是将变量选择和模型训练在同一过程中完成的方法, 模型训练结束时变量选择也同时完成。正则化方法在模型优化的目标函数中加入惩罚项, 以控制模型的复杂程度并避免过拟合。Lasso 是正则化方法的起源, 它在模型训练时可以将某些变量的参数估计压缩为 0, 实现变量选择之目的。

假定 $\boldsymbol{y}$ 为响应变量, $\boldsymbol{X}$ 为 p 维特征变量, $\boldsymbol{\omega}$ 为系数向量, Lasso 的表达式是一个带约束的优化问题:

$$\min_{\boldsymbol{w}} \|\boldsymbol{y}-\boldsymbol{X}\boldsymbol{w}\|_2^2,\quad \text{s.t.}\quad \|\boldsymbol{w}\|_1 \leqslant C \tag{4–22}$$

利用拉格朗日乘子法, 以上约束优化问题等价于无约束的惩罚函数优化问题:

$$\min_{\boldsymbol{w}} \frac{1}{2}\|\boldsymbol{y}-\boldsymbol{X}\boldsymbol{w}\|_2^2+\lambda\|\boldsymbol{w}\|_1 \tag{4–23}$$

其中正则化系数 $\lambda>0$ 是依赖于 C 的**调节参数** (tuning parameter)。

Lasso 的解 $\boldsymbol{\omega}^{Lasso}$ 通过稀疏性实现变量选择, 但没有明确的解析表达式。研究者采用多种方法对 Lasso 进行求解, 如坐标下降法、LARS 算法、基于近似梯度方法的 ISTA (iterative shrinkage thresholding algorithm) 等。调节参数 λ 通常采用交叉验证的方式进行选择。

由式 (4–23) 可知，Lasso 对每一个回归系数实施相同程度的惩罚，可能出现过度压缩的现象导致模型精确度不高。为了解决这个局限性，Fan and Li (2001)提出一种新的非凸惩罚函数 SCAD，该函数具备估计的无偏性、稀疏性、连续性。Zou and Hastie (2005)提出了**弹性网**（elastic net）方法，该方法是 Lasso 和岭估计的一个凸组合。相比于 Lasso 方法和 SCAD 方法，弹性网能够较好地处理组效应的问题，同时也具有很好的理论性质。

2. 针对超高维数据的处理方法

在超高维问题研究中，Fan et al. (2009)指出传统的变量选择方法存在计算效率、准确性以及稳定性的问题。因此，研究者往往先将超高维的数据集转化为高维数据集，然后在高维数据集上进行降维或变量选择。

研究者将超高维数据集转化为高维数据集的操作称为**变量筛选** (screening)。变量筛选时有两个方面需要注意：首先，由于数据集的维数很高，变量筛选时要求所采用的计算方法不能过于复杂，以免折损分析效率；其次，所选取的变量筛选方法要满足**确定性筛选性质**（sure screening property） (Fan and Lv, 2008)，即重要的变量要以趋于 1 的概率保留在筛选后的变量集中。

筛选方法主要考察备选变量与响应变量之间的相关性，依据相关性对每个变量进行评分，得到每个变量相对于响应变量的重要程度，最后选择相关性较高的变量形成候选变量子集。因此研究者进行变量筛选前要确定一个统计量来衡量各个变量的重要性。常用的评价统计量包含以下几种：

(1) Pearson 相关系数。Pearson 相关系数是最为常用的判断变量和响应变量之间线性关系的统计量，其计算公式为

$$\mathrm{Corr}(\boldsymbol{x},\boldsymbol{y})=\frac{\mathrm{Cov}(\boldsymbol{x},\boldsymbol{y})}{\sigma_{\boldsymbol{x}}\sigma_{\boldsymbol{y}}} \tag{4–24}$$

式中，$\mathrm{Cov}(\boldsymbol{x},\boldsymbol{y})$ 是 $\boldsymbol{x}$ 和 $\boldsymbol{y}$ 的协方差；$\sigma_{\boldsymbol{x}}$ 是 $\boldsymbol{x}$ 的标准差。

(2) 信息熵和信息增益。当变量为离散型时，可以使用信息增益作为评价统计量。假设响应变量的取值范围为 $\{1,2,\cdots,C\}$，其中 c 出现的概率记为 p_c，则 Y 的信息熵定义为：

$$H(Y)=-\sum_{c=1}^{C}p_c\log_2 p_c \tag{4–25}$$

如果给定另一个变量 X，其取值范围为 $\{1,2,\cdots,K\}$，那么 Y 的条件信息熵以及在给定 X 后的 Y 的信息增益定义为:

$$H(Y|X)=\sum_{k=1}^{K}p(X=k)H(Y|X=k),\quad \mathrm{IG}(Y|X)=H(Y)-H(Y|X) \tag{4–26}$$

对于变量子集 W_1 和 W_2，若 $\mathrm{IG}(C|W_1)>\mathrm{IG}(C|W_2)$，则选择变量子集 W_1。

(3) 距离计算。一个好的变量子集应该使得同类样本之间的距离相近，不同类样本之间的距离尽可能远，可以使用样本间的距离对变量子集进行评价。常用的距离计算方式 (相似性度量) 包括欧氏距离、马氏距离、KL 散度等。

在得到各个变量的重要性后，研究者可以通过设置重要性阈值的方式选取重要性大于

该阈值的变量，或者将所有变量的重要性进行排序，选取前 k 个变量，从而实现对原始变量的筛选。

习题

1. 回归模型中最小二乘估计量的有效性依赖于哪些因素？为什么？

2. 若利用样本中位数估计总体中位数，是否可以使用自助法计算该统计量的变异性？该如何做？

3. 请简述交叉验证的思想和流程。

4. 简述 Lasso 回归相比一般回归的优势。

5. 请推导比较 BLB 和 SDB 的计算复杂度。

6. 为什么在大规模数据分析时仍需要考虑估计的有效性？

第5章

数据可视化

本章导读

数据可视化是将数据用图形等视觉效果展现出来的过程与方式，出现于计算机诞生之前更久远的年代。最早的数据可视化使用统计图形将数据中蕴含的统计规律非常直观地展现出来，如折线图、直方图、饼图等。基于图形的展示可以把枯燥数字背后的规律直观地呈现，更容易增强读者的理解与印象。计算机诞生之后，信息可视化逐渐成为一个学科分支，其最初的含义和统计图形有所区别，通常展现的是一些统计规律之外的信息，比如等高线图、大规模散点图等。伴随现代信息技术的不断发展，信息可视化的范畴越来越广泛。无论是数值还是非数值的信息，都可以通过可视化的手段展现出来。传统的统计图形和现代的信息可视化相结合，使得数据可视化的发展达到了新的高度。在大数据时代，数据的外延不断扩大，人们对数据的认知早已不再仅仅是结构化的数值数据，统计图形和信息可视化的区别越来越小，两个概念大有合二为一的趋势。

5.1 可视化基础

5.1.1 可视化案例

图 5-1 是一个经典的数据可视化范例。1854 年，英国布洛德大街暴发霍乱疫情，但人们并不清楚霍乱的病原和传播途径。内科医生约翰 · 斯诺 (John Snow) 上门调查死亡病例并记录其具体住址：每发生一起死亡病例，就在地图上该地址的区域画一条黑线。多条黑线堆叠起来就形成了条形图，死亡人数越多条形越长。从图 5-1 中可以发现，死亡发生地集中在街道中部一处水井周围。经过进一步调查，斯诺医生发现这些死者都饮用过这里的井水，结合其他证据得出饮用水传播霍乱的结论，于是移掉了该水井的水泵把手，霍乱最终得到控制。这个例子是数据可视化的经典应用，也符合数据科学的本质思想。很多问题在还没有完全弄清楚科学原理之前，人们不应该裹足不前，可以借助数据科学等经验性科学进行统计规律的研究。这一思想通过直观的手段发现规律并解决问题，是数据可视化的基础目标。

图 5–1 伦敦霍乱图

数据可视化的另一个经典范例是拿破仑远征图，如图 5–2 所示。信息设计领域的先驱爱德华 · 塔夫特 (Edward R. Tufte) 称赞该图为“历史上最好的统计图形” (Tufte, 1983)。该图由法国土木工程师查尔斯 · 米纳德 (Charles J. Minard) 于 1869 年创作，描述了 1812 年拿破仑远征俄罗斯这一历史事件。图 5–2 通过两个坐标轴展现了 6 种数据类型，分别是拿破仑军队的数量及行进的路程和方向、温度、经纬度、特定日期或事件的位置。图的横轴是一个时间轴，可以对应每个日期，带状图下面标明了返程时每一天的温度。图的主干部分是带状图，带状区域向横轴的投影对应了日期，带状图用来表示每个时刻、每个位置的军队人数，其中浅灰色的带状区域表示向莫斯科行进的军队，黑色的带状区域表示返回巴黎的军队，带的宽度表示了对应的军队人数。根据当时所在位置的经纬度，可以计算出军队指向莫斯科的方向 (角度)，图上带状区域的方向就是当时的真实行军方向。这样，对于带状区域上的任一点，可以对应一个地点和时间以及关键事件 (比如经过某个地点)。如果行进的过程中有分兵，也能通过分支区域呈现出来。通过这个例子，读者可以感受到“历史上最好的统计图形”好在哪里。首先，这个图形非常直观，只需要简单告诉读者带状区域的宽度代表行军人数，就能很快阅读出该图的主要含义，这是所有优秀统计图形最重要的特点。其次，图形信息量丰富，所谓“一图胜千言”，用一张简单的二维图形就能展现丰富的数据信息，比起文字描述要方便得多。成功的数据可视化需要同时满足这两个条件。

好的可视化方法可以帮助研究者直观发现数据中的规律，但错误的可视化解读可能会

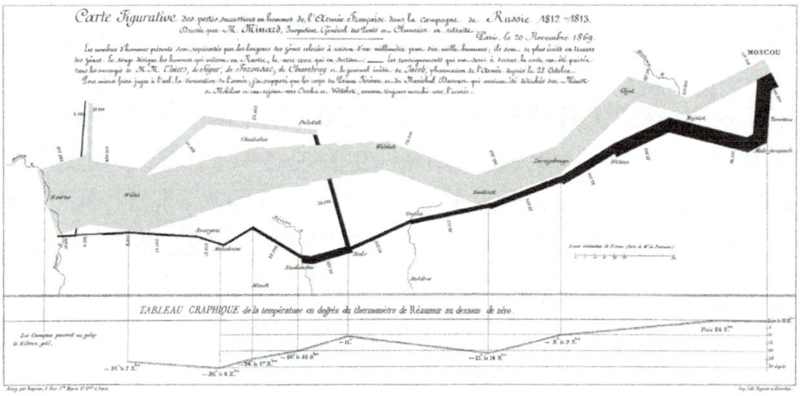

图 5–2 拿破仑远征图

带来南辕北辙的结论。以一个包含 20 名受试者的临床试验数据为例，研究者每间隔一段时间对受试者采血样并记录药物浓度 Y，每位受试者采血 5 次。如果假设观测间是独立的，研究者很容易得出血药浓度随时间递增的结论，如图 5-3(a) 所示。然而，对于同一位受试者在不同时间上的血液样本，其药物浓度间应存在一定程度的相关。若考虑这种样本内不同观测间的相关性，研究者的结论则是血药浓度随时间递减，如图 5-3(b) 所示。上述两个结论完全相反，说明研究者在数据可视化并作出解释的过程中应格外重视统计分析的研究假设。在错误的假设下，贸然的直观结论可能与事实相悖。

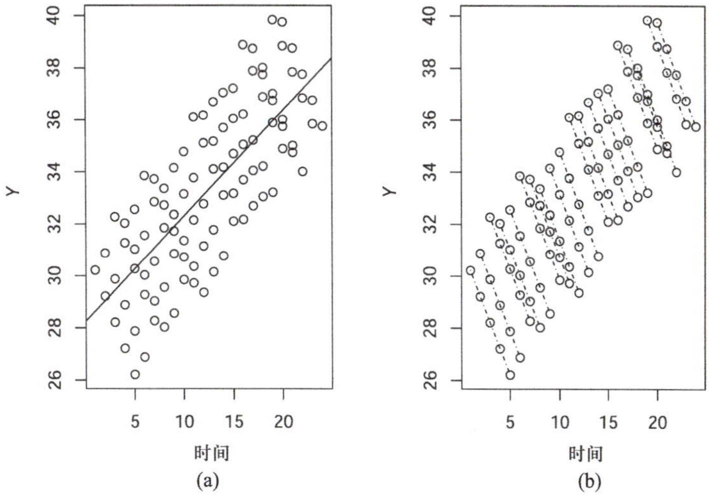

图 5–3 图形和模型

图形化呈现的方法具有多种形式，包括漫画、动画等。数据可视化的一个关键特点是图形工具可重复。所谓可重复，指的是一旦某种可视化展现方法被设计并投入使用，即使数据发生变化也可以很方便地更新可视化结果，不需要重新设计或开发。本书在这个定义下主要讨论通过可视化工具实现的统计图形。经典的统计图形是最典型的数据可视化方法，构成这些图形的基础元素是点、线、面。借助 R 或 Python 等工具，研究者使用程序来控制图形元素的细节，从而实现对数据特征的灵活展现。

5.1.2 图形设备

一般来说，**图形设备** (graphics device) 这个词通常指硬件，如显示器之类。但是在数据可视化领域，这个名词通常指代软件系统：图形设备可以是某个软件的图形显示窗口，比如 SPSS 的图形输出窗口，或者 Excel 的工作表；也可以是图形文件，比如 PDF、BMP、JPG 等。无论其展现形式如何，读者可以把它们想象成作画用的画布。设定了某种画布，研究者就可以绘制基于数据的可视化图形。

在图形输出方面，最常见的文件格式是位图和矢量图。位图也称点阵图，简单来说就是由像素点组成的图。比如图形的分辨率为 50 像素 ×20 像素，意味着该图像由 1 000 个点组成，每一行有 50 个点，每一列有 20 个点。每个点实际上是一个彩色的点，组合在一起就拼成了一幅 1 000 像素的图像。对于位图中的每个像素点，可以使用一套色彩模式来描述其颜色。最常用的是 RGB 模式，这也是大家熟知的“光学三原色”。R 表示红色，G 表示绿色，B 表示蓝色。在计算机中，通过对三种颜色赋予不同的权重，叠加起来可以呈现各种颜色。由于计算机屏幕本身是点阵式的，而肉眼对颜色的敏感程度也有一定的界限，因此在使用计算机处理 RGB 颜色时，并没有对颜色值进行无限的划分，而是将每种原色分成 256 阶，用 $0 \sim 255$ 的整数来表示。比如红色可以用“RGB(255, 0, 0)”来描述，表示只用纯红，不含任何绿色和蓝色。矢量图使用了另外一套图形描述机制，通过曲线和角度来存储形状特征，无须通过像素。因此，矢量图无论如何放大都不会损失清晰度。位图常见的文件格式有 BMP、JPG、PNG 等。BMP 格式不对图像进行任何压缩，按照原始的每个像素点进行存储，占用较大的存储空间；JPG 格式对图像进行压缩，兼顾效果与图像大小方面，是目前主流的位图文件格式；PNG 是互联网中常用的文件格式，其主要特点是可以设置透明背景，这在很多场合有重要的作用。矢量图常见的文件格式有 PDF、EPS、AI、CDR 等，对应不同的软件。其中 PDF 和 EPS 是比较通用的格式，在出版领域应用较多。

在 R 和 Python 中，默认的交互界面自带了图形设备，可以通过执行基础绘图命令来自动调出。例如以下的 R 代码可以画一个 X 轴坐标为 1、Y 轴左边也为 1 的散点，点的形状为“o”。在 R 的默认交互界面下（以 Windows 系统为例）运行以上代码，可以得到图 5–4。R 界面会自动弹出一个图形设备，就类似一块画布，每次更新图形都会重绘。该图形设备下可以通过菜单将图形保存成不同的格式。

```
plot(1, 1, pch = "o")
```

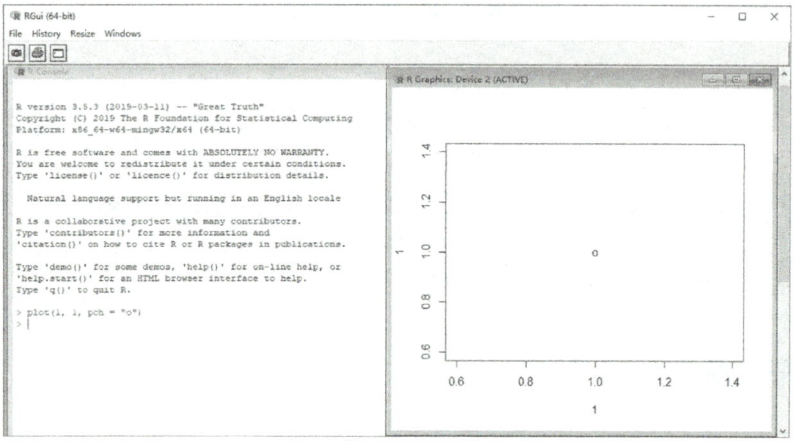

图 5–4　R 图形设备示例

Python 绘图需要依赖第三方程序包，目前最常用的是 `matplotlib` 包，其也是很多 Python 绘图包的基础。该包借鉴了 MATLAB 软件，语法风格和 MATLAB 类似，和 R 的基础绘图语法也比较相似。需要注意的是，`matplotlib` 绘图完成后，需要显式地运行 `show` 语句，才会显示图形。而 R 执行完绘图命令后会立刻显示图形。

```
import matplotlib.pyplot as plt
plt.plot(1, 1, marker = "o")
plt.show()
```

在 Python 的默认交互界面 IDLE 下（以 Windows 系统为例）运行以上代码，可以得到图 5-5。Python 中也会自动弹出一个图形设备，该设备还可以进行一定程度的交互和编辑，也可以将图形保存成不同的格式。

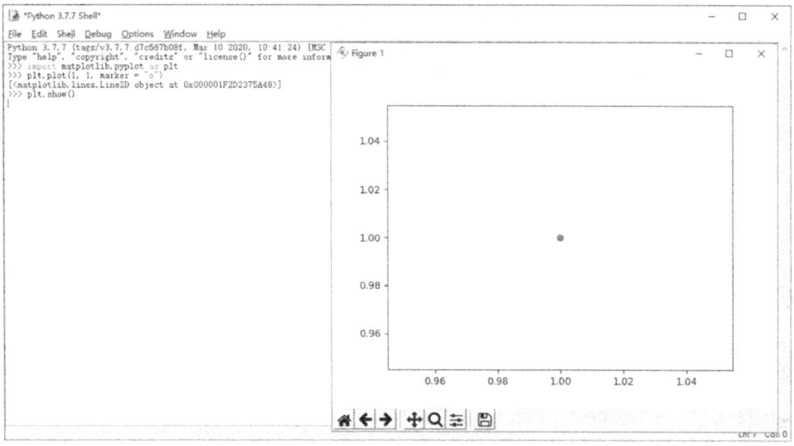

图 5–5　Python 图形设备示例

除了上述基础绘图设备，R 和 Python 的编辑器还提供了各自的专有设备，相同的代码在不同的设备中运行，都可以得到类似的图形结果。此外，研究者在 R 和 Python 中都可以生成不同文件格式的图形，其原理与默认图形设备相同，只不过相当于把同样的绘图命令作用于不同的图形设备。

5.1.3　基础作图

在各种统计软件和编程语言中，统计图形的绘制流程都是类似的：首先指定一个图形的类别，比如散点图、条形图、直方图等；然后设定用于绘图的数据源；最后设定所要选取的变量或者关系。R 和 Python 的基础作图方式类似，通过函数和方法来指定图形类别，比如 R 中使用 `plot` 函数绘制散点图，Python 中使用 `scatter` 方法绘制散点图。两种软件都是用数据框定义数据源，通过 `data` 参数来指定。R 用公式的形式来设定变量与关系，~ 符号的左边表示因变量，右边表示自变量。Python 的绘图方法以字符串的形式指定 x 变量（自变量）和 y 变量（因变量）的名称，如下例所示。

R 代码	Python 代码
`plot(MSales ~ Comments,` `data = df2)`	`plt.scatter('MSales', 'Comments',` `data = df2)`

以上代码绘制的图形如图 5-6 所示，是一幅典型的散点图。图形的中心部分是代表了数据的散点。此外，统计图形通常都包含一套坐标轴，X 轴和 Y 轴的刻度都在图中表示出来。X 轴和 Y 轴默认使用数据中的变量名作为文字标签。

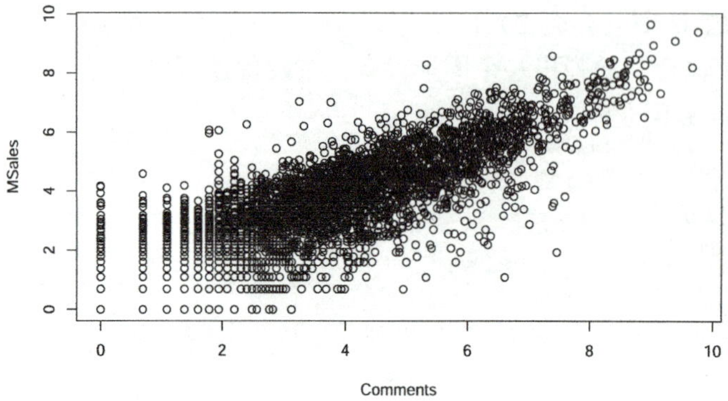

图 5–6　散点图示例

1. 修改轴标签和图标题

如果需要修改基础的图形元素，比如 X 轴和 Y 轴标签、图标题等，在 R 中通过参数设置，在 Python 中通过 scatter 方法在绘图对象中修改属性，代码如下。

R 代码

```
plot(MSales ~ Comments,
        data = df2,
        main = "Test",
        xlab = "X",
        ylab = "Y")
```

Python 代码

```
plt.scatter('MSales', 'Comments',
data = df2)
plt.title("Test")
plt.xlabel("X")
plt.ylabel("Y")
```

从图 5–7 中读者可以看到修改后的坐标轴标签，此外图形的上方也出现了标题。标签和标题都是非常重要的图形参数，使用时研究者根据具体的情况修改即可。此外，图形的其他参数修改方法也都类似，读者可以查看函数或者方法的帮助文档来获取更详细的信息。

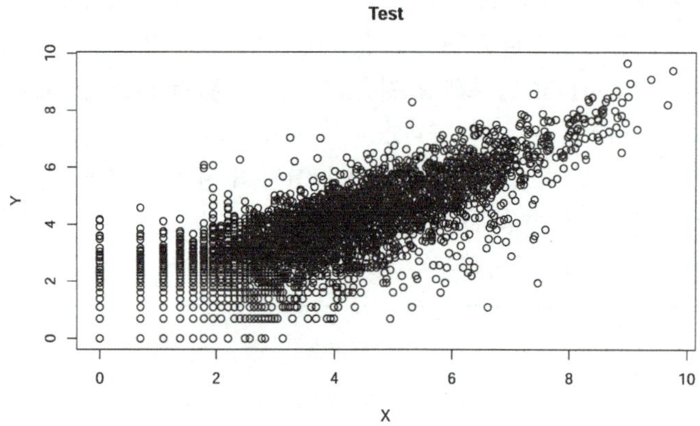

图 5–7　标签示例

2. 修改颜色和形状

对于统计图形来说，颜色、形状、大小是非常重要的参数。以散点图为例，点的颜色、形状和大小都可以使用图形参数进行精确控制，例如研究者想把颜色设置成红色，形状设置成圆点，大小使用默认值。代码如下：

R 代码

```
plot(MSales ~ Comments,
        data = df2[1:20, ],
        col = "red",
        pch = 19, cex = 1)
```

Python 代码

```
plt.scatter('MSales','Comments',
  data = df2[1:20],
  color = "red",
  marker = "o", s = 100)
```

需要注意，R 和 Python 中参数名不相同，用法也略有差异。在 R 中，col 表示实心圆点的颜色[1]，pch 表示形状，用数字表示不同形状，cex 表示放大的倍数，默认是 1，其他数值表示放大或缩小的比例。在 Python 中，参数 color 表示颜色，marker 表示形状，s 表示大小，用整数表示。结果如图 5–8 所示。[2]

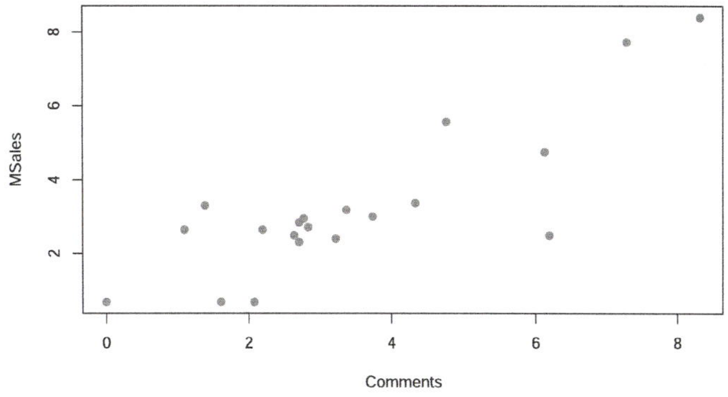

图 5–8 颜色和形状示例

3. 修改线型

线图是非常常用的图形，R 中通过 plot 将函数的参数 type 设置成 l 可以绘制线图。Python 中的 plot 函数用来展现数据的趋势变化，实际上也是线图。代码如下：

R 代码

```
plot(MSales ~ Comments,
        data = df2[1:20, ],
        type = "l", lty = 2,
        lwd = 2, col = "red")
```

Python 代码

```
plt.plot(' MSales ',' Comments' ,
  data = df2[1:20],
  linestyle = ":",
  linewidth = 5, color = "red")
```

线的基本属性有颜色、线型和宽度。设置颜色的参数和散点图相同，R 中设置线型的参数是 lty，用整数表示不同形状，设置线宽的参数是 lwd。Python 中设置线型的参数是 linestyle，设置线宽的参数是 linewidth。结果如图 5–9 所示。

① 如果是空心的图形，col 表示外圈颜色，另有参数 bg 表示填充色。
② 由于印刷的原因图上无法显示颜色，读者可实际操作检验。全书同。

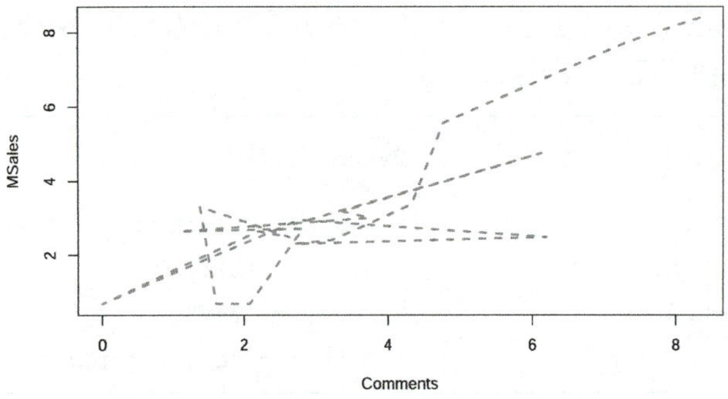

图 5–9 线图示例

4. 分组设置

在一些图形中，可以用不同的颜色、大小、形状来描述不同的分类变量的组别，这是使用编程语言来绘图的一种便利方式。R 和 Python 有一些区别，R 可以直接使用向量作为参数，自动控制分组。Python 需要根据不同组别的数据分别作图，通过 `label` 参数来标记组别，最后将图形叠加。代码如下：

R 代码

```
plot(MSales ~ Comments,
  data = df2[df2$Place %in%
    c("广东广州",
    "浙江杭州"), ][1:20,],
  col = factor(Place),
  pch =19)
```

Python 代码

```
plt.scatter('MSales','Comments',
  data = df2[df2['Place'] ==
  '广东广州'][1:20],
  color = "red", marker = "o",
  label = " 广州")
plt.scatter('MSales','Comments',
  data = df2[df2['Place'] ==
  '浙江杭州'][1:20],
  color = "black", marker = "o",
  label = " 杭州")
```

如图 5-10 所示，点被分成了红色和黑色。R 中直接将离散变量进行因子化，可以用来代表颜色，非常方便。Python 的 `matplotlib` 包需要拼接不同的部分，略显烦琐，但基于 `label`

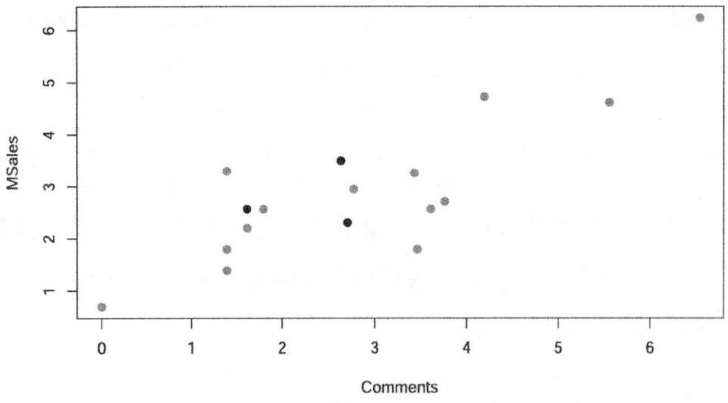

图 5–10 分组示例

的操作在其他地方可以得到便利，如图例的设置。

5. 添加图例

如果图形中进行了分组处理，研究者需要标注图例。R 的基础作图方式中直接通过设定坐标、点或者线的形状、颜色、标签等手工生成图例，Python 可以利用图形中的 label 标签直接生成图例。代码如下所示：

R 代码

```r
legend(0, 6,
  legend = c("广州","杭州"),
  col = c(1, 2), pch = 19)
```

Python 代码

```python
plt.legend(loc = "upper left")
```

由于 Python 提前设置了标签，所以只需指定位置即可。R 图例的所有参数都需要单独设置，详情请查阅帮助文档，结果如图 5–11 所示。

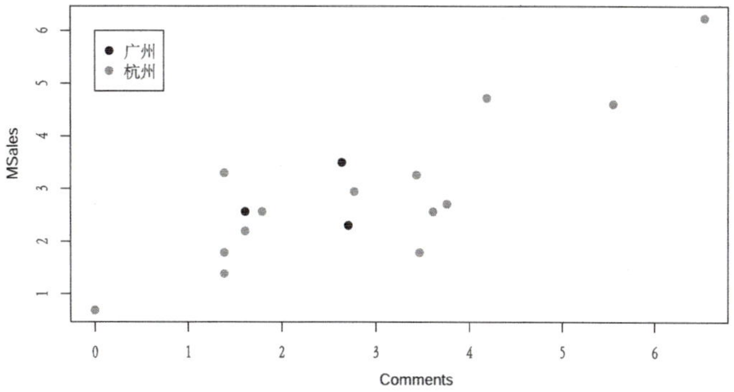

图 5–11　图例示例

6. 添加文字

很多时候研究者需要在图形中添加文字标示，在 R 和 Python 中都可以方便地通过设置坐标和文字内容来插入文字。代码如下：

R 代码

```r
text(1, 2,
  expression(paste(mu,
  "=100, ", sigma, "=15")))
```

Python 代码

```python
plt.text(1, 2, r'$\ mu=100,
\ sigma=15$')
```

如图 5–12 所示，除了普通的文字字符，Python 还可以直接输入 LaTeX 语法的字符，可以展示复杂的公式。R 要通过 expression 函数来展现特殊字符，也可以通过第三方包 showtext 来设定。

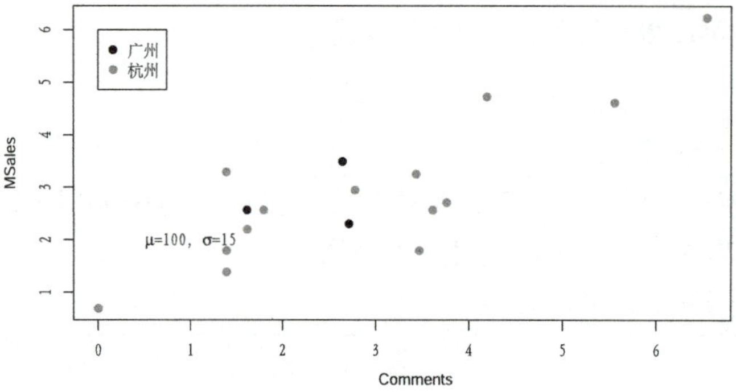

图 5–12　文字示例

5.1.4 ggplot 绘图语言

1999 年，利兰 · 威尔金森 (Leland Wilkinson) 创造了一套专门用于图形编程的语法，并出版了经典著作 *The Grammar of Graphics*。其摆脱了传统的基于点、线、面的统计作图方式，从数据的坐标系、关系、统计变换等角度入手，用语法来描述数据的规律，同时可视化地进行展现。这种方式把数据分析师和画家区分开来，将分析和可视化合为一体，是伟大的进步。不过这个想法一直未能在具体的编程语言中实现，无法使用。直到 2005 年，哈德利 · 威克姆 (Hadley Wickham) 基于 R 创造了 `ggplot2`[①]，第一次完美实现了 *The Grammar of Graphics* 的理念。此后，Python、MATLAB 以及一些互联网可视化平台都参照 `ggplot2` 实现了这种作图语法的可视化模块。Python 中可以通过 `plotnine` 来调用。

在 `ggplot2` 中，基础的作图元素是数据和映射关系、几何对象（点、线、多边形等）、统计变换（函数和模型）、坐标系（直角坐标、极坐标等）、分面（数据的层次结构）、标度（图形细节）。在该语法下，每个元素都可以是新的图层，基于基础数据一层层地叠加，就可以实现数据的展现，并能得到非常美观的统计图形。从此以后，人们可以不再执着于图形的细节，而是一步到位，从理解数据的规律到数据可视化的展示，将可视化真正地变成分析的工具。

R 和 Python 中的 ggplot 工具都来自同一套语法，程序形式几乎可以通用，加载相应的包之后，首先使用 `ggplot` 函数创建一个 ggplot 图形对象，指定数据源和坐标轴对应的变量。代码如下：

R 代码	Python 代码
`library(ggplot2)`	`from plotnine import *`
`p <- ggplot(d1,`	`p = ggplot(d1,`
`  aes(x = mpg, y = wt))`	`aes(x='mpg', y='wt'))`

此时的对象 p 是一个图形对象，如果运行打印命令 `print(p)` 可以在默认的图形设备上绘图，由于该对象只定义了数据的关系，因此图形只显示坐标轴，可以认为是个空白的背景图层。在 `ggplot2` 中可以使用符号 “+” 来添加图层。代码如下：

① 2019 年 7 月 31 日，哈德利获得了统计领域的最高奖项 COPSS 奖，该奖项主要表彰他开发的以 `ggplot2` 为代表的一些 R 统计包，这是该奖项历史上第一次颁发给业界应用领域的专家。

R 代码	Python 代码
`p <- p + geom_point()`	`p = p + geom_point()`

新的对象添加了散点图的图层，如果直接打印的话，可以看到图形中自动出现了散点图。如果我们需要画出平滑线并标示置信区间，按照常规的作图方式，需要先调用平滑模型，计算出置信区间，然后通过程序不断添加点、线、面，过程很烦琐，在 ggplot2 中由于统计变换是一种基础的作图元素，可以直接将平滑方法指定为图层：

R 代码

```
p <- p + geom_smooth(method =
"loess")
print(p)
```

Python 代码

```
p = p + geom_smooth(method =
"loess")
print(p)
```

生成的结果如图 5–13 所示，读者可以发现，通过简单的代码和图层的叠加就能非常容易地做出散点图并绘制平滑线，而 ggplot 可以把分析和作图的过程融合起来，形成一门真正意义上的数据可视化编程语言。

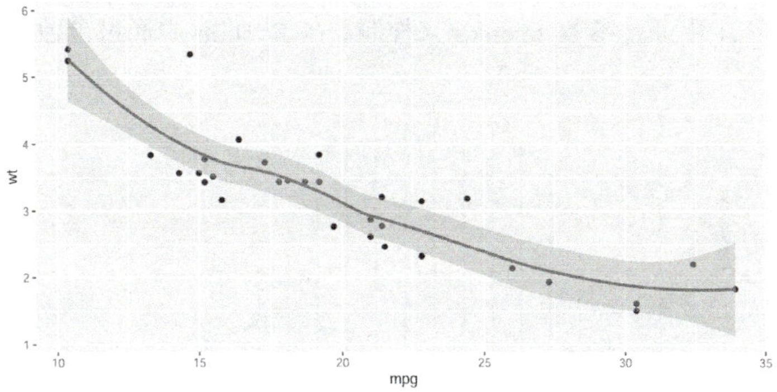

图 5–13 ggplot 示例

5.2 可视化与数据分析

数据可视化和分析建模一样，都要求研究者对数据有深入的理解并进行合理的假设。图形因为具有很强的直观性，很容易让人们发现数据的规律并得到分析结论，因此使用的时候要注意其中存在误导的可能，最好的办法是深入理解数据特点后谨慎地合理假设。研究者使用统计图形来分析数据、解释数据，需要深入了解数据的内在规律，包括层次结构、分布情况等，这样才能找到合适的分析方法或者图形来匹配。另一方面，作图的过程也是研究者探索和发现规律的过程。统计学家约翰 · 图基提出的探索性数据分析（EDA）思想非常重视统计图表的作用。研究者在进行数据分析和建模之前，使用统计图形来探索并理解数据，往往可以事半功倍。

5.2.1 单变量的分布

在数据分析中，不同尺度的数据需使用对应的统计量进行描述分析，如定类尺度使用众数、定序尺度使用中位数、定量尺度使用均值。统计图形也和数据尺度有关，研究者通常使用直方图描述定量数据，使用条形图描述定性数据。直方图是一种常用的统计图形，它能够帮助研究者查看连续变量的分布情况，通过将数据分割后再统计每一组的数目，得到类似于分布密度图的统计图形，从而查看连续数据的分布特征。代码如下：

R 代码

```
hist(df2[['MSales']], breaks = 20,
  main = "", xlab ="")
```

Python 代码

```
plt.hist(df2['MSales'],
bins = 20, density = True,
histtype = 'bar')
```

结果如图 5–14 所示，每一根柱子的宽度代表了某个销售额的区间，柱子的高度则为在该销售额区间内发生的销售次数。可以使用参数来设置柱子的数目，数值越大分得越细，但有可能越稀疏，在 R 中通过参数 breaks 来控制，在 Python 中通过参数 bins 来控制。

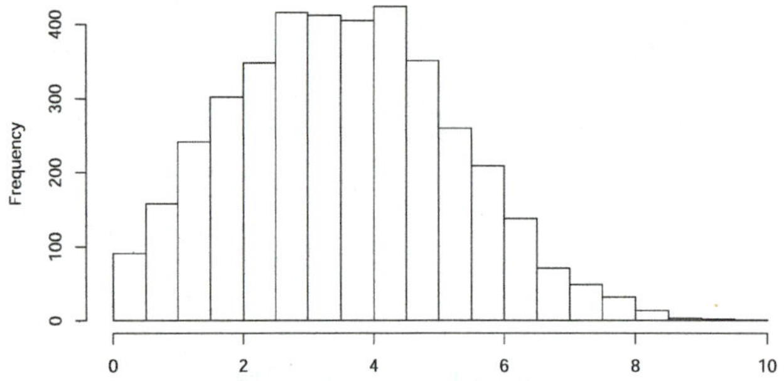

图 5–14　直方图示例

如果变量是离散的，可以统计每一类包含的数目，类似于离散分布中的分布律，研究者通常用条形图来展示。代码如下：

R 代码

```
dffreq <- table(df3[['Place']])
barplot(dffreq)
```

Python 代码

```
dffreq = df3.groupby(by='Place').
  count()['Sale']
plt.bar(np.arange(len(dffreq)),
  dffreq)
```

结果如图 5–15 所示，读者可以看到杭州和广州的不同销售额。条形图是最早的统计图形，诞生于 1786 年，可以非常方便地展示离散变量的各个类别及其数目，通常用条形的长度显示数目的多少，条形图可以方便地查看不同类别的数目是否均衡。

如果想查看比例关系，还可以使用饼图，和条形图的操作方式基本一样。代码如下：

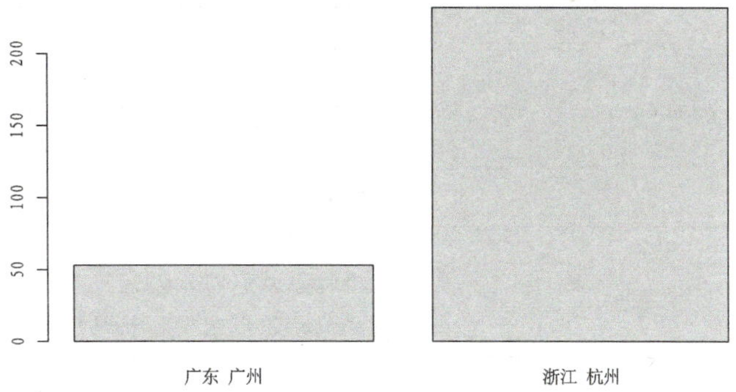

图 5–15　条形图示例

R 代码

```r
pie(dffreq)
```

Python 代码

```python
plt.pie(dffreq,
  labels = dffreq.index)
```

结果如图 5–16 所示。饼图的面积代表 1，在表达比例关系的时候很常用。当类别数目不太多的时候，可以一目了然地看清不同类别的数值和比例大小，是最为公众熟知的统计图形之一。不过需要注意的是，人类视觉对角度不太敏感，用饼图来展示比例不如条形图清晰，尤其是当类别过多时，应该尽量避免饼图。

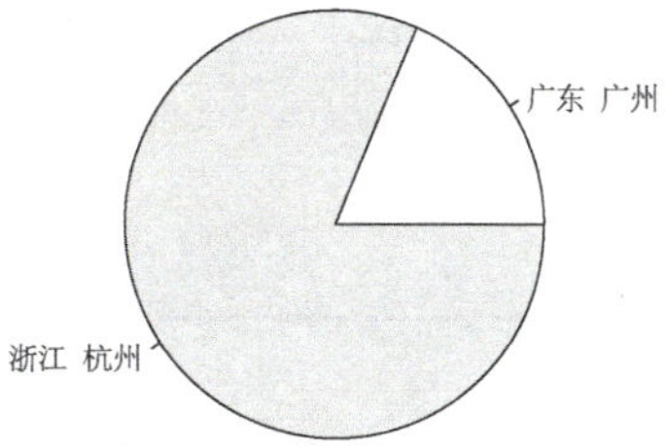

图 5–16　饼图示例

5.2.2　两变量的关系

在数据分析中，研究者处理的变量分为连续变量和离散变量。如果不考虑顺序，两变量间可以构成三种关系：两个连续变量的关系、连续变量和离散变量的关系、两个离散变量的关系。两个连续变量之间的关系可以使用相关分析、回归分析等模型进行深入研究，也可以通过散点图进行直观展现，如图 5–6 所示。两个连续变量的关系是数据分析中最常见的关系，因此散点图也是使用最多的统计图形。

连续变量和离散变量之间的关系在理论上应该有两类：当离散变量是因变量的时候，对应机器学习中的分类模型，本书在下一章进行介绍；当连续变量是因变量的时候，相当于分析不同水平对因变量的影响，对应统计中的方差分析，也可以使用箱线图来直观展示。代码如下：

R 代码

```r
boxplot(MSales   Place,
  data = df3)
```

Python 代码

```python
v1 = df3[df3['Place'] ==
  '广东 广州']['MSales']
v2 = df3[df3['Place'] ==
  '浙江 杭州']['MSales']
plt.boxplot((v1, v2),
  labels=('广州',' 杭州'))
```

结果如图 5–17 所示。从图中可以看出，离散变量的不同类别对应不同的箱子，在本例中即为“广东 广州”和“浙江 杭州”。每个箱子体现了对应的连续变量的特征，在本例中代表月销量。箱子体现了五个关键的值，上下的两根横线表示上下界，在不同的软件中含义可能不同，有的表示最大值或者最小值，有的表示剔除了极值（比如 1 个标准差以外）之后的最大值和最小值。箱子上下边缘表示上下四分位数，也就是说把数据排序后平均分成四等份的话，箱子里包含了一半的数据。箱子中间的粗线表示中位数。这样，一个箱子就展现了 5 个重要的数值，箱子越高说明数据的分散程度越大。

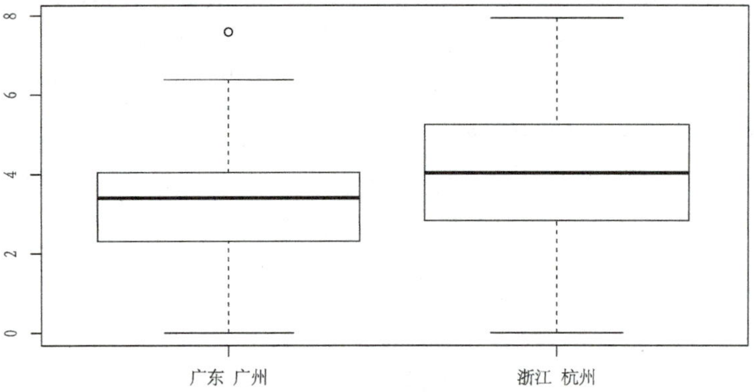

图 5–17 箱线图示例

最后一种是两个离散变量之间的关系，由于数据中离散变量交叉组合后会产生不同组别的频数，可使用列联表进行分析，例如 χ^2 检验等。同时，研究者也可以使用马赛克图来直观地展示这种关系。代码如下：

R 代码

```r
df3$Freq <- 1
tab3 <- xtabs(Freq ~
  Protection + Place,
  data = df3)
```

Python 代码

```python
from statsmodels.graphics.
mosaicplot import mosaic
mosaic(df3,
  ['Place', 'Protection'])
```

结果如图 5–18 所示。每一块面积代表一个交叉组的频数，面积越大说明该组越大，可以很直观地查看各组是否均匀以及是否存在明显的差异。

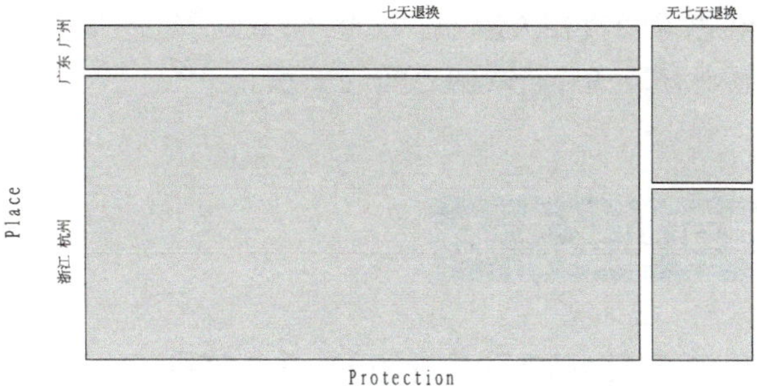

图 5–18　马赛克图示例

5.2.3　多变量的关系

在真实的数据科学项目中，要分析的变量数肯定不止两个。研究者第一次看到数据时，可以先查看每个变量的分布情况，进而查看两两变量间的关系。但这个工作量可能会非常巨大，因此通常会先整体查看相关系数矩阵图。代码如下：

R 代码

```
library(corrplot)
corr1 <- cor(d2)
corrplot(corr1)
```

Python 代码

```
import seaborn as sns
sns.heatmap(c1, annot = True,
  vmax = 1, square = True)
```

R 中可使用 corrplot 包，Python 中可使用 seaborn 包，这都是很常用的可视化包。本节示例中使用的是连续变量计算 Pearson 相关系数后传入作图函数。如果变量中存在离散变量，可以有针对性地定义距离，然后计算距离矩阵，同样可调用这两个包来进行可视化展现。

图 5–19 是 R 中 corrplot 包的输出结果，其中圆圈越偏蓝色说明对应的两个变量之间

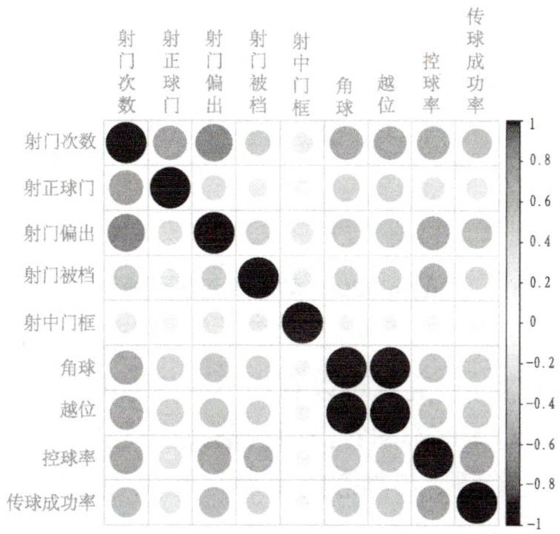

图 5–19　相关矩阵图示例

的正相关越强，越偏红色说明负相关越强，由此可以很清楚地知道变量之间关系的整体概貌，然后可以针对性地查看某些变量两两之间的关系。

5.3 现代数据可视化方法

传统的数据可视化主要借助静态的统计图形。在计算机还未诞生之前，人们通常都是使用直尺和圆规在纸上作图。虽然技术手段差异很大，但是好的可视化方法的本质是一致的，都是要用最直观的方式展示尽可能多的信息。在信息时代，研究者可以使用计算机产生更丰富更复杂的图形，尤其是动态的可视化图形。很显然，这些图形可以包含更大的信息量。

5.3.1 动态统计图形

在 2006 年的 TED 大会上，瑞典统计学家汉斯 · 罗斯林 (Hans Rosling) 在题为 *The Best Stats You've Ever Seen* 的演讲中展示了一种震撼世人的动态气泡图 (motion chart)。这种图形和传统的静态统计图形不同，可以随着时间轴变化。在这次会议上，罗斯林使用他自己公司开发的可视化工具演示了几十年来世界各国一些重大问题的惊人变化，比如贫困、寿命、家庭规模等，动态的呈现方式引起了很大的反响。

图 5–20 是一个用 JavaScript 语言编程开发的动态气泡图示例。本例使用微博事件数据，横轴表示包含某关键词的所有微博作者的粉丝数，纵轴表示所有微博字数的总和。气泡的颜色表示不同的省份，气泡的大小表示微博的条目。所有的气泡可以在整个时间轴上运动，示例中是 2013 年 5 月 16 日 10 点和 12 点的截图，读者可以看到在这两个小时之内，不同区域的微博传播情况发生了较大改变。

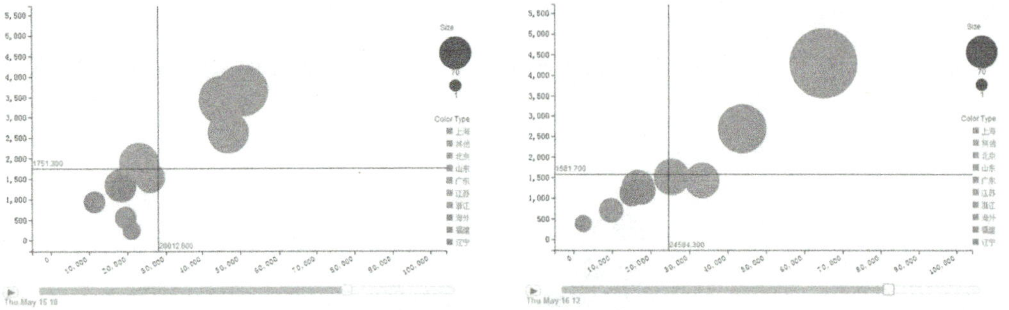

图 5–20 动态气泡图示例

当时间轴运动起来的时候，研究者可以看到不同气泡的位置会发生改变，且气泡的大小也会改变，因此可以很清楚地知道不同省份微博信息的变化，非常直观。这种动态的可视化方式可以展现时间上的变化趋势，与静态的图形相比，动态的效果给人的感觉更加直观且震撼。

从动态气泡图开始，越来越多的可视化工具开始提供动态交互的统计图形，在互联网时代掀起了一波动态可视化的浪潮。虽然学术期刊受纸张的二维平面所限仍以静态图形为主，但业界的信息系统中已经大规模地使用动态的可视化方法。这对传统的统计图形来说，是一次巨大的变革。

动态图形的意义除了可以多出一个动态的时间轴，展现更丰富的信息，通过动画本身也可以演示一些动态的效果。以统计中常用的蒙特卡罗方法为例，研究者通过模拟一些随机变量或者随机过程来替代真实世界中的试验，可以从数值上求解一些现实中的问题。比如著名的蒲丰投针试验，在平面上画有一组间距为 D 的平行线，将一根长度为 $L(L \leqslant a)$ 的针任意投掷在这个平面上，可以证明此针与平行线中任一条相交的概率 p 为：

$$p = \frac{2L}{\pi a}$$

如果研究者做一个试验，将针随机投掷一定的次数，然后统计其和平行线相交的次数并基于频率估计概率 p，可以估算出 π 的值。根据大数定律，当投掷次数足够多的时候，可以得到比较精准的 π 的值。这个实验可以通过蒙特卡罗方法和动画来实现，R 中有个 animation 包，可以很方便地编程来实现一些动画的效果，其中也内置了蒲丰投针等经典的统计试验，可以通过以下代码实现：

```
library(animation)
buffon.needle()
```

运行代码后会自动在 R 的图形设备中显示动画，读者可以看到随着投掷次数的增加 π 的估计值在不断变化。图 5–21 是其中的一幅截图。读者可以发现这是投掷了 29 次后的结果，当前估算的 π 值为 2.58。

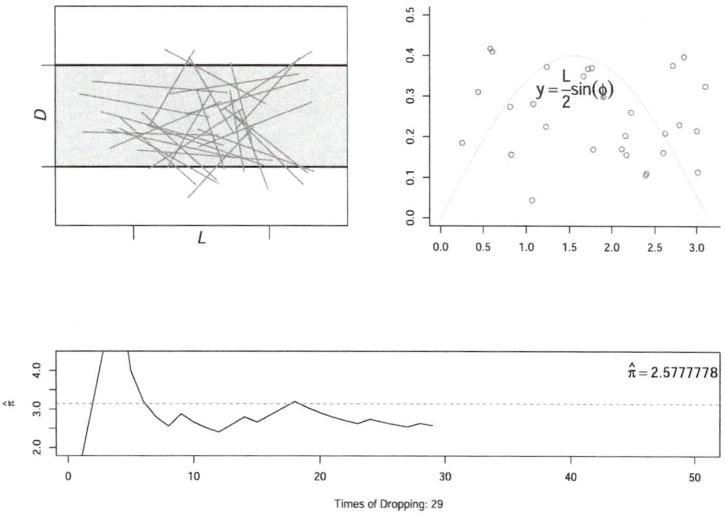

图 5–21　蒲丰投针示例

animation 包默认使用 R 图形设备，将一幅一幅的静态图拼接起来动态展现，这就是最基础的动态图形的实现方式，在 Python 中也可以利用默认图形设备来实现类似的操作。

5.3.2 交互式工具

传统的统计图形工具刚开始主要来自商业软件，随着 R 和 Python 的流行，开源软件逐渐占据重要份额。动态交互可视化工具之前也一直是商业软件的禁脔，但随着互联网的兴起，越来越多的开源技术渐成主流，也推动了交互式工具的进一步发展。到目前为止，主流的交互式可视化工具已经完全构建于开源系统之上了，使得人们有了丰富且廉价的选择。

目前的这种便利性主要得益于互联网的发展，其中 HTML5 技术更是关键。HTML5 的第一份正式草案于 2008 年 1 月 22 日公布，2014 年 10 月 29 日万维网联盟（W3C）宣布该标准规范最终制定完成。其中有个关键技术 Canvas 是 HTML5 推荐的新技术，可以通过 JavaScript 语言来绘制动态的 2D 图形。另外一种使用 XML 描述 2D 图形的语言 SVG 在 HTML5 中也有很好的支持。再加上 WebGL 这样的 3D 引擎，可以基于 Canvas 标签嵌入 HTML5，实现类似 Open GL 的 3D 图形 API 的功能。在 HTML5 的标准下，各种客户端尤其是手机都可以展现动态的效果，开发动态可视化功能有了很好的应用场景，进一步促进了技术的发展。

在 HTML5 框架和 JavaScript 技术的加持下，一些互联网巨头也推出了免费的动态交互式工具，比如谷歌公司的 googleVis 和百度公司的 ECharts。尤其 ECharts，可以完全离线使用，默认图形丰富美观，开放的接口也非常灵活方便，很快就享誉国内外。图 5–22 是 ECharts 的一些示例。

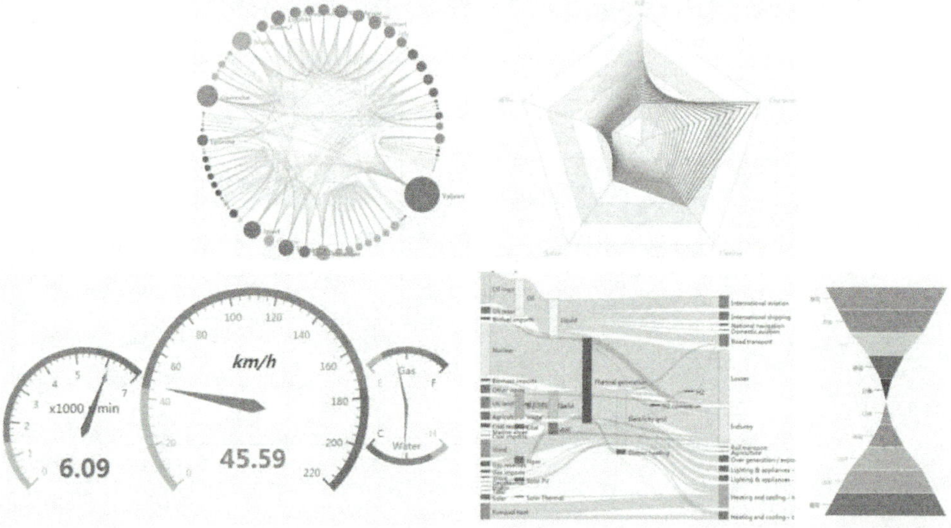

图 5–22　ECharts 示例

现在很多互联网应用都是基于 ECharts 库，在 R 和 Python 中也出现了集成 ECharts 的工具，比如 R 中的 recharts 项目和 Python 中的 pyecharts 项目，可以直接在 R 或者 Python 中生产 ECharts 的动态图形，还能方便地集成在交互式网络框架中，数据科学家也能很容易地进行前端开发，更好地展现数据中蕴含的规律。

习题

1. 如果要使用可视化手段分析《数据科学概论》课程的成绩情况，可以选择哪些图形？为什么？

2. 若研究者使用一张图比较北京、上海、天津三个城市居民的生活消费支出构成，可使用什么图形？为什么？

3. 马赛克图是否可以用来展示两个定性变量之间的关系？为什么？

4. 假设数据集包含每个省份每年度的 GDP、人口数、财政收入、地区（东部、中部、西部）等信息，用一幅二维图形最多可以展示多少个变量？简述你的方案。

5. 简述条形图和饼图的优劣。

6. 面对陌生的数据集，如何利用可视化方法进行初步的探索性分析？请简述一个通用的思路。

第6章 数据挖掘和机器学习

本章导读

统计学（statistics）和计算机科学（computer Science）是大数据时代的支柱学科，也是数据科学的基础。人们通常把统计学和计算机科学的交集称为机器学习（machine learning），也称为统计学习（statistical learning）。伴随数据科学时代的发展，统计学思想与机器学习方法深度融合。机器学习中的多种算法与流程是传统统计学方法在大数据情形下的自然进化，因此第 4 章中讨论的统计原则同样是机器学习的基石。在这个趋势下，本书不刻意区分统计学和机器学习的差异，而从统一的数据科学视角进行理解。从历史的角度看，统计学曾专注于小样本的分析和推断，计算机科学则专注于规则和逻辑的运算。这两个学科在信息爆炸时代通过深度融合产生了新的“化学反应”，衍生出数据科学的概念。数据科学是一门应用学科，其核心理念在于从数据中获取价值，无论使用统计方法还是机器学习方法，都可以在这个框架中统一起来。

6.1 从海量数据到大数据

从应用的角度来看，机器学习和数据挖掘包含的方法有共通之处，两个概念很容易混淆。**数据挖掘**（data mining）的理念源自业界，大约从 20 世纪 90 年代开始流行，伴随着人们对知识爆炸的预期提升而家喻户晓。企业（尤其在银行、电信、零售等行业）信息系统随着信息化完善积累了大量数据，产生“海量数据”的概念，给传统分析工具带来巨大挑战。研究者利用数据仓库技术打破数据孤岛，使从数据中深入挖掘价值成为可能。

随着互联网和移动互联网的兴起，需要处理的数据量进一步爆炸性地增长，传统的单机服务器和数据仓库开始不堪重负，云计算平台应运而生，大数据的概念异军突起。2012 年《纽约时报》专栏写道“大数据时代已经降临”，掀起了大数据的热潮。我国也称 2013 年为“大数据元年”。这一年里各种官方媒体和民间的声音都开始热议大数据的未来。在大数据时代，机器学习成为热门的方法论，使得一个学术领域的概念在业界得以大规模应用。

数据挖掘和机器学习中的很多方法非常类似，甚至可以看作一套方法论在不同时代的两个名词。如果要细究其中的差异，一般认为机器学习偏重于方法，数据挖掘偏重于流程。通常在业界应用中不去区分这两个概念，可以简单地认为“使用机器学习方法、遵循数据挖掘流程”来进行数据分析。

6.1.1　海量数据与数据挖掘

数据挖掘指从大量的数据中通过算法挖掘出隐藏于其中的信息的过程，一开始是为解决行业中海量数据的问题而生。其风格也比较偏业界，尤其是结合了很多数据库管理的技术。常见的数据挖掘技术包括分类、回归、异常监测、聚类、关联规则、序列挖掘等。读者可以发现这些方法和机器学习里的方法没有什么区别。数据挖掘的关键在于使用这些方法来解决问题，是一个工程特征非常明显的方法体系。本节以一个数据挖掘项目为例，展示利用数据挖掘知识过程中至少要包括的六个步骤。

1. 问题理解

数据挖掘项目中最为重要的是清晰地定义问题。将商业目标与适用的数据分析技术相匹配并不是一件容易的事情，所以数据挖掘项目的首要任务就是明确问题和理解问题，并将其映射成具体的数据挖掘任务。研究者要站在业务的角度来考虑问题，分析问题涉及的因素，厘清哪些因素和数据相关，以及期待的挖掘结果是什么。

除了弄清楚问题，研究者还需要评估现有的条件，根据资源和约束，判断挖掘项目的可行性。这里的资源主要指能得到的数据，以及业务领域的支持程度。约束指对成果的要求、时间上的要求、运算能力的限制等。很多时候，分析者希望把最前沿的技术或者既往的有效经验应用在新的项目中，但是如果数据不符合要求或者业务流程不支持，终究是缘木求鱼。因此这个问题要在项目伊始就评估清楚。

2. 数据理解

数据理解是在问题理解的基础上明确业务数据意义的过程，也是下一阶段中数据准备的铺垫。这会涉及研究者对数据变量的理解，其关键在于数据中的变量如何对应到真实世界中事物的特征。例如想描述一个餐厅的经营情况，基于直觉的朴素判断可以看吃饭的人多不多，或者每天的进账如何，或者看老板最后赚了多少钱，对应到数据变量则是客流量、日销售额、利润。

对于数据变量，除了要匹配真实世界的具体含义，还要易于获取和采集。例如虽然每位餐厅老板都想知道顾客最终进店的转化率，但在线下实体餐厅很难采集到“考虑”过这家店又最终离开的顾客的信息，在一些分析中就只有放弃这个变量。对于能采集的数据，研究者还要了解数据的采集方式、采集频率、数据结构、缺失情况、异常值情况等诸多问题。此外，由于很多数据都存在于数据库信息系统中，研究者还要了解数据的存储方式和获取的技术难度。

3. 数据准备

数据准备步骤是在数据理解的基础上对数据进行整理和转换，以解决原始数据通常散于各处或与数据分析所需形式存在差异的问题。本书将在9.3 节数据仓库和商业智能中介绍数据仓库中的 ETL（抽取、转换、加载）。这是基于工程方法的解决方案，可以通过自动化的程序脚本来清理和转换特定的数据集。

在数据准备阶段，除了对数据进行清洗、转换，研究者通常还需要进行特征选择。在数据挖掘和机器学习中，变量常称为特征，有时候数据中的相关特征太多，会造成维度过高的问题，在一些模型中也可能会相互干扰。如果基于经验或者模型提前进行特征选择，会对分析带来很大的便利。特征选择的过程也是分析的过程，一些常用的数据可视化的方法也能用来帮助特征选择。

4. 数据建模

数据建模是利用模型对数据进行分析的过程，通常需要研究者先选择模型和评价方式（比如损失函数），基于算法实现分析并进行检验。如果模型与数据的匹配程度不好，还需要研究者不断地调节参数或选择新的模型。如此循环往复，直到选择出一个适合当前数据的模型为止。

本章介绍的方法都是具体的模型，例子中的数据也是已经处理好的，读者可以直接在 R 和 Python 中调用，无须考虑数据来源和业务问题。但在现实的数据挖掘项目中，研究者很难一开始就直接进入数据建模的环节，而是要经过前面的步骤对需求和数据有了深入的理解后才能更好地建模。对数据科学家来说，虽然数据建模的过程可能是分析的核心，但模型不能是空中楼阁，需要扎实的前期工作才能得到更好的结果。

5. 模型评估

数据建模步骤中研究者会从技术角度对模型进行评价，但好的数据挖掘过程还需要从业务的角度进行评估。研究者通常要评价模型的普适性、有用性、可解释性和新颖性。普适性指模型是否依赖于某些特定的条件和假设，以及业务数据中是否满足这些条件。有用性指模型和业务活动的关联性，譬如模型是否有足够的预测能力。可解释性指模型是否有助于理解业务中的问题。新颖性指模型是否发现了业务人员以前不了解的新结论。

通过这些方面的评估，研究者可以判断该数据挖掘项目是可以使用、失败终止还是需要修正。进入修正阶段即开始新一轮的迭代，从数据理解、数据准备再到建模，重来一遍。如果模型的结果达不到预期，或者考虑到项目的时间和其他资源限制，终止项目、及时止损也是研究者的一种最佳决策。数据挖掘要基于数据，受限于客观条件和自然规律，很多时候并不是强行靠模型与算法就一定能得到预期的结果，需要研究者具有理性的评估能力。

6. 模型部署

如果模型评估的结论是可以使用，就需要研究者将其部署到实际的应用环境中。通常存在两种应用场景：一种是生成正式的数据挖掘报告，给出分析结论供决策人员参考；另一种是将模型定制成专门的软件或网络系统，可以直接在线使用。在研究型的问题中第一种场景居多，在应用型的问题中第二种场景居多。模型的部署通常会融入生产环境，直接对业务进行提升。

在学术领域，建立模型得到结论后往往意味着工作的结束。但在产业领域，模型和结论只是工作的开始，后续要部署到生产平台中创造价值，并接受现实的考验。比如在电商系统中，建立预测模型来预测不同客户的喜好，是典型的建模过程。把模型部署到电商平台上，给每个用户进行实时推荐，才是真正的模型应用。直到转化率能因为推荐而提升，才算是研究者完成了数据挖掘的工作并创造了价值。

6.1.2 大数据与机器学习

大数据时代，对数据的深入挖掘和应用成为一门关于数据的科学。学术界和业界的研究者广泛参与其中，各种新的机器学习方法层出不穷。从某种意义上来说，各种数据挖掘方法，甚至传统的统计学方法，都可以纳入机器学习的框架中进行研究，或者在机器学习框架下针对新的数据问题发扬光大。本书采用 Mitchell (2003)对机器学习的定义：

> 如果一个计算机程序针对某类任务 T 的用 P 衡量的性能根据经验 E 来自我完善，那么称这个计算机程序在从经验 E 中学习，针对某类任务 T，它的性能用 P 来衡量。

在机器学习中，任务 T 的概念可以很宽泛，常见的任务种类包括分类、回归、聚类、异常检测等。为了评估机器学习算法的能力，研究者必须设计其性能的定量度量标准，记为 P，是特定于系统执行的任务 T 而言的，例如分类任务，可以使用**准确率**（accuracy）进行度量。经验 E 通常是指从数据集中获取的经验，根据学习过程中的不同经验，机器学习算法可以大致分类为**无监督**（unsupervised）算法和**有监督**（supervised）算法。

机器学习的核心在于学习，学习来源于经验，确保经验科学性的关键在于可度量。数据科学的思想与之一致，可以参考同样的框架进行定义。因为所有的经验都源自数据，这套分析的思想也称为数据驱动。与之相对的是基于演绎推理的可以不依赖数据和学习的专家系统。对于这两种模式，研究者可以在人工智能的框架下展开讨论，其关系如图 6–1 所示。

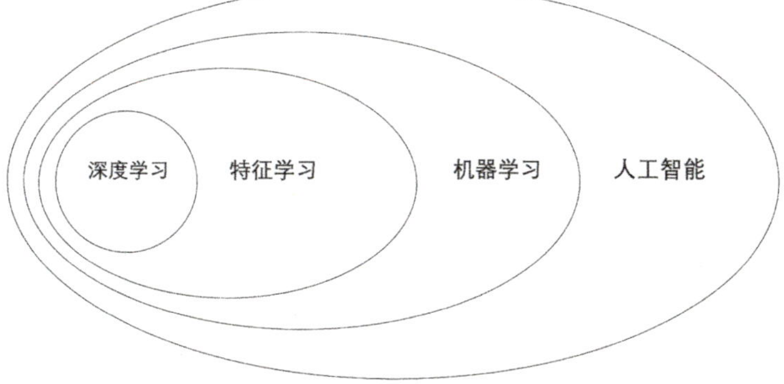

图 6–1　机器学习和人工智能

广义的人工智能包含基于经验主义的机器学习和一些其他方法，比如 20 世纪 70 年代主流的基于演绎推理的专家系统。机器学习中包含了特征学习和非特征学习：很多统计模型

(如回归分析)都属于非特征学习,需要研究者筛选并指定特征后建立模型;特征学习的方法可以自动学习特征并进行筛选,研究者只需将所有的特征输入即可。在特征学习中又包含深度学习和浅度学习。当前人工智能的主流技术属于深度学习,基于多层的神经网络来实现。本书在 7.1 节人工智能简史中对人工智能的具体技术进行了详细介绍。

在 2.1 节 R 简介中介绍的设计矩阵是机器学习的各项任务中所使用的最主要的二维数据结构。在 R 和 Python 中,设计矩阵都通过**数据框** (data frame) 来实现。每一行代表一个样本,也称**示例** (instance)、**个案** (case)、**记录** (record)。每一列代表一个**特征** (feature),或称**变量** (variable)、**属性** (attribute)、**字段** (field)。每个样本的结果,在机器学习中称为**标签** (label) 或者**目标** (target),类似于统计方法中的"因变量",拥有了标签的样本称为**样例** (example)。

研究者把机器学习方法分为无监督学习和有监督学习。简单来说,不使用数据集中的标签信息的方法是无监督方法,是纯粹基于数据学习出有用的结构性质,比如聚类分析。有监督学习则利用数据集的标签特征进行学习,比如回归、分类等任务。还有一些方法可以充分利用未标记样本,做一些将未标记样本所揭示的数据分布信息与类别标记相联系的假设来辅助提升学习效果,称为**半监督** (semi-supervised) 学习。本书主要介绍一些常见的无监督学习与有监督学习的方法。

6.2 无监督学习

无监督学习的数据样本中不包含标签信息,因此无须学习现成的模式,而是从数据自身的规律入手探寻内在的结构。如果从特征的角度来看,研究者可以研究变量之间的关系,例如在多维数据的情况下研究降维,常见的方法如主成分分析。如果从样本的角度来看,研究者可以研究个体之间的关系,例如找到比较相近的群体划分为不同区格,常见的方法如聚类分析。

6.2.1 主成分分析

本书在 4.3 节可计算原则中介绍了主成分分析的原理和思路。这是一种常见的无监督学习方法。当数据集的变量数很多的时候,研究者使用该方法找到前几位的主成分来解释大量的变量。这种降维方法可以帮助研究者更直接地了解数据中的规律。本节使用"decathlon"数据集进行示例,这是 41 位运动员在 2004 年奥运会和 2004 年 Decastar 赛事上的十项全能成绩,包含 10 个项目的具体成绩以及最后的总分和排名。首先读入这些数据:

R 代码

```r
d1 <- read.csv("decathlon.csv")
rownames(d1) <- d1$name
d1$name <- NULL
```

Python 代码

```python
import pandas as pd
d1 = pd.read_csv("decathlon.csv")
d1 = d1.drop(['name'], axis=1)
```

在 R 中可以使用内置的 princomp 函数进行主成分分析，Python 中 sklearn 也包含了主成分分析的方法，将数据框传入相关的函数即可求解：

R 代码	Python 代码
#	from sklearn.decomposition import
#	PCA
pca1 <- princomp(d1)	pca1 = PCA(n_components=2)
summary(pca1)	pca1.fit(d1)
screeplot(pca1, type = "line")	pca1.explained_variance_ratio_

默认的输出结果都比较简单，只有每个主成分能解释的方差占比。R 中的 screeplot 函数可以将该结果绘制成悬崖碎石图，如图 6–2 所示。该图形展示了每个主成分的方差占比，悬崖越陡峭，说明前面的主成分占比越大，也就意味着解释性越好。

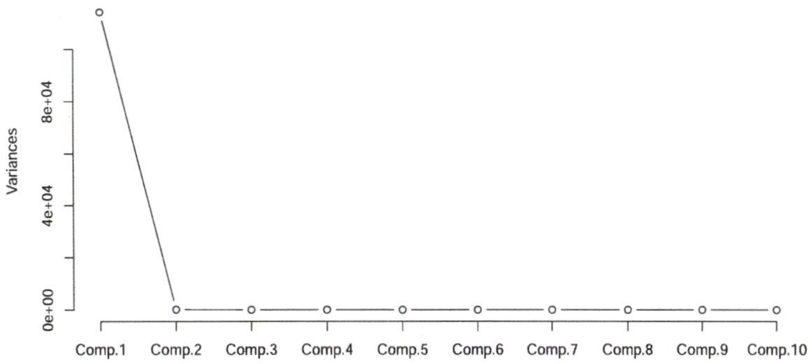

图 6–2　悬崖碎石图

在 R 和 Python 中还可以计算主成分的得分和载荷，从而进一步解释主成分和变量之间的关系。研究者可以借助 R 中 FactoMineR 包的可视化方法进行解释，如图 6–3 所示。

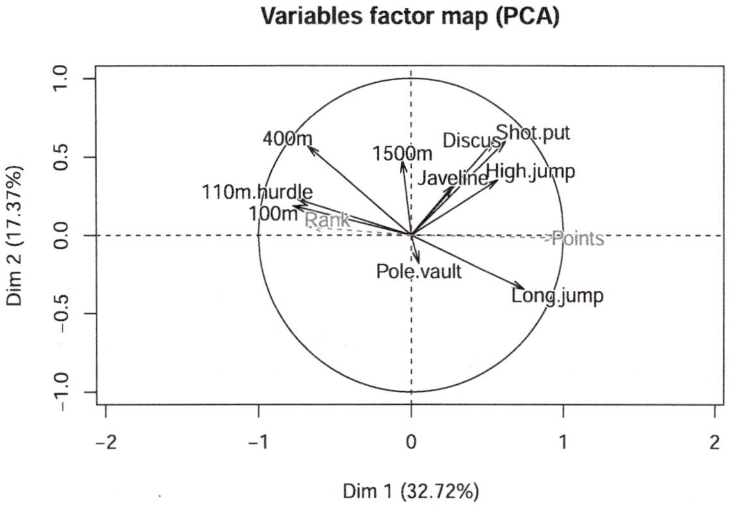

图 6–3　主成分分析的结果示例

从图中可以看出，第一个维度很明显地与成绩紧密相关（因为“Points”与“Rank”变量非常贴近于 X 轴，其值越大说明得分越高、排名数值越小），第二个维度与 1 500 米长跑的方向非常一致，与撑杆跳高（Pole.vault）相反。研究者可以认为这是一个描述耐力的维度。可以发现，跳高（High.jump）、跳远（Long.jump）、百米跑和 110 米栏等项目与最终的总成绩关系比较大，一般跳高跳远强的选手最后 10 项全能的成绩比较好，而百米跑和 110 米栏强的选手的最终成绩可能反而不太好。

以上是针对多维数据（10 个运动项目，10 维）的一个主成分分析示例，分析的角度主要是解释变量之间的关系，这也是主成分分析最主要的应用之一。此外，研究者还可以基于主成分分析结果进一步进行聚类分析、构建指数等，具有广泛的应用价值。

6.2.2 聚类分析

聚类分析（clustering）是把数据分成不同类别的过程，针对变量的聚类称为 R 型聚类，针对样本的聚类称为 Q 型聚类。对二维数据来说，Q 型聚类和 R 型聚类的算法没有本质的区别，只在应用意义上有差异。在机器学习实践中，基于样本的 Q 型聚类使用较多，因此本节在措辞上以 Q 型聚类为例进行介绍。

聚类的方法有很多种，以类内差异最小化、类间差异最大化为目标。最直观的思路是将不同距离程度的样本根据层次划分为树状结构，称为**层次聚类**（hierarchical clustering）；如果聚类结果可以使用一组原型来描述，并通过对原型不断迭代来求解，就称为**原型聚类**（prototype-based clustering），例如 k-means 聚类；当类别结构无法使用原型来描述时，可以用样本的紧密程度来进行描述，称为**密度聚类**（density-based clustering）。

1. 层次聚类

研究者把样本当成空间中的点，用点的距离来描述样本之间的差别。最常用的距离是欧氏距离，对于向量 $x = [x_1, x_2, \cdots, x_n]$ 和 $y = [y_1, y_2, \cdots, y_n]$，其欧式距离 d_{xy} 的定义如下：

$$d_{xy} = \sqrt{(x_1 - y_1)^2 + (x_2 - y_2)^2 + \cdots + (x_n - y_n)^2}$$

此外还有曼哈顿（Manhattan）距离（$|x_1-y_1|+|x_2-y_2|+\cdots+|x_n-y_n|$）、明氏（Minkowski）距离（$(|x_1 - y_1|^P + |x_2 - y_2|^P + \cdots + |x_n - y_n|^P)^{\frac{1}{P}}$）、余弦距离等。层次聚类从点的距离入手，遍历所有点，将距离最近的点与点、点与类、类与类连接在一起，形成树状的层次结构。如此反复迭代，直至汇集到一个类。

其中的关键是计算类与类（或者点与类）的距离，常用的有**类平均法**（average linkage）、**最短距离法**（single linkage）和**最长距离法**（complete linkage）。类平均法计算两个类所有点的两两距离，然后取平均值；最短距离法以两个类之间点的距离的最小值为类距离；最长距离法以两个类之间点的距离的最大值为类距离。在 R 和 Python 中可以直接调用函数进行聚类：

R 代码

```r
d1 <- read_excel("football.xlsx")
rownames(d1) <- d1$team
d1$team <- NULL
dist1 <- dist(d1)
h1 <- hclust(dist1,
  method = "average")
cutree(h1, k = 3)
plot(h1, hang = 0.1)
```

Python 代码

```python
d1 = pd.read_excel("football.xlsx")
d1.index = d1['team']
d1 = d1.drop(['team'], axis=1)
import scipy.cluster.hierarchy
as hcluster
h1 = hcluster.fclusterdata(d1,
  criterion = 'maxclust', t = 3)
h1
```

示例数据来自 2016 年欧洲足球锦标赛各球队的表现值，包括每场比赛的平均射门数、抢断数、铲球数、传球数、犯规数等变量。本节使用层次聚类的方法可以将其聚为三个类。在 R 中还可以直接绘制出结果的层次结构，如图 6–4 所示。

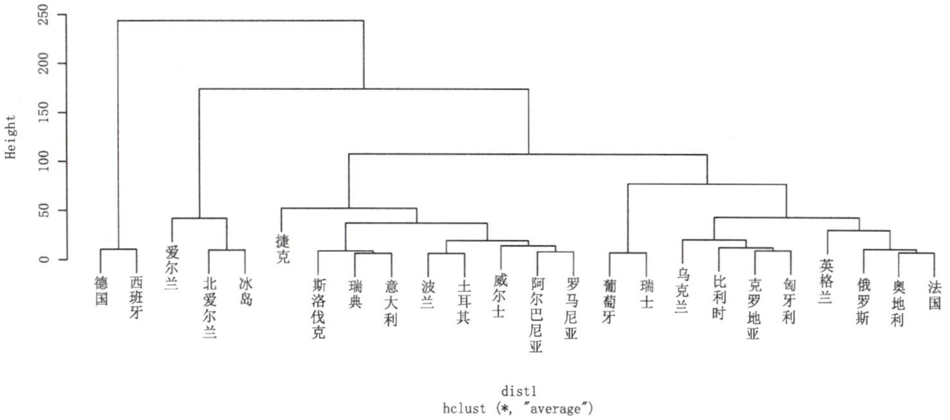

图 6–4　层次聚类

读者可以看到所有球队之间的树状结构，处于同一个子节点下的两个叶节点（或者中间节点）的距离是最近的，理论上可以基于该结构聚成各种类。当样本量不大的时候，层次聚类的解释性非常好，因此比较常用。但当样本量过大时，由于很难观察到个体且计算性能不好，层次聚类很少使用。

2. *K*-means 聚类

K-means 聚类，也称 *K* 均值聚类。它的基本思路是先指定最终类的个数 *K*①，再随机取 *K* 个点作为初始的类中心点，计算各样本点与类中心点的距离，距哪个类中心点更近就归入哪一类。所有样本归类完成后，将每一类中所有点的均值作为该类的新中心点，重复迭代这个过程直至类中心点变化很小。

图 6–5 描述了某个 *K*-means 算法的最初两步迭代。左图是第一次迭代，随机选择了三个类中心点，将距离它们最近的点归入该类，用阴影表示。读者可以发现这三个初始的类中

① 比如希望聚成三类，则 *K* 为 3。

心点都在类的边缘位置，效果并不好。基于这三类，计算各点坐标的平均值，得到新的中心点，如右图所示。然后再把距离它们最近的点归入该类，得到了新的分类方式，可以看出阴影面积与之前不同。如此迭代，直到中心点不再变化为止。

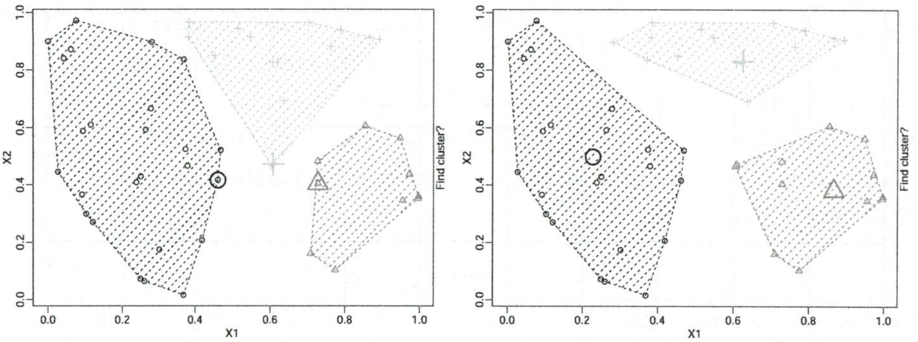

图 6–5 k-means 聚类算法示例

在工程应用中存在迭代多轮后类中心点仍不停止更新的情况。虽然类中心点可能只有微小变化，对聚类结果影响不大，但是程序一直不终止。研究者通常会设定一个最大迭代次数 $iter.max$，到迭代次数后自动终止程序，输出当前结果。详细的步骤如算法 6。

算法 6: K-means 算法

Input: 数据集 $\mathcal{X}_n=\{\boldsymbol{X}_1,\boldsymbol{X}_2,\cdots,\boldsymbol{X}_n\}$；类别数 k；最大迭代次数 $iter.max$。

Output: 类别的划分 $C=\{C_1,C_2,\cdots,C_k\}$；均值向量（中心点）$\boldsymbol{\mu}=\{\mu_1,\mu_2,\cdots,\mu_k\}$。

for $j\leftarrow 1$ to $iter.max$

1. 从数据集 $\mathcal{X}_n$ 中随机选择 k 个样本作为初始均值向量 $\{\mu_1,\mu_2,\cdots,\mu_k\}$
2. 计算各样本点 $\boldsymbol{X}_m(1\leqslant m\leqslant n)$ 与各均值向量 $\mu_i(1\leqslant i\leqslant k)$ 的距离，如果 $\boldsymbol{X}_m$ 到 μ_{λ_m} 的距离最小，则将其归入 C_{λ_m} 类
3. 对于每个类别 C_l，将其中所有点的坐标取均值，得到新的均值向量 μ_l'
4. 如果 μ_l' 相对于 μ_l 不再更新，终止程序，输出 C 和 $\boldsymbol{\mu}$，否则将当前 μ_l 更新成 μ_l'

end

仍以欧洲足球锦标赛球队数据为例，在 R 和 Python 中实现 K-means 聚类分析。Python 中 sklearn 框架的 cluster 模块包含该方法。R 默认的 kmeans 函数可以实现 K-means 聚类，但计算性能不是很好。研究者一般使用 cluster 包中的 pam 函数来计算 K-means 聚类的结果。代码如下：

```
R 代码                          Python 代码

#
library(cluster)                from sklearn.cluster import KMeans
km1 <- pam(d1, 3)               km1 = KMeans(n_clusters = 2)
km1                             km1.fit(d1)
km1$medoids                     km1.cluster_centers_
km1$clustering                  km1.labels_
```

R 和 Python 都能输出聚类的结果，即每个样本属于何种类别的标签。此外还会输出均值向量，读者可以看到这三个类别中各项指标的情况，从而更好地理解不同类的特征。比如本例结果中，从代表中心点的均值向量来看，第 1 类以阿尔巴尼亚为代表，射门数和传球数都非常低，铲球和抢断都很高；第 2 类以俄罗斯为代表，射门和传球数居中，铲球、抢断和犯规都很少；第 3 类以德国为代表，射门、传球、抢断都非常高。图 6–6 是使用 R 中 `factoextra` 包之 `fviz_cluster` 函数绘制的聚类结果图，用前两个主成分来展现所有变量，并把所有球队所代表的点和聚类结果画在一起。

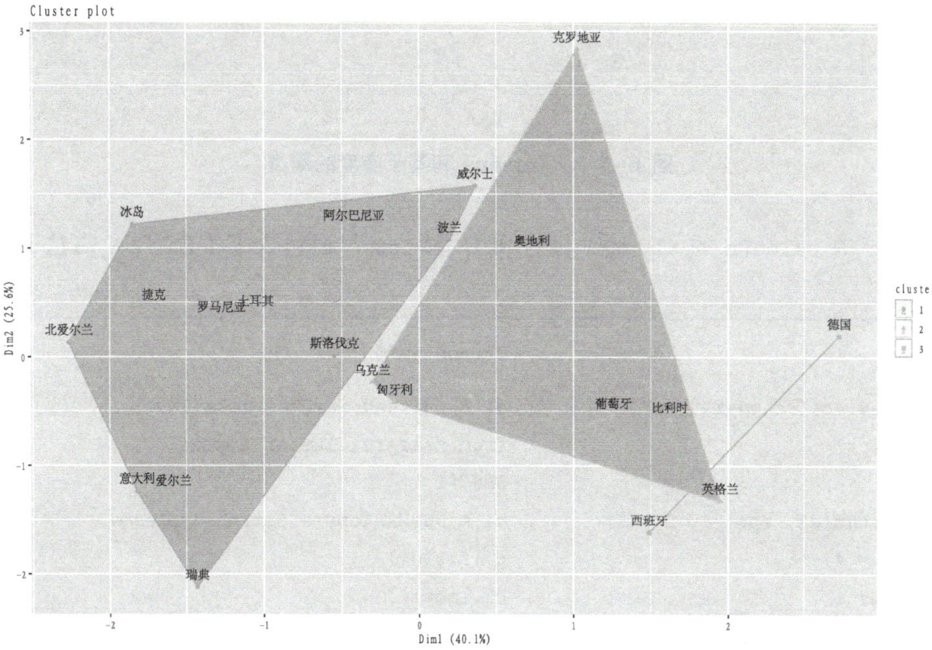

图 6–6 *K*-means 结果示例

在实际应用中，研究者需要结合相关领域的经验，对这些类进行描述，也称“打标签”。比如在本例中，通过以上对三个类别中心点的分析，可以对第 1 类命名为“防守型踢法”，对第 2 类命名为“佛系踢法”，对第 3 类命名为“Tiki-Taka”踢法。读者完全可以发挥自己的想象力和对足球的理解来自由命名，这也是 *K*-means 聚类分析在具体应用中的关键所在。

3. 密度聚类

K-means 聚类等基于原型的聚类方法通常假设每个类都是簇状的，因此可以通过点到类中心点的距离来进行聚类。但是有时候数据之间的集中规律并不是簇状的，比如图 6–7 的左图。两类数据呈带状且“纠缠”在一起。如果研究者使用 *K*-means 聚类，会发现有一些边缘的点被聚到了错误的类中①。这种情况下研究者需要使用其他的聚类方法，比如基于密度的聚类。最常见的是 DBSCAN 算法，聚类结果如图 6–7 的右图所示，读者可以看到其结果与分布一致。

① 图中的实心点和空心点有些未能连在一起。

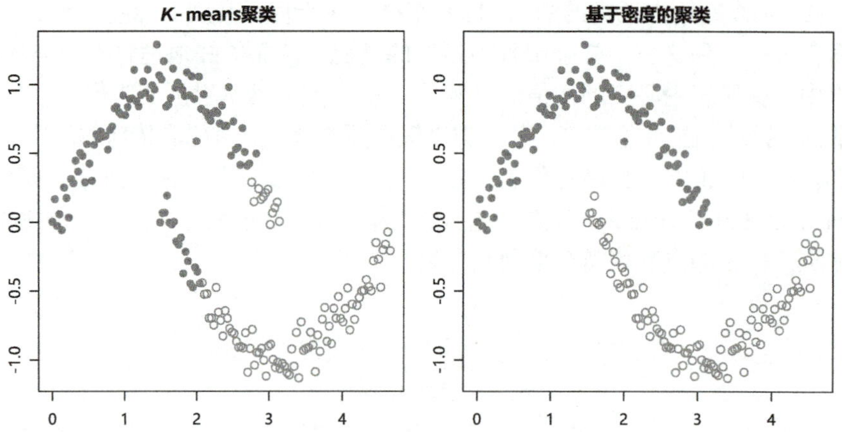

图 6–7 *K*-means 和基于密度的聚类

Python 中 sklearn 的 cluster 模块和 R 中 fpc 包都包含了 DBSCAN 算法，如下所示：

R 代码	Python 代码
`d1 <- read.csv("cludata.csv")`	`d1 = pd.read_csv("cludata.csv")`
`library(fpc)`	`from sklearn.cluster import`
`#`	`DBSCAN`
`c1 <- dbscan(d1, eps = 0.5, MinPts = 4)`	`c1 = DBSCAN(eps=0.5,min_samples=4)`
	`c1.fit(d1)`
`c1$cluster`	`c1.labels_`

在 DBSCAN 算法中，首先将数据样本点分成以下三类：

- 核心点：如果某个点的邻域内点的个数超过某个阈值，则它是一个核心点，即表示它位于类的内部。
- 边界点：如果某个点不是核心点，但它落在核心点的邻域内，则它是边界点。
- 噪声点：非核心点也非边界点。

在算法中会定义参数 eps 和 MinPts（Python 中为 min_samples），eps 定义邻域的半径大小，如果过大，则所有的点都会归为一个类。MinPts 定义阈值，如果邻域中有 MinPts 个点以上，则该点定义为核心点。算法运行时，会基于定义将所有点标记为核心点、边界点或噪声点，并将任意两个距离小于 eps 的核心点归为同一个类。任何与核心点足够近的边界点也放到与之相同的类中，从而得到聚类的结果。

6.3 有监督学习

有监督学习的数据样本中包含了标签的信息。如果标签对应的特征是连续变量，可以使用回归分析来研究标签和其他特征之间的关系；如果标签对应的特征是离散变量，可以使用分类模型来研究标签和其他特征之间的关系。无论回归还是分类，模型都可以基于特征预测标签。此外，有些模型如果能够显式地描述特征和标签之间的关系，可以用来解释数据之间的规律。

6.3.1 回归分析

本书在 4.1 节可重复原则中以线性回归模型为例，介绍了数据科学中的可重复原则。式 (4–1) 描述了一个多元线性回归的方程：

$$Y = \beta_0 + \beta_1 X_1 + \beta_2 X_2 + \cdots + \beta_p X_p + \varepsilon$$

为保证回归模型参数估计的性质，研究者通常进行如下假设：

- **自变量非随机**。自变量 X 不是随机变量，因变量 Y 为随机变量。
- **高斯马尔可夫条件**。每个随机误差项之间不相关，随机误差项的期望都为 0，方差都相等。
- **正态性**。误差项服从正态分布，且每个随机误差之间彼此独立。
- **满秩**。样本数量大于变量数量。

回归模型可以表示成矩阵形式 $Y = \boldsymbol{X}\beta + \varepsilon$，可以使用最小二乘法来求解，即寻找参数 β 的估计值 $\hat{\beta}$，使得离差平方和 $Q = \sum_{i=1}^{n}(y_i - \hat{\beta}_0 - \hat{\beta}_1 X_{i1} - \cdots - \hat{\beta}_p X_{ip})^2$ 达到极小。根据微积分中的极值原理可得方程组（第 j 个方程）：

$$\frac{\partial Q}{\partial \hat{\beta}_j} = 0$$

整理后可得矩阵形式的方程组：

$$\begin{aligned}
&\boldsymbol{X}'(Y - \boldsymbol{X}\hat{\beta}) = 0 \\
&\Rightarrow \boldsymbol{X}'\boldsymbol{X}\hat{\beta} = \boldsymbol{X}'Y \\
&\Rightarrow \hat{\beta} = (\boldsymbol{X}'\boldsymbol{X})^{-1}\boldsymbol{X}'Y
\end{aligned}$$

在编程环境中使用矩阵运算可以直接得到上述估计结果。对于一个完整的回归分析来说，研究者除了参数估计，还需要对模型进行显著性检验（F 检验）、对参数进行显著性检验（t 检验），并诊断是否存在多重共线性、序列自相关性等。读者可以调用 R 和 Python 中的函数来进行回归分析：

R 代码

```
#
#
#
m1 <- lm(y ~ x1 + x2, data = d0)
summary(m1)
```

Python 代码

```
import statsmodels.api as sm
X = d0[['x1', 'x2']]
y = d0['y']
m1=sm.OLS(y,sm.add_constant(X))
m1.fit().summary()
```

R 内置的 stats 包中包含了 lm 函数，是经典的线性回归模型求解工具，其分析结果的对象中包含了各种常见的统计量。Python 常用的机器学习包是 sklearn，不过其输出结果比较简单。在做回归分析的时候，研究者通常选用 statsmodels，其使用方式和输出结果与 R 类似。以上代码的输出结果如图 6–8 所示，方框圈出的部分是参数的估计值。

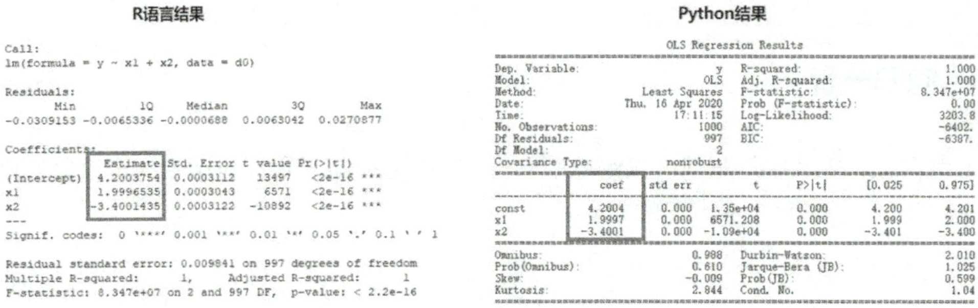

R语言结果

```
Call:
lm(formula = y ~ x1 + x2, data = d0)

Residuals:
       Min         1Q     Median         3Q        Max
-0.0309153 -0.0065336 -0.0000688  0.0063042  0.0270877

Coefficients:
             Estimate Std. Error t value Pr(>|t|)
(Intercept) 4.2003754  0.0003112   13497   <2e-16 ***
x1          1.9996535  0.0003043    6571   <2e-16 ***
x2         -3.4001435  0.0003122  -10892   <2e-16 ***
---
Signif. codes:  0 '***' 0.001 '**' 0.01 '*' 0.05 '.' 0.1 ' ' 1

Residual standard error: 0.009841 on 997 degrees of freedom
Multiple R-squared:      1,	Adjusted R-squared:      1
F-statistic: 8.347e+07 on 2 and 997 DF,  p-value: < 2.2e-16
```

Python结果

```
                            OLS Regression Results
==============================================================================
Dep. Variable:                      y   R-squared:                       1.000
Model:                            OLS   Adj. R-squared:                  1.000
Method:                 Least Squares   F-statistic:                 8.347e+07
Date:                Thu, 16 Apr 2020   Prob (F-statistic):               0.00
Time:                        17:11:15   Log-Likelihood:                 3203.8
No. Observations:                1000   AIC:                            -6402.
Df Residuals:                     997   BIC:                            -6387.
Df Model:                           2
Covariance Type:            nonrobust
==============================================================================
                 coef    std err          t      P>|t|      [0.025      0.975]
------------------------------------------------------------------------------
const          4.2004      0.000   1.35e+04      0.000       4.200       4.201
x1             1.9997      0.000   6571.208      0.000       1.999       2.000
x2            -3.4001      0.000  -1.09e+04      0.000      -3.401      -3.400
==============================================================================
Omnibus:                        0.988   Durbin-Watson:                   2.010
Prob(Omnibus):                  0.610   Jarque-Bera (JB):                1.025
Skew:                          -0.009   Prob(JB):                        0.599
Kurtosis:                       2.844   Cond. No.                         1.04
==============================================================================
```

图 6–8　回归分析输出结果

6.3.2 分类问题和分类性能评估

本书在 4.3 节可计算原则中介绍了线性判别分析（LDA）。这是一种典型的分类方法，其基本思路就是通过线性投影将数据降到一维，使得在一维空间中也能够很好地将数据进行分类。本节基于具体例子介绍该方法在 R 和 Python 中的实现。数据如表 6–1 所示，是一个糖尿病检测指标的数据集，变量 “class” 为 “pos” 表示阳性（患病），“neg” 表示阴性（未患病），其他的变量是各项指标的标准化数值。

表 6–1　糖尿病数据示例

pregnant	glucose	pressure	triceps	insulin	mass	pedigree	age	class
0.53	0.76	−0.03	0.53	0.07	0.16	0.38	0.9	pos
−1.09	−1.43	−0.52	−0.01	−1.22	−0.93	−0.43	−0.21	neg
0.9	1.58	−0.69	−1.01	0.21	−1.52	0.47	−0.11	pos
−1.09	−1.25	−0.52	−0.62	−0.67	−0.68	−1.37	−1.56	neg
⋮	⋮	⋮	⋮	⋮	⋮	⋮	⋮	⋮

这是一个典型的分类问题，研究者可以用已有的检测数据训练一个分类模型，当新的患者进行检测之后，把数据输入模型即可预测其是否罹患糖尿病。这个用来训练模型的数据称为训练集，如果还有其他的数据用来测试模型的结果，则称为测试集。在 R 和 Python 中读入以 Excel 格式存储的数据。代码如下：

R 代码

```r
library(readxl)
d1 <- read_excel("diabetes.xlsx")
X <- d1[, names(d1) != "class"]
y <- factor(d1$class)
```

Python 代码

```python
import pandas as pd
d1 = pd.read_excel("diabetes.xlsx")
X = d1.drop(['class'], axis=1)
y = d1['class']
```

在 Python 中有一个名为 scikit-learn 的项目，集成了大量机器学习方法和常用工具，包括分类、回归、聚类、降维、模型选择、数据预处理等功能。研究者通过这个项目可以实现几乎所有的主流机器学习方法。该项目以 sklearn 包的形式使用，在 Python 中直接安装和调用即可。R 的统计学和机器学习方法虽然更加丰富，且包含很多专业的细分领域和最新的学术研究成果，但由于第三方包通常散落在各处，选择成本比较高。对于分类模型而言，caret 包提供了一个非常好的框架，整合了一些常用的模型，并且提供了一整套、训练、优化、评估的机制，不逊于 scikit-learn。以下是基于 R 的 caret 包和 Python 的 sklearn 训练一个 LDA 模型的代码：

R 代码	Python 代码
`library(caret)`	`from sklearn.discriminant_analysis`
`library(MASS)`	`import LinearDiscriminantAnalysis`
`m1 <- train(X, y, method = "lda")`	`m1 = LinearDiscriminantAnalysis()`
`#`	`m1.fit(X, y)`
`m1$results`	`m1.score(X, y)`

读者可以发现，R 和 Python 的操作比较类似，都是把自变量矩阵以数据框（例子中定义为“X”）的形式传入，把因变量以向量（例子中定义为“y”）的形式传入。R 中是函数式操作，统一使用 train 函数，通过参数 method 来选择模型，最后得到一个输出对象，并从中提取模型的各种结果。Python 中是对象式操作，通过 LinearDiscriminantAnalysis 函数定义一个机器学习的对象，然后使用对象中的 fit 方法来拟合数据，使用 score 查看结果。

假设模型预测一个人患了糖尿病，而诊断金标准也显示确实是糖尿病，就说明预测对了，反之则预测错了。如果要评估一个模型的好坏，研究者希望预测对的样本越多越好、预测错的样本越少越好。对于分类问题，可以用比较预测值和真实值的方式来评价模型的好坏，如图 6–9 所示。图 6–9 的左图描述了一个二分类问题。假设数据包含 A 和 B 两类，每一个数据都可能被预测成 A 或者 B，把真实值和预测值做一个列联表。真实值和预测值匹配的用圆圈表示，不匹配的用叉号表示。可以看到存在 4 种不同的情况：把 A 预测成 A、把 A 预测成 B、把 B 预测成 A、把 B 预测成 B。右图是一个三分类问题，不难发现一共有 9 种情况，只有 3 种情况下预测正确，其他 6 种情况都表示预测错误。如果类别大于 3，各种组合方式将会更加复杂，在实际的操作中，可以把多分类问题转化成二分类问题。比如对于包含 A、B、C 的三分类问题，研究者可以将其转换成是否为 A、是否为 B、是否为 C 这三个二分类问题。不失一般性，本节后面统一以二分类的情况为例，实际上可以解决多分类问题。

在二分类问题中，把 A 预测成 B 和把 B 预测成 A 都是错误预测，但是在实际应用中的代价可能不同。比如把患有糖尿病错误地预测成非糖尿病，代价是耽误了治疗（其病情可能要在加重后才被发现），如果把非糖尿病错误地预测成糖尿病，代价可能是错误地治疗，造成药物中毒之类的后果。这些错误的代价在不同的应用场景中存在差异，需要研究者结合具体问题进行判断。

在大部分的分类应用中，人们感兴趣的方向可能不同，通常把感兴趣的类别称为**阳性**（positive），不感兴趣的类别称为**阴性**（negative）。此处的阳性和阴性不涉及价值判断，只是一种标记形式。如果不确定对哪个类别更感兴趣，为了分析方便，可以任意指定其中一个类别为阳性。使用该标记形式可以定义预测的结果：

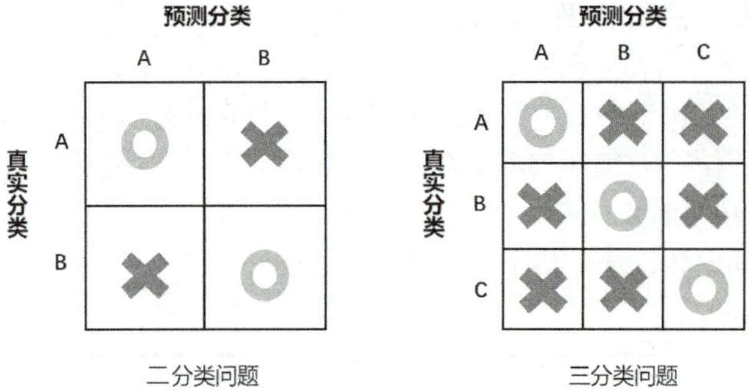

图 6–9 分类结果的评估

- 真阳性（TP）：把阳性样本正确地分类成阳性。
- 真阴性（TN）：把阴性样本正确地分类成阴性。
- 假阳性（FP）：把阴性样本错误地分类成阳性。
- 假阴性（FN）：把阳性样本错误地分类成阴性。

实际分析中需要预测的样本数通常不止一个，真实值和预测值之间数目的列联表可以对应一个矩阵，称为**混淆矩阵**（confusion matrix）。针对以上 4 种预测结果的各自数目，研究者构造出一系列评价指标来判断分类结果的好坏。

- **准确度**（accurary）。表示真阳性和真阴性的数目除以所有预测值的个数，计算公式为：(真阳性 + 真阴性) / 总数。
- **错误率**（error rate）。表示不正确分类的比例，等于 1 减去准确度。
- **精度**（precision）。也称为查准率，表示真阳性在所有预测为阳性例子中的比例，计算公式为：真阳性/ (真阳性 + 假阳性)。
- **召回**（recall）。也称为查全率，表示真阳性与阳性总数的比例，计算公式为：真阳性/ (真阳性 + 假阴性)。
- **灵敏度**（sensitivity）。也称为真阳性比率，度量了阳性样本被正确分类的比例，和召回的含义相同，计算公式为：真阳性/ (真阳性 + 假阴性)。
- **特异性**（specificity）。也称为真阴性比率，度量了阴性样本被正确分类的比例，计算公式为：真阴性/ (真阴性 + 假阳性)。
- **Kappa 统计量**。用来描述预测值和真实值之间一致的概率，可以消除一些因为完全偶然猜对的影响。0.6 以上表示效果不错，0.8 以上表示效果很好。
- **F1 分数**。可以看作是模型精度和召回的一种调和平均，它的最大值是 1，最小值是 0，值越高越好。

在这些指标中，准确度和错误率最常用，但无法衡量不同错误类型的代价，因此在实际中通常与精度和召回、灵敏度和特异性这两对指标结合使用。精度和召回在搜索领域使用较广泛。如果研究者想在网络上搜索某个问题，精度高说明在搜索出来的结果中包含真正想要的内容比例很高，而召回强调的是搜索出来的内容中要尽可能全地覆盖想要的内容，很多时候精度和召回难以兼顾，需要研究者根据实际的场景来决定偏向哪一方。灵敏度和特异性在医疗领域使用较广泛，灵敏度实际上就是召回，代表不放过任何疾病，比较适合用来筛查。

一般来说，研究者训练模型后使用新的数据集作为测试集来进行预测，才能客观地衡量模型的好坏。但“新”的数据集是一个非常开放的概念，很有可能模型在某些数据集上的效果很好，在另一些数据集上的效果很差。抑或用来测试的数据集太小，可能也会带来偏差。因此研究者通常使用两类误差来评估模型，一类是**训练误差**（training error），指模型在训练集上表现出的误差。另一类是**泛化误差**（generalization error），指模型在任意一个测试数据样本上表现出的误差的期望。

对任何训练集来说，训练误差是确定的。研究者直接把训练集拿来测试即可，也就是说建模之后用该模型来预测训练集的数据，并和之前真实值的标签进行比较并得到评估结果。本节基于训练误差来介绍分类模型的评估方法。主流的模式是先计算混淆矩阵，然后观察各类评价指标。R 和 Python 中都提供了计算各评价指标的方法。代码如下：

R 代码	Python 代码
`p1 <- predict(m1, newdata = X)`	`p1 = m1.predict(X)`
`#`	`from sklearn.metrics import`
`#`	`  classification_report`
`confusionMatrix(y, p1,`	`print(classification_report(y,`
`  positive = "pos")`	`  p1, labels=['pos', 'neg']))`

R 默认的输出结果是灵敏度、特异性、Kappa 统计量这套指标。Python 默认的输出结果是精度、召回、F1 分数这套指标。这只是默认的使用习惯不同，读者可以通过函数来计算其他的指标。在具体的分析问题中，研究者希望灵敏度与特异性（或者精度与召回）能同时达到高位。但在具体的模型中，这一对指标往往是此消彼长的，比如把判断属于某一类别的阈值定得很低，那么阳性样本就很容易正确分类，因此灵敏度就高。反之，把概率阈值设得很高，特异性就高。研究者可以通过调节阈值的方式得到一条关于灵敏度和特异性的曲线，称为接受者操作特征曲线（receiver operating characteristic curve），即 ROC 曲线，该曲线的下面积称为 AUC（area under curve）。每个阈值对应曲线上的一个点，研究者通常选取使得该点下方矩形面积最大的点作为最优阈值。代码如下：

R 代码	Python 代码
`library(pROC)`	`from sklearn.metrics import`
`prob1 <- predict(m1, newdata = X,`	`  roc_auc_score`
`  type = "prob")$pos`	`prob1 = m1.predict_proba(X)`
`roc(y, prob1)`	`roc_auc_score(y, prob1[:,1])`

R 中需要借助于 `pROC` 包，Python 可以直接使用 `sklearn`，计算出预测值属于某一类别的概率之后，就可以调用相关函数计算 AUC 值，并且可以绘制 ROC 曲线图：

R 代码	Python 代码
`#`	`from sklearn.metrics import`
`#`	`  roc_curve`

```
#
roc1 <- roc(y, prob1)
#
plot(roc1, print.auc = TRUE,
  print.thres = TRUE)
```

```
import matplotlib.pyplot as plt
fpr, tpr, thresholds = roc_curve(
  y,prob1[:,1],pos_label="pos")
plt.plot(fpr,tpr)
plt.show()
```

ROC 曲线的结果如图 6–10 所示，这是机器学习分类问题中最常用的结果评估图形。对于单个模型来说，可以选择曲线上的不同点来权衡评估方式。对于多个模型来说，可以利用 ROC 曲线进行模型的比较。当某个模型的 AUC 很大，说明分类效果很好。当 ROC 曲线接近 45 度对角线，说明该模型分类效果很差。如果模型 A 的 ROC 曲线完全在模型 B 的外侧，说明相同的灵敏度下模型 A 的特异性更好、相同特异性下模型 A 的灵敏度更好，因此具有全方位的优势。

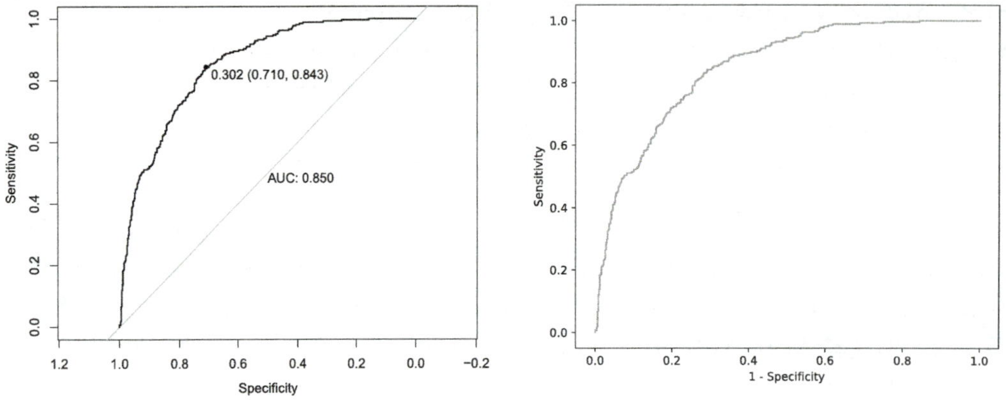

图 6–10　ROC 曲线

当研究者仅使用训练集来测试模型的预测效果，得出的结果都只能评价训练误差，容易产生过拟合现象。如果研究者使用新的数据集计算 AUC 和 ROC 曲线，就能衡量模型的泛化误差。一般而言，研究者可以将数据集中随机地划分 50% 的样本作为训练集，把剩余样本作为测试集。代码如下：

R 代码

```
trainid <- createDataPartition(
  1:nrow(d1), 1, p=0.5)[[1]]
m1 <- train(X[trainid,],
  y[trainid], method = "lda")
p1 <- predict(m1,
  newdata = X[-trainid,])
confusionMatrix(y[-trainid],
  p1, positive = "pos")
```

Python 代码

```
from sklearn.model_selection
  import train_test_split
x_train,x_test,y_train,y_test =
 train_test_split(X,y,test_size=.5)
m1.fit(x_train, y_train)
p1 = m1.predict(x_test)
print(classification_report(
  y_test,p1,labels=['pos','neg']))
```

实际项目的样本数据非常宝贵，如果留很多样本用于测试过于浪费。比较常用的方式是多折交叉验证 (Lantz, 2017)。研究者可以将数据随机分成 10 组，第一次用 1 ∼ 9 组建模，用第 10 组验证，第二次用 2 ~ 10 组建模，用第 1 组验证，依次轮换循环 10 次。综合查看这 10 次的测试结果来验证模型的效果，就可以比较科学地评估模型的泛化误差，同时避免过拟合的问题。

6.3.3　常用分类模型

除了 LDA 模型，还有很多其他的分类模型在数据科学的工作中得到了广泛的使用，本节以糖尿病检测数据集为例，介绍这些方法的基本原理和在 R 与 Python 中的实现方式。

1. 逻辑斯蒂回归

一般线性回归（general linear regression）要求因变量是连续变量且误差项要服从正态分布。[①] 如果因变量是分类变量，线性回归就不再适用了。对于二分类变量的问题，研究者可以使用逻辑斯蒂回归模型来分析处理。在**广义线性模型**（generalized linear regression）的框架下，逻辑斯蒂回归的响应变量为二分类数据，服从二项分布。响应变量期望值的函数与预测变量之间的关系为线性关系。和一般线性回归一样，逻辑斯蒂回归模型的自变量为各影响因素的线性组合，而因变量设为某事件发生的概率。由于概率的值域范围是从 0 ~ 1，所以需要对自变量线性组合施加一个函数变换，使该值域限制在 0 ~ 1 之间。这个函数称为连接函数：

$$p = \frac{1}{1 + \mathrm{e}^{-(\beta_0 + \beta_1 \cdot x)}} \tag{6–1}$$

由于函数 $f(x) = 1/(1 + \mathrm{e}^{-x})$ 称为逻辑斯蒂函数，所以这种形式的回归也称为逻辑斯蒂回归。逻辑斯蒂函数保证了因变量的取值范围在 0~1 之间。这是一个非线性函数，其系数解释起来并不方便。如果将两边进行对数变换并进行变形可以得到如下方程:

$$\log(p/(1 - p)) = \beta_0 + \beta_1 \cdot x \tag{6–2}$$

在式 (6–2) 中，p 为事件发生的概率，$1 - p$ 为事件不发生的概率，其比值称为事件发生比，又称**优势**（odds）。这样转换之后可以将其看作一个线性回归方程，回归系数可以解释为对数**优势之比**（odds ratio）的贡献。经过转换之后，求解的问题就变成了线性回归的问题。在 R 和 Python 中的代码如下：

R 代码

```r
library(LogicReg)
#
m2 <- train(X, y, method = "glm",
  family = "binomial")
m2$results
```

Python 代码

```python
from sklearn.linear_model import
  LogisticRegression
m2 = LogisticRegression()
m2.fit(X, y)
m2.score(X, y)
```

需要注意的是，R 中 `caret` 里的 `train` 函数是一个对其他第三方包的封装，对不同的模型可能会有不同的参数，比如此处创建逻辑斯蒂回归模型时使用的就是 `glm` 包，需要指

① 正态分布假设保证了估计量是 BLUE。

定参数 family 为“binomial”，将该参数直接传入 train 函数即可。基于本例的数据计算训练误差，ROC 曲线如图 6–11 所示。

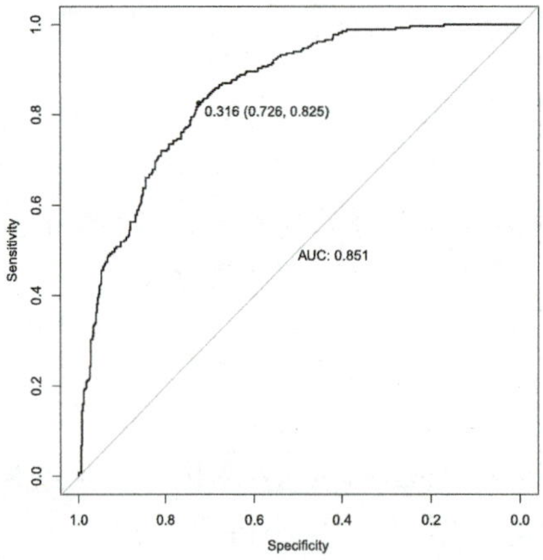

图 6–11　逻辑斯蒂回归 ROC 曲线

逻辑斯蒂回归的计算性能很好，使用非常广泛。另一方面，该模型与其他机器学习模型相比，其统计性能和可解释性也非常好。模型的自变量之间假设了线性关系，因此回归系数可以一定程度理解成权数，应用到具体业务中时非常方便。

2. 决策树

决策树（decision tree）是另一种常用的分类模型，用树结构的方式来描述一个分类的过程。本节使用糖尿病检测的数据集，基于以下代码可以训练出一个决策树模型，使用 R 中的 rpart.plot 包绘制该模型的树结构，如图 6–12 所示。在 Python 中可以使用 graphviz 包，需要安装 Graphviz 软件包，此处不详述。

```
R 代码

library(rpart)
#
m3 <- train(X, y,
  method = "rpart")
m3$results
```

```
Python 代码
from sklearn.tree import
  DecisionTreeClassifier
m3 = DecisionTreeClassifier()
m3.fit(X, y)
m3.score(X, y)
```

该模型可以很好地描述各个指标和患病与否之间的关系：这棵树存在分支节点，每个节点都是一个逻辑判断，如果为真（yes）则朝左走，为假（no）则朝右走。比如某位患者的“glucose”指标为 0.2，在第一个节点中经过判断是大于 0.18 的，因此走向右侧的分支，再来评估“mass”指标，如果小于 –0.38，就到达了“neg”的叶节点，说明该患者未患糖尿病。本例结果的 ROC 曲线如图 6–13 所示。

这种逐级判断的流程在现实业务中很常见。比如医生阅读检验报告时通常先看某个指标是否超出某个范围，然后再看其他指标。早期的人工智能领域中，有一类专家系统就是这个思路：由人类专家来制定规则并通过算法构造复杂的树，帮助人们进行决策。虽然结构类

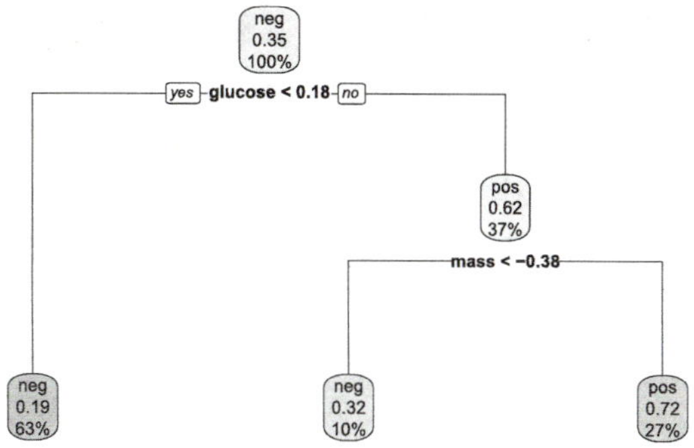

图 6–12　决策树示例

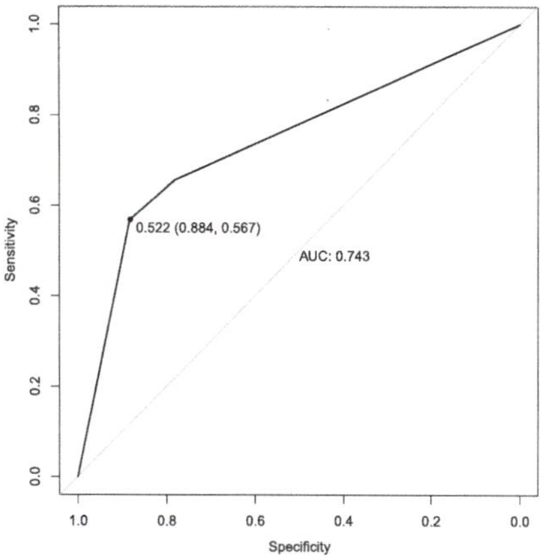

图 6–13　决策树 ROC 曲线

似，但这种专家系统和决策树的逻辑有本质的不同。决策树的关键在于基于训练集数据学习划分规则，递归地建立树状模型，这种思路也是机器学习的特点所在。

决策树算法中最关键的步骤是选择最优的划分属性，常用的方法有信息增益、增益率、基尼指数等。布赖曼 (Breiman) 提出的 CART 是最常用的决策树模型之一，使用基尼指数来选择划分属性。昆兰 (Quinlan) 基于信息增益准则提出了 ID3 算法，掀起了决策树研究的热潮，如 C4.5、C5.0。这些不同版本的决策树模型都可以通过一些商业软件或者开源工具来实现，业界应用者在使用的过程中无须深入到算法的细节，只需整理好数据并确定因变量和自变量，其他的问题交给决策树模型处理即可。

3. 随机森林

决策树的思路直观且算法简约，在业界有着非常广泛的应用，但也存在一些缺点，比如学习过程不稳定，容易受随机误差影响等。决策树的这种特性比较像真实世界中的普通人，每个人的背景和经历都不同，对事情的看法可能差别很大。如果需要对一个问题进行决策，一种有效的方法是采用“少数服从多数”的原则通过投票进行判断。在机器学习中借鉴这一思路将多个学习器（模型）整合起来构成一个混合模型，称为**集成学习**（ensemble learning）。**随机森林**（random forest）就是集成学习的典型代表。

随机森林是一个包含多个决策树的分类器，其输出的类别由各个树输出类别的众数决定。在实际的操作中，对 N 个样本有放回地随机抽取 n 个、对 M 个特征随机采样 m 个（$m \ll M$）。对每一种情况都建立一个决策树模型。最后分类时综合多个决策树进行投票，以票数多的结果为准。本节使用糖尿病检测的数据集创建随机森林模型。代码如下：

R 代码

```r
library(randomForest)
#
m4 <- train(X, y,
  method = "rf")
m4$results
```

Python 代码

```python
from sklearn.ensemble import
  RandomForestClassifier
m4 = RandomForestClassifier()
m4.fit(X, y)
m4.score(X, y)
```

ROC 结果如图 6–14 所示，可以发现 AUC 为 1，说明所有的样本都预测对了，但这种情况很可能是由于过拟合造成的。研究者评估随机森林的预测结果时需要更多地考虑泛化误差。

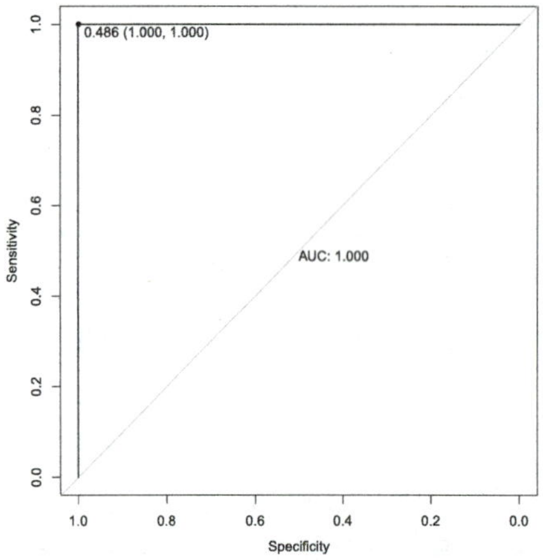

图 6–14　随机森林 ROC

随机森林算法的关键是如何抽取特征使得构造出的决策树之间的相关性尽量小。由于不需要人工指定过多参数，使用起来非常方便。其缺点可能是运算速度稍慢，因为一片森林包含了很多棵树，相当于运行了大量的决策树算法，消耗较多资源。工程应用上可以采用并行计算方式对算法进行处理，实现减少运行时间的目的。

4. 支持向量机

图 6–15 中的左图展示了一个经典的分类问题。假设研究者可以在两类点间插入一块可以旋转并改变宽度的“木板”，当木板边缘遇到点时就会卡住。当“木板”处于宽度最大的角度时，可以认为其分类效果最好。这个“木板”的边缘也称为支持向量，基于这种思路的分类方法称为**支持向量机**（support vector machine，SVM）。

有的时候，数据中不同类别的点不易分开。如图 6–15 中右图所示，假设 4 个点位于立方体的底面 4 个角，包含两个实心点和两个空心点。使用支持向量机无法插入一块“木板”

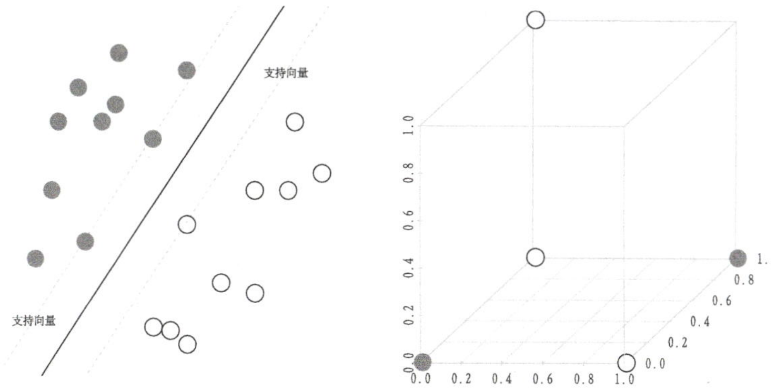

图 6–15　支持向量机简介

完成分类。这种情况称为线性不可分问题。但是假如研究者把左上方那个空心点移动到立方体的顶面，4 个点就由之前的位于一个二维平面变成了位于一个三维空间。此时研究者可以斜着插入一块“木板”将其分开。通过这种升维（或投影）的方式，点变得稀疏且容易插入“木板”超平面，分类就更容易了。本节使用糖尿病检测的数据集创建支持向量机模型。代码如下：

R 代码

```
library(e1071)
m5<-train(X,y,method="svmLinear2",
  probability = TRUE)
m5$results
```

Python 代码

```
from sklearn.svm import SVC
m5 = SVC()
m5.fit(x, y)
m5.score(x, y)
```

在 SVM 中，升维的目的是便于分类，并不需要真的把数据转化成高维空间中的具体坐标。SVM 方法一般使用核函数解决空间映射的问题 (周志华, 2016)。如何定义核函数是 SVM 方法使用的精髓，这个例子里使用 e1071 包提供的线型核函数进行计算。为计算并绘

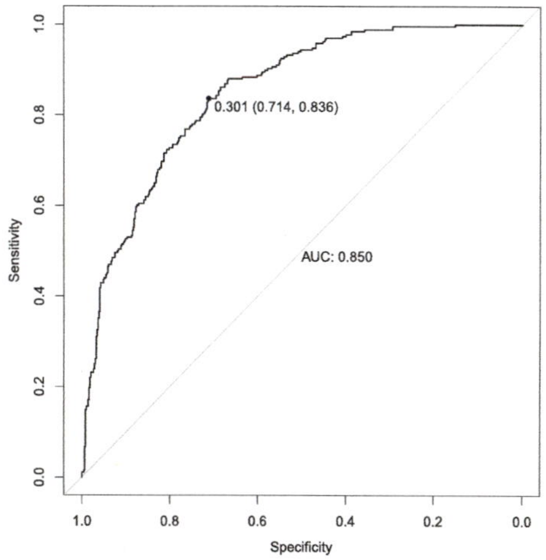

图 6–16　支持向量机 ROC

制 ROC 曲线，读者需要将该包中的参数 `probability` 指定为 “`TRUE`”，ROC 结果如图 6–16 所示。

习题

1. 最优化方法是数据驱动的吗？为什么？
2. 请简述如何绘制 ROC 曲线。
3. 请手动对 $(2,0),(0,0),(0,1),(0,5),(2,5)$ 五个样本进行层次聚类。
4. 在评价分类性能时，如果只使用准确度作为度量指标，存在哪些缺点？
5. 若所有分类模型在某个数据集上的性能指标差异不大，你会选择哪些模型，为什么？
6. 在 R 和 Python 中调用内置的鸢尾花数据集 iris，并尝试各种分类方法对其建立分类模型，比较模型性能的差异。

第 7 章 人工智能

本章导读

2016 年 3 月，Google DeepMind 开发的人工智能围棋程序 AlphaGo 挑战世界冠军韩国职业棋手李世石九段。双方分别于 3 月 9 日、10 日、12 日、13 日和 15 日进行了五番棋，最终 AlphaGo 以 4:1 的战绩战胜了李世石。由于围棋在过去一直被认为是人工智能难以逾越的任务，这次胜利使得人们对人工智能的信心得到了极大的提升。人工智能是一个古老的概念，在不同时代经历了不同路线的冲突，有过高峰也有过低谷。如今的人工智能技术基于深度学习和大数据取得了伟大成就，并且一直处于不断改变世界的过程中。

7.1 人工智能简史

本书在 6.1 节从海量数据到大数据中介绍了机器学习和人工智能的关系，提到了人工智能在广义上和狭义上的含义。实际上，人工智能这个术语经历了历史的变迁，涵盖了几种不同的技术路线，内涵比较广泛。在今天的人工智能时代里，掀起这波热潮的主要技术是基于深度学习的路线，因此本节分别从广义的人工智能以及深度学习这两个角度分别介绍其发展历史。

7.1.1 人工智能的发展历史

人工智能是计算机科学中涉及研究、设计和应用智能机器的一个分支。它的主要目标包括研究用机器来模仿和执行人脑的某些智能功能，并开发相关理论和技术。关于人工智能的边界目前没有一个定论，但通常认为人工智能是智能机器所执行的与人类智能有关的功能，比如判断、推理、证明、识别、感知、理解、设计、思考、规划、学习和问题求解等思维活动。

一般认为，1956 年在达特茅斯学院的会议上第一次正式使用人工智能（artificial intelligence，AI）这个术语，宣告了这一学科的诞生。1956 年也被称为“人工智能元年”。在此之前，控制论之父诺伯特 · 维纳 (Norbert Wiener) 和人工智能之父艾伦 · 麦席森 · 图灵（Alan Mathison Turing）为这门学科奠定了理论基础。60 多年来，人工智能的发展经历了起起落落。

历史上关于人工智能的研究可以分为三个派别：符号主义认为人工智能源于数理逻辑，人类智能的基本单元是符号，认知过程就是符号运算；联结主义认为人工智能源于仿生学，人类智能的基本单元是神经元，认知过程是由神经网络构成的；行为主义认为人工智能源于控制论，智慧取决于感知和行为，不同的行为表现出不同的控制结构。不同的派别在不同时期占据了主流的位置，今天人工智能的成功主要依靠深度学习加持大数据，可以认为是联结主义的成功。

人工智能诞生初期的主要方向是符号推理，那时的人们希望借助电子计算机产生突破，认为智能应该产生于逻辑推理，通过演绎的方式实现更复杂的智能。如果机器能够证明和推理的话，就会变得越来越聪明。1957 年感知机模型的诞生使得联结主义的思路开始盛行。不过到了 60 年代末期，基于自动推理的人工智能一直局限在很窄的领域，基于感知机和神经网络的人工智能也被认为存在算法的缺陷，造成了早期 AI 热潮的消退。

从 20 世纪 70 年代开始，计算机性能大幅提升。专家系统开始流行，在一些行业也收获了成功的应用。传统的专家系统主要使用基于规则的方法，依然强调数理逻辑和演绎思维，而不是从大数据中归纳出智能。这个思路在 20 世纪 80 年代时达到高峰，很多人认为如果计算机的性能进一步提高，就会实现突破。日本提出了“第五代计算机研制计划”，希望能通过人工智能一举完成对美国的追赶，甚至宣称赌上国运，引起了业界的投资热潮。可惜最后这条路没有走通，也进入了人工智能的又一次低谷。

20 世纪 90 年代开始，数据挖掘的概念在业界兴起，基于数据驱动的各种模型开始发挥越来越重要的作用。神经网络领域通过 BP 算法解决了计算性能的问题。21 世纪以来，随着计算机能力的不断提高，人们能够处理的神经网络层次越来越深。神经网络技术以深度学习的形式开花结果，迎来了新的人工智能高峰。

7.1.2 从神经网络到深度学习

神经网络模型的历史可以追溯到 1943 年，心理学家沃伦 · 麦卡洛克 (Warren McCulloch) 和数理逻辑学家沃尔特 · 皮茨 (Walter Pitts) 在分析、总结神经元基本特性的基础上首次提出神经元的数学模型，即 M-P 神经元模型。1957 年，康奈尔大学教授弗兰克 · 罗森布拉特 (Frank Rosenblatt) 提出感知机模型，第一次用算法来精确定义神经网络，也是第一个具有自组织自学习能力的数学模型，是日后层出不穷的神经网络模型的始祖。

马文 · 明斯基 (Marvin Minsky) 和西蒙 · 派珀特 (Seymour Papert) 1969 年出版了 *Perceptrons : an Introduction to Computational Geometry*，该书指出了神经网络技术的局限性。一个重要的理由在于传统的感知机用梯度下降算法求解时耗费的计算量和神经元数目的平方成正比。这造成了神经网络研究的暂时停滞。Rumelhart et al. (1986)在 *Nature* 杂志上发表论文 “*Learning Representations by Back-propagating errors*”，第一次系统简洁地阐述了反向传播算法在神经网络模型中的应用。该算法把运算量下降到只和神经元数目本身成正比，也纠正了明斯基的错误，使对神经网络的研究重回正轨。

LeCun et al. (1989)发表了论文 “*Backpropagation Applied to Handwritten Zip Code Recognition*”，利用美国邮政提供的手写数字的数据训练模型，错误率只有 5%。此外，他还运用卷积神经网络（CNN）技术开发出可用于读取银行支票上手写数字的商业软件，在学术和商业上都取得了巨大的成功。不过很快，支持向量机（SVM）技术取得重大进步，1998 年人们用 SVM 做手写邮政编码的识别错误率降到 0.8%，远远超过同期神经网络技术的表现，占据了业界主流地位。关于神经网络的研究又陷入了低潮。

2004 年，加拿大高等研究所（Canadian Institute for Advanced Research，CIFAR）开始提供基金资助杰弗里 · 欣顿 (Geoffrey Hinton) 等人关于神经网络的研究，神经网络一词也开始逐渐被“深度学习”替代。Hinton et al. (2006)发表论文“*A Fast Learning Algorithm for Deep Belief Nets*”。该论文使用 6 万个手写数字数据库的图像经过训练后，对 1 万个测试图像的识别错误率降到了 1.25%。深度学习在图像识别领域的优势逐渐体现出来。2007 年，NVIDIA 公司推出 GPU 接口 CUDA (compute unified device architecture, 统一计算架构)，极大地降低了计算成本。2009 年，斯坦福大学的拉雅 · 拉伊纳 (Rajat Raina) 和吴恩达（Andrew Y. Ng）等合作发表论文“*Large-scale Deep Unsupervised Learning using Graphics Processors*” (Rajat et al., 2009)。论文显示，使用 GPU 进行深度学习可以极大地提升速度。2012 年，欣顿团队使用深度学习技术在 ImageNet 上获得了巨大的成功 (Deng et al., 2009)，深度学习技术开始成为热门。2015 年，基于深度学习的 AlphaGo 第一次战胜了围棋职业选手樊麾，并在 2016 年战胜李世石。此后，基于深度学习和大数据的人工智能技术开始普及，并逐渐深入各行各业。

7.2 神经网络简介

西班牙科学家圣地亚哥 · 拉蒙 · 卡哈尔 (Santiago Ramóny Cajal) 在意大利科学家卡米洛 · 戈尔吉 (Camillo Golgi) 的神经染色法的基础上，完成了很多经典的神经解剖学绘图，并且对神经结构功能进行了深入的理解和分析，被誉为现代神经科学之父。1906 年，二人共同获得诺贝尔生理学或医学奖。1943 年诞生的 M-P 模型是对神经细胞的生物学机制的一种借鉴，通过感知机以及多层神经网络等模型得到了实现。如今广泛流行的深度学习方法也是基于神经网络，其基础结构不仅是对人类神经机制在思路上的借鉴，更是算法上的模拟。

7.2.1 神经网络模型

图 7–1 展示的是人类神经元细胞示意图。神经元首先通过树突接收外界或者其他神经元传来的信号，然后由细胞体进行处理，如果总的刺激超过了某个阈值则通过轴突向外输出。树突可以有多个，轴突只有一个。接受皮肤、肌肉等刺激的称为传入神经元，传出到肌肉、腺体的称为传出神经元。

参照这种结构，研究者可以对应地构造一个数学模型，其结构如图 7–2 所示。假设该神经元细胞包含 m 个树突，每个树突 i 接收一个信号源，对应一个输入变量 x_i。细胞核接收到这 m 个信号后需要汇总处理，比如使用最简单的形式——线性加权。假设每个信号的权数为 W_i，再加上一个常数项 W_0，那么细胞核汇总后的信息为 $W_0 + \sum_{i=1}^{m} W_i x_i$。参考人类神经元的生物学机制，这个信号只有超过某个阈值后才会被传递出去。在数学上，研究者可以用激活函数来处理。处理后的信息可以作为输入再传到另一个神经元结构，这样就可以构成复杂的神经网络。如果只使用单个的神经元模型也称感知机（perceptron），可以看作形式最简单的神经网络。

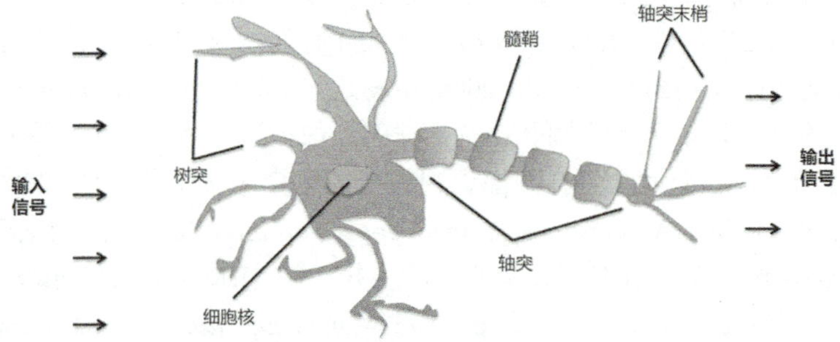

图 7–1　神经元细胞

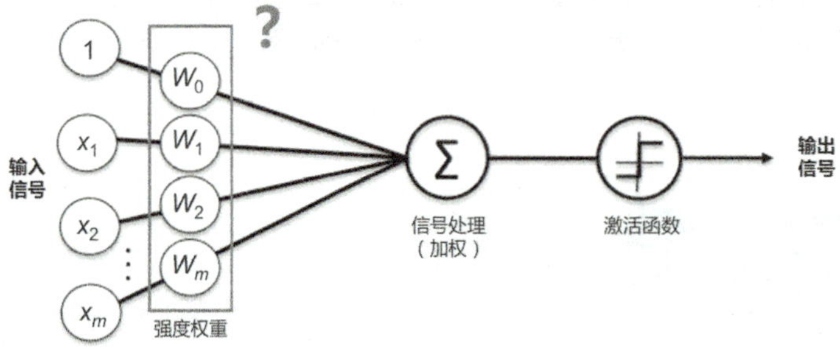

图 7–2　神经元模型

对激活函数来说，最直接的思路是使用分段函数：当信号大于某个阈值的时候输出 1，反之输出 0。这样的函数通常称为阶跃函数或者符号函数，如图 7–3 的左图。该函数简单地取值 0 或者 1，但不连续、不光滑，数学处理上不是很方便，所以很少使用。图 7–3 的右图代表普通的线性函数 $f(x) = x$，是另一种极端情况，虽然其数学性质很好，但相当于不做任何处理。因为线性函数的线性组合还是线性函数，无论神经网络有多少层都仍然是一个线性组合，难以处理复杂的非线性问题。

在实际的操作中，可以用其他形式的数学函数在以上两种形态之间进行权衡。图 7–4 显示了 4 种常用的激活函数。最传统的是 Sigmoid 函数，实际上就是上一章提到的逻辑斯蒂函数，也称为对数 S 形函数。其函数形式为 $\text{Sigmoid}(x) = \dfrac{1}{1+\mathrm{e}^{-x}}$，是一种最常用的模拟 0—1 分段函数的连续函数。另一种 S 形的函数是 Tanh 函数，也称为双曲正切函数，其函数形式为 $\text{Tanh}(x) = \dfrac{\mathrm{e}^{x}-\mathrm{e}^{-x}}{\mathrm{e}^{x}+\mathrm{e}^{-x}}$，在 0 附近与阶跃函数类似。

Sigmoid 函数和 Tanh 函数在输入的绝对值非常大的时候会出现**饱和**（saturate）现象，意味着函数会变得很平，对输入的微小改变会变得不敏感。Jarrett et al. (2009) 提出了 ReLU 函数①，并指出了 ReLU 的显著优势。在不断实践中，人们也发现了 ReLU 更容易学习和优化，于是成了目前最广泛使用的激活函数。在传统的观念里人们都会尽量避免具有不可导

① 也称修正线性单元（rectified linear unit）。

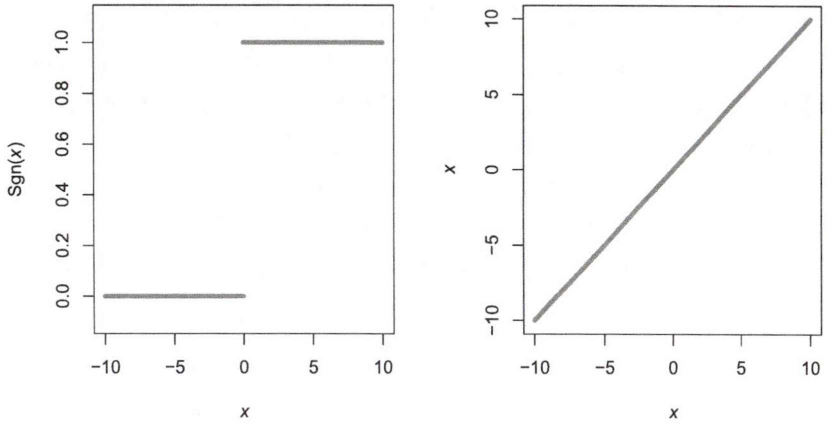

图 7–3 激活函数的选择

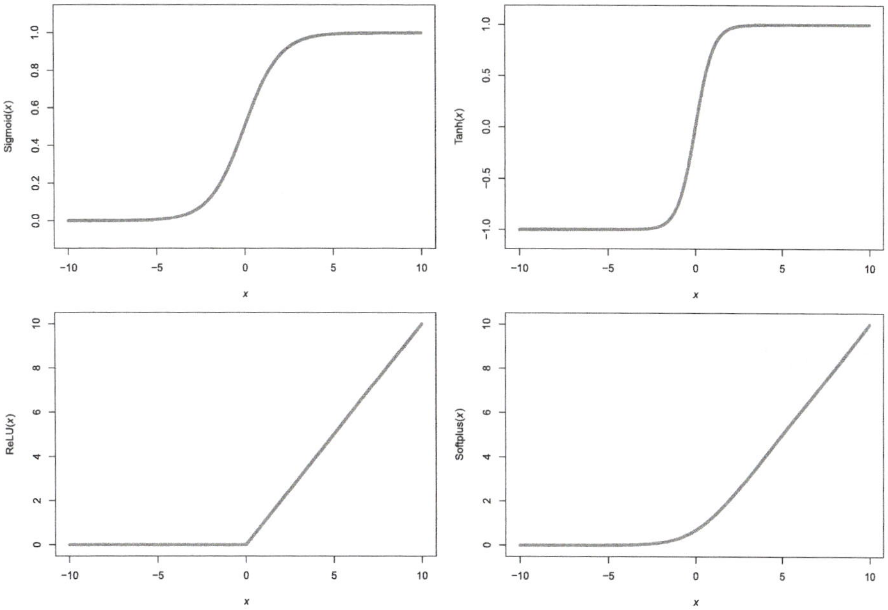

图 7–4 常用的激活函数

点的激活函数，所以 Sigmoid 之类的光滑函数很受欢迎，后来通过算法的改进， ReLU 之类的分段函数也被广泛接受。ReLU 函数也有一个光滑版本的 Softplus 函数，其函数形式为 $\text{Softplus}(x) = \log(1 + \mathrm{e}^x)$。

有了神经元细胞核的线性汇总和激活函数后，研究者就可以用数学形式模仿一个完整的神经元细胞的工作机制。把多个人工神经元按照一定的层次结构连接起来，就得到了**人工神经网络**（artificial neural network, ANN）。神经元的层级结构不同对应不同的神经网络模型，比如多层前馈神经网络、递归神经网络等。

最简单常用的神经网络系统是**前馈神经网络**（feedforward neural network, FNN），FNN 的含义为各神经元只接受前一级的输入，并输出到下一级，只有**前馈**（feedforward）而无

反馈（feedback）。除了输入层和输出层，额外的中间层称为隐藏层[①]。严格来说，FNN 包含单层前馈神经网络和多层前馈神经网络，前者即感知机，后者称为**多层感知机**（MLP）。MLP 通常使用**反向传播算法**（back-propagation, BP）进行训练，所以也称为 BP 神经网络。图 7–5 是一个 FNN 的示例。数据包含 3 个自变量，代表输入层包含 3 个神经元。因变量是一个二元变量。本例建立了一个包含 2 个隐层的神经网络，每一层都包含 4 个神经元。在图中可以看到 1 个输入层、1 个输出层和 2 个隐层。任意两个神经元之间存在一个连接，其权重是神经网络模型中需要估计的参数。读者可以使用 R 和 Python 等工具来求解。如果这个网络更深、每一个隐层的神经元数目更多，就可以称为深度学习。

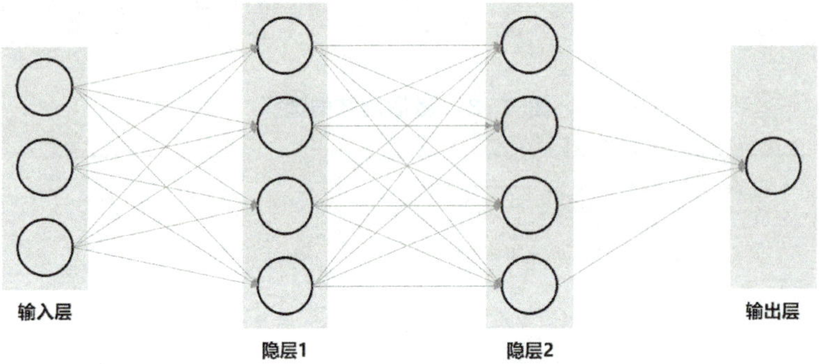

图 7–5　FNN 示例

7.2.2 感知机的学习

先从基础的感知机模型入手来了解神经网络的学习过程，假设只包含两个输入信号 x_1 和 x_2，一个输出信号 y 可以对应二元的结果，如图 7–6 所示。从神经网络的角度来看，感知机是不包含隐层的最简单的模型。

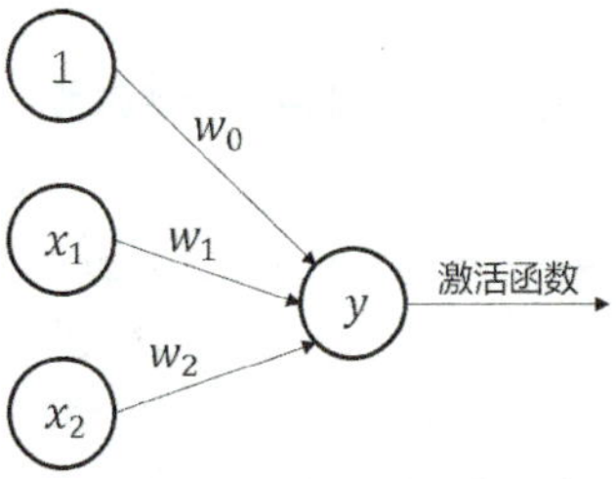

图 7–6　感知机模型

用公式来描述是 $y = w_1x_1 + w_2x_2 + w_0$，$y$ 的定义域可以是全体实数，通过激活函数来转化成分类问题，也可以直接用二元变量来表示。在本例中 y 的取值是 1 和 –1，数据详情如图 7–7 所示。由于 y 是二元变量，我们用颜色来表示不同的类别，红色表示 –1，蓝色表示 1。一旦确定参数 w_0, w_1, w_2 的值，就得到一条可用于划分这两个类别的直线。

① 简称隐层。

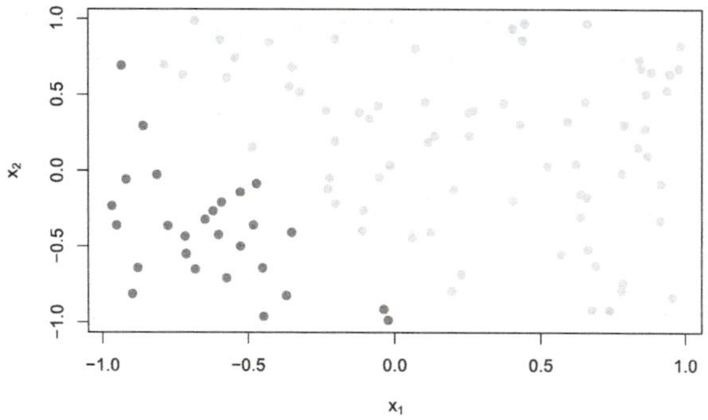

图 7–7 感知机示例数据

感知机的学习算法非常简单，先随机指定初始权重①，然后设定学习率 η 的值②。将初始权重代入 $y = w_1x_1 + w_2x_2 + w_0$ 后可以计算当前输出 $\hat{y}$，然后对每一个样本点 (x_i) 根据 $\hat{y}$ 与 y 的差异不断地调节权重值：

$$\begin{cases} w_i \leftarrow w_i + \Delta w_i \\ \Delta w_i = \eta(y - \hat{y})x_i \end{cases}$$

经过多轮迭代后，直到 $\hat{y} = y$，则感知机不再发生变化，输出最终的权重结果。在本例中，包括初始值在内，迭代 3 轮即可得到结果，图 7–8 显示了每一轮迭代的直线方程。

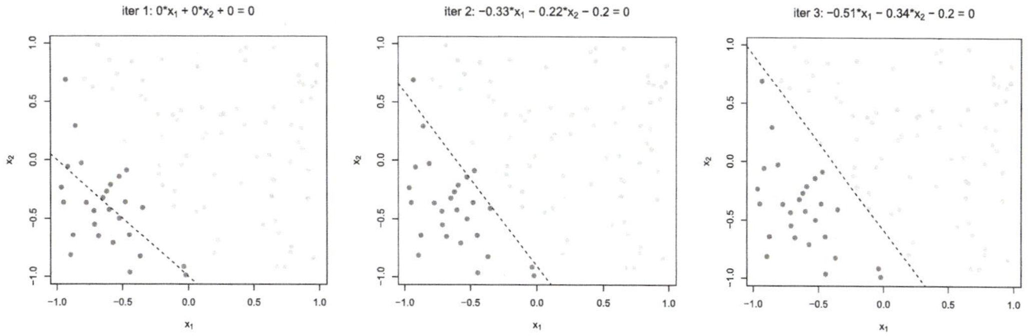

图 7–8 感知机迭代结果

通过这个例子可以发现，哪怕是感知机这种简单模型，也可以解决一些分类问题。从结果来看，最终的直线把两个类别划分得比较好。这种基于迭代的学习思路是神经网络求解的基本思路。其中学习率 η 是一个比较重要的参数，如果设置得过大，有可能会越过最优值，如果设置得太小，又会增加迭代次数，影响计算性能。

在感知机模型诞生之初，人们对其寄予厚望。当时的人工智能的一个主要方向是逻辑推理，因此使用感知机来学习逻辑规则成了自然的需求。例如最常见的逻辑“与”操作，记为“AND”。研究者用 1 表示“真”，–1 表示“假”，二者同为真则真，否则为假。表 7–1 显示了计算规则，可以作为训练数据来训练感知机模型，得到的结果如图 7–9 所示。此时用一条直线可以划分两类，称为线性可分。

① 比如 $w_0 = 0, w_1 = 0, w_2 = 0$。
② 比如 $\eta = 0.1$。

表 7–1 AND 学习数据

条件 1	条件 2	结果
–1	–1	–1
1	–1	–1
–1	1	–1
1	1	1

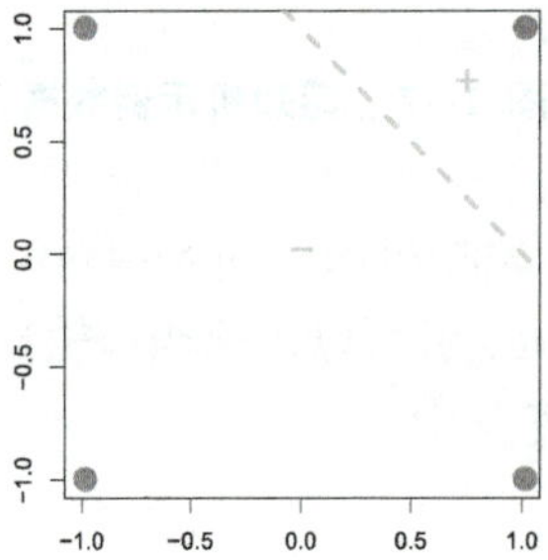

图 7–9 AND 学习结果

另一方面，若研究者想学习逻辑运算中的“异或”操作：二者不同为真，否则为假，记为“XOR”。仍然用 1 表示“真”，–1 表示“假”，表 7–2 显示了计算规则。如果用之前的感知机算法来学习，会发现无论迭代多少次，程序一直不会终止。如果用图形展示的话，没办法像“AND”操作那样得到一条直线划分两个类别，也就是说线性不可分，如图 7–10 所示。要使用分段的两条线才能分开两类。

表 7–2 XOR 学习数据

条件 1	条件 2	结果
–1	–1	–1
1	–1	1
–1	1	1
1	1	–1

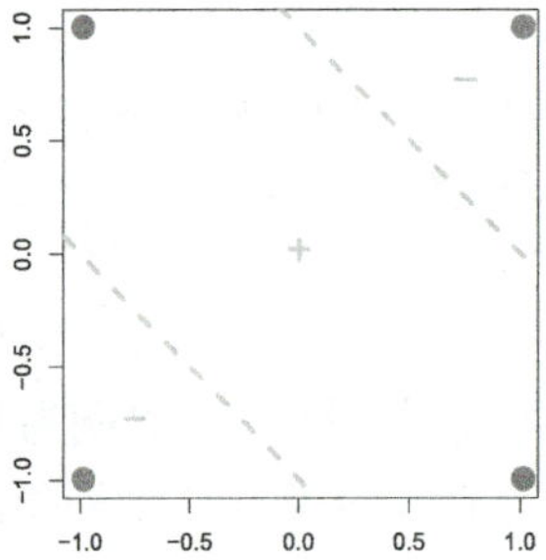

图 7–10 XOR 学习结果

感知机的学习算法无法解决线性不可分问题，连基础的异或逻辑运算都无法处理，使其应用效果大打折扣。在实际的工作中，人们会使用更复杂的神经网络模型来处理非线性的情况。这样的模型也称多层感知机，下一节将通过最典型的前馈神经网络进行介绍。

7.2.3 BP 算法

Minsky and Papert (1969)指出感知机学习算法耗费的计算量和神经元数目的平方成正比。这在实际应用中是性能的灾难，导致该模型难以解决复杂的问题，大大限制其应用。直到 1986 年，欣顿提出的反向传播算法把运算量下降到只和神经元数目本身成正比，才重新开启了神经网络模型向深度学习大规模应用的大门。

在前馈神经网络里，模型接受输入 x 并产生输出 $\hat{y}$，信息流始终通过网络向前流动。输入 x 提供初始信息，再传入神经网络的每一层，最终产生 $\hat{y}$，称为**前向传播**（forward propagation）。在这个过程中，误差会**反向传播**（back propagation）。算法基于经典的链式求导法则，计算出每个节点的梯度，从而可以通过迭代求得各权重的值，因此称为反向传播算法，简称 BP 算法。其基本思路如算法 7 所示。

算法 7: BP 算法

Input: 数据集 $\{x_k, y_k\}, 1 \leqslant k \leqslant n$；学习率 η；最大迭代次数 $iter.max$。

Output: 神经网络所有连接的权重 w_i。

随机初始化所有权重 w_i

for $j \leftarrow 1$ *to* $iter.max$ **do**

　　for $k \leftarrow 1$ to n **do**

　　　　1. 基于前向传播计算当前样本的输出值 $\hat{y}_k$

　　　　2. 基于反向传播计算各神经元的梯度项（因为链式法则，在算法上可以共享部分计算，从而提升性能）

　　　　3. 通过学习率更新权重

　　　　4. 如果权重不再更新，终止程序

　　end

end

R 可以在 caret 框架下结合 RSNNS 函数实现神经网络，Python 的 sklearn 包中内置了 neural_network 模块，通过参数 size （Python 是参数 hidden_layer_sizes，以元组形式指定向量）来设定网络的隐层。其中包含多少个元素即表示层数，每个元素的数值表示该层的神经元个数。比如本例基于糖尿病数据集构建一个 2 隐层的神经网络，第一层包含 3 个神经元，第二层包含 2 个神经元。代码如下：

R 代码

```
library(RSNNS)
library(caret) m1 <- train(X, y,
  size = c(3, 2),
  method = "mlp")
```

Python 代码

```
from sklearn.neural_network
import MLPClassifier
m1 = MLPClassifier(
  hidden_layer_sizes = (3, 2))
```

```
weightMatrix(m1$finalModel)
```

```
m1.fit(X, y)
m1.coefs_
```

函数默认的都是 BP 算法，通过参数还可以设置激活函数、学习率、迭代次数、误差度量方式等。其输出结果是神经网络中各条边的权重值，以及常数项的估计值。基于这些权重，研究者可以手工计算最后的输出值，从而完成一次预测。但 R 和 Python 中都提供了预测的方法，可以直接调用。

R 中还有一个 neuralnet 包，可以将结果以神经网络图的方式绘制出来，但其在 caret 框架下只能做回归而无法分类。读者可以直接调用该包以实现更灵活的操作，比如基于 BP 算法计算网络的权重从而训练分类模型。图 7–11 显示了神经网络的最终结果，并将权重标注在各条边上，常数项以标记为“1”的神经元形式显示。

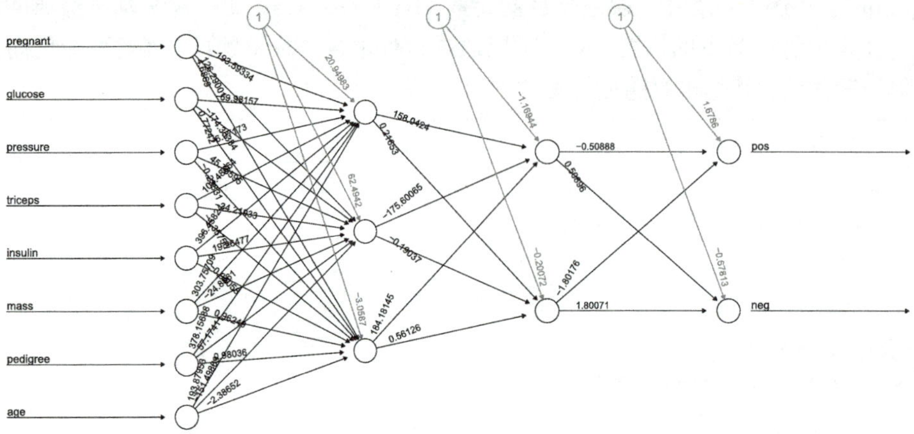

图 7–11 神经网络权重

基于本例的数据计算训练误差，ROC 曲线如图 7–12 所示，可以和 6.3 节有监督学习中介绍的方法进行比较。

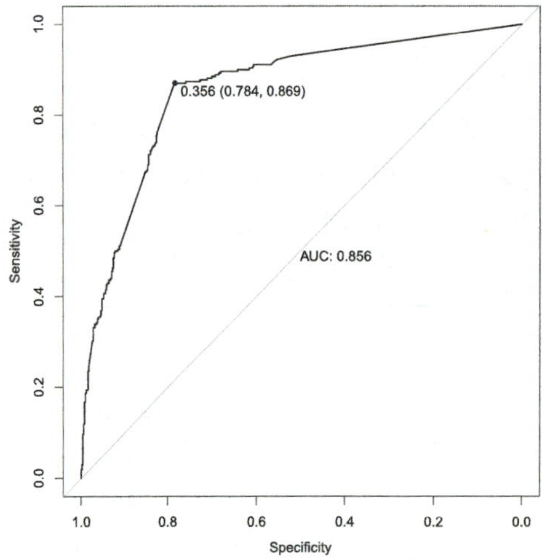

图 7–12 神经网络 ROC

理论上使用这些包可以构建更深层次的神经网络，也能实现深度学习的功能。但是 R 和 Python 中默认的神经网络框架的计算性能不强，当数据量很大或者网络很复杂的时候容易耗尽资源，此外也不支持 GPU 计算，因此通常只是用来演示简单的神经网络模型，很少用来进行深度学习实战。值得一提的是，图像分析等深度学习重点应用领域需要专门的工具来提升性能。关于深度学习的实际工作以及专业的工具，将在下一节进行介绍。

7.3 深度学习基础

直观看来，深度学习就是网络层次很深的神经网络。但是深度学习的发展已经超越了传统的神经网络模式，需要从更通用的角度去理解。深度学习模型可以看作由许多简单函数复合而成的函数，当这些复合函数足够多时，深度学习模型就可以表达非常复杂的变换 (Zhang et al., 2019)。深度学习模型的复杂层次导致未知参数数量激增，学习训练过程运算量巨大。幸而构成模型的基本元素通常为简单函数①，非常适合并行计算，尤其是利用 GPU 进行计算。分布式的并行计算设计可以极大地提升算法计算性能，从而可以实现更为复杂的深度学习网络结构。

2007 年，NVIDIA 公司推出了 GPU 的编程接口 CUDA。利用 CUDA 技术，可以将显卡所有的内处理器连通起来，采用并行计算的方式来解决数据密集计算的问题。拉雅 · 拉伊纳和吴恩达等在 2009 年的论文 “*Large-scale Deep Unsupervised Learning using Graphics Processors*” 中指出：模型里的参数总数达到 1 亿时，使用 GPU 的运行速度要比用传统双核 CPU 快近 70 倍，可以很容易地把程序运行时间从几周降到一天 (Rajat et al., 2009)。

目前，研究者开发出很多基于深度学习特性的专业编程框架，便于调用且支持 GPU 计算。这些框架一般都包含原生的 Python 接口，有些也支持 R，将深度学习模型和整个分析流程融合起来。本节将介绍一些常见的深度学习框架，并以 MXNet 为例操作实践。

7.3.1 常见深度学习框架

早期比较流行的框架是 Theano，由加拿大蒙特利尔大学的 LISA 实验室于 2007 年开始开发 (Bergstra et al., 2010)。参与者包括很多学术界的领军人物，比如约书亚 · 本吉奥 (Yoshua Bengio) 和伊恩 · 古德费洛 (Ian Goodfellow)。约书亚 · 本吉奥在 20 世纪 90 年代发明了序列的概率模型，因此和杰弗里 · 欣顿、杨立昆 (Yann LeCun) 于 2019 年共同获得图灵奖，被并称为“深度学习之父”。Theano 基于 Python 开发，最早是 Python 中的一个编译数学表达式的工具包，用来支持高效的机器学习算法，并能基于 GPU 加速。2010 年左右，Theano 的开源社区开始活跃起来，使用 Theano 做深度学习模型的用户越来越多。由于逐渐被一些新的深度学习框架所代替，约书亚 · 本吉奥在 2017 年宣布停止 Theano 的更新维护，标志着这个工具退出历史舞台。

另一个历史悠久的框架是 Caffe，由加利福尼亚大学伯克利分校的贾扬清团队开发并于 2013 年 12 月正式开源 (Jia et al., 2014)。Caffe 基于 C++ 编写，提供 Python 接口，具有

① 比如神经网络中的线性加权和激活函数。

使用简单和代码易扩展的特点，很快就开始在工业界流行。贾扬清加入脸书公司后打造了全新的 Caffe2，这是一个轻量化的框架，保持了 Caffe 优秀的计算性能，还能更好地用于移动平台。Facebook 于 2017 年 4 月正式宣布将 Caffe2 开源。2018 年 5 月，Facebook 发布了 PyTorch 1.0，在代码层级整合了 Caffe2，此后 Caffe2 就作为 PyTorch 的一个子模块而存在。

Torch 是一个早期的基于 Lua 语言的机器学习框架，最早由纽约大学发布，在学术界备受欢迎 (Collobert et al., 2002)。杨立昆等人在脸书创建的人工智能研究院（Facebook AI Research，FAIR）对 Torch 进行了很多定制。2017 年 1 月，FAIR 正式发布了 PyTorch，完全基于 Python 重写了 Torch。PyTorch 的框架非常灵活，还支持动态图，很快就吸引了大量用户。2018 年 5 月 PyTorch 合并了 Caffe2，增加 Caffe2 作为后端良好性能的 PyTorch 如虎添翼，逐渐成为最主流的深度学习框架之一。

当前用户数最多的深度学习框架是谷歌发布的 TensorFlow (Abadi et al., 2016)。2011 年，杰夫 · 迪安 (Jeff Dean)、格雷格 · 科拉多 (Greg Corrado) 和吴恩达利用业余时间在谷歌发起了名为“谷歌大脑”的研究项目。他们基于谷歌的云计算平台开发出第一代大规模深度学习系统 DistBelief，在谷歌的内部业务中有着很广泛的应用。2015 年 11 月，谷歌深度学习的第二代产品 TensorFlow 正式面向公众发布，此后不断升级，一直拥有最广泛的用户群。

由于开源框架众多，人们希望能通过统一的前端编程接口来操作各种后台。谷歌工程师开发的 Keras 脱颖而出，它提供了简洁和灵活的 Python 接口，可以在 TensorFlow、Theano 作为后台的基础上开发和运行，此外还支持 CNTK① 。因此，在 Keras 框架下工作成为数据工程师一种广泛的选择，其后台搭配 TensorFlow 更是一种非常主流的深度学习环境。

本节选用功能强大的 MXNet 作为示例介绍深度学习框架 (Chen et al., 2015)。第一版的 MXNet 于 2015 年 9 月由 DMLC（分布式机器学习社区）开源发布。2017 年 1 月，MXNet 成为 Apache 孵化器项目。2017 年 5 月，亚马逊宣布选择 MXNet 作为深度学习框架。MXNet 灵活高效、源码优美、并行效率高、节省显存、分布式简单，适合工业界的产品开发。除了 Python，MXNet 还提供了 R 和 Julia 等语言的官方原生接口，适用于各种数据科学环境。2017 年 7 月，MXNet 启动了新接口 Gulon，和 PyTorch 一样参考了 Chainer 框架，还借鉴了 Keras 和 PyTorch 的优点并加以改进，在定位上兼顾了学术界和工业界，是一款非常优秀的深度学习框架。

7.3.2 MXNet 简介

MXNet 目前是 Apache 基金会的孵化项目，其官网部署在 Apache 主站。进入安装界面 `https://mxnet.apache.org/get_started`，在标签中选择语言环境、操作系统、GPU 或者 CPU 平台后就能自动显示安装的脚本，如图 7–13 所示。

从图 7–13 的选项中可以发现，当前版本的 MXNet 支持 Linux、Mac、Windows、云平台② 、Devices③ 这些操作系统和平台，支持 Python、Scala、Java、Clojure、R、Julia、Perl、C++ 语言，支持 CPU 和 GPU 计算。读者可以选择适合自己软硬件环境的标签，然后根据下方自

① 这是微软于 2016 年发布的开源框架，基于 C++ 开发，运算性能很好。
② 包括阿里云、NVIDIA VM、亚马逊 AWS、微软 Azure 等主流平台。
③ 包括树莓派和 NVIDIA Jetson 等移动设备。

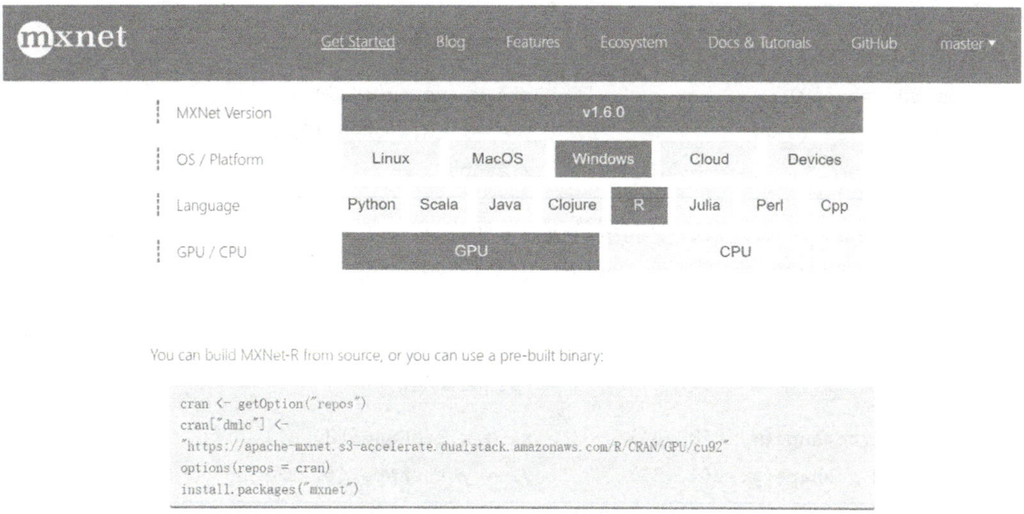

图 7–13 安装 MXNet

动出现的脚本或文档进行安装。在 R 中可以直接通过 install.packages 的方式在线安装，在 Python 中可以直接通过 pip 的方式在线安装，都非常方便。

如果不确定自己的电脑中是否安装好 CUDA 环境，直接选择 CPU 版本即可。除了有些计算的速度会慢一些，在功能上没有任何区别。如果能确认电脑中包含 NVIDIA 的显卡，可以尝试安装 CUDA 环境，详情请查阅 CUDA 安装的相关资料。安装结束后可以在 R 或者 Python 中运行以下代码，如果能正确显示响应的结果，说明安装成功。

R 代码

```
library(mxnet)
a <- mx.nd.zeros(c(2,3))
a * 2 + 1

##          [,1]     [,2]     [,3]
##    [1,]     1        1        1
##    [2,]     1        1        1
```

Python代码

```
import mxnet as mx
a = mx.nd.zeros((2, 3))
a * 2 + 1

## [[1.  1.  1.]
##  [1.  1.  1.]]
## <NDArray 2x3 @cpu(0)>
```

MXNet 提供的数据结构 NDArray 是存储和变换数据的主要工具。NDArray 和 Python NumPy 包中的多维数组 ndarray 非常类似，操作方式基本相同。在 R 中对应于数组对象 array。MXNet 在 NDArray 中还提供了 GPU 计算和自动求梯度等更多功能，使得 NDArray 更加适合深度学习。

在 Python 中加载 mxnet 包后将其简写为 mx，就可以调用模块中的函数。在 R 中加载 mxnet 包后，通过函数式的操作来符合 R 中的习惯。总体上来看，MXNet 在 R 和 Python 中的操作方式是很相似的。研究者可以使用 mx.nd.ones 之类的函数创建一个向量，通过参数指定向量的长度，例如 12。该向量是一个 NDArray 对象（在 R 中对象类别为 MXNDArray）。在 R 中使用 dim 函数、在 Python 中使用 shape 属性，可以查看其维度。代码如下：

R 代码	Python代码

`x = mx.nd.ones(12)`
`y <- mx.nd.array(0:11)`
`dim(x)`
	`x = mx.nd.ones(12)`
	`y = mx.nd.arange(12)`
	`x.sahpe`

可以使用reshape 函数来改变向量的维度，使之成为多维数组（或者张量）。当数组为2维时，在R中对应矩阵对象。如下所示，将两个长度为12的向量分别转化成一个3×4 和一个4×3的二维数组（矩阵）：

R代码	Python代码
`x1 <- mx.nd.reshape(x, c(3, 4))` `y1 <- mx.nd.reshape(y, c(4, 3))`	`x1 = x.reshape((3, 4))` `y1 = y.reshape((4, 3))`

和常规操作类似，运算符“*”描述元素数值的直接相乘，需要两个矩阵的维度完全一样。如果要进行矩阵乘法运算，需要使用dot 函数。当前一个矩阵列数等于后一个矩阵行数的时候，乘法可以正常进行，否则会报错。代码如下：

R代码	Python代码
`x1 * x1 mx.nd.dot(x1, y1)`	`x1 * x1` `mx.nd.dot(x1, y1)`

concat 函数可以进行数组的连结，对于二维矩阵，按维度 0（行）连结表示上下相连，按维度 1（列）连结表示左右相连。R的这个函数需要输入一个列表，将要拼接的所有数组都存于该列表中，使用的时候要注意。

R代码	Python代码
`mx.nd.concat(list(x1, x1), dim = 1)` `mx.nd.concat(list(x1, x1), dim = 0)`	`mx.nd.concat(x1, x1, dim = 1)` `mx.nd.concat(x1, x1, dim = 0)`

Python 中的数组对象还包含了 slice_axis 方法，可以获取数组中的切片信息，在 R 中对应于 mx.nd.slice.axis 函数。其中的参数 axis 表示需要切片的维度，参数 begin 和 end 分别表示起止位置的序号。注意序号的规则来自 Python，也就是说序号表示“前闭后开”，并且从 0 开始计数。此外需要注意的是，R 中的数组和矩阵的顺序是先“从上到下”然后“从左到右”，而 Python 中矩阵的顺序是反过来的，先“从左到右”然后再“从上到下”，相当于进行了转置。

R代码	Python代码
`mx.nd.slice.axis(y1, axis = 1,` `  begin = 1, end = 3)`	`y1.slice_axis(axis = 1,` `  begin = 1, end = 3)`

NDArray 对象是 MXNet 的数据基础，可以直接关联到整个算法框架，也可以通过数据文件进行存取。不过在很多操作方面不如 R 和 Python 的原生对象那么方便，尤其是需要和

其他工具的结果进行交互的时候。因此日常分析中的数据处理工作还是主要在 R 和 Python 的原生环境中进行，把需要进行深度学习建模的数据转化成NDArray 即可。Python 中 nd 模块的 array 函数可以把 NumPy 的数组对象转成 NDArray 对象，该对象中的 asnumpy 方法可以将其转回成 NumPy 中的对象。R 中的 mx.nd.array 函数可以把数组、矩阵、向量转化成 MXNDArray 对象，as.array 函数可以把该对象根据维度的不同转回成数组、矩阵和向量。代码如下：

R代码

```
#
x2<-mx.nd.array(matrix(1:6,2,3))
class(x2)

## [1] "MXNDArray"

x3 <- as.array(x2)

class(x3)

## [1] "matrix"
```

Python代码

```
import numpy as np
x2 = mx.nd.array(np.ones((2, 3)))
type(x2)

## <class 'mxnet.ndarray.NDArray'>

x3 = x2.asnumpy()
type(x3)

## <class 'numpy.ndarray'>
```

如果研究者要选择 GPU 计算，可以在定义 NDArray 的时候就指定 GPU，则这些数据将会被分配到显存上，后续所有的计算都会通过 GPU 进行。无论 R 还是 Python，使用ctx 参数来指定设备，就可以得到相应平台下的计算结果。

R代码

```
library(mxnet)
x4 <- mx.nd.ones(c(3, 4),
  ctx = mx.gpu())
x4 + 1

## [,1] [,2] [,3] [,4]
## [1,] 2 2 2 2
## [2,] 2 2 2 2
## [3,] 2 2 2 2
```

Python代码

```
import mxnet as mx
x4 = mx.nd.ones((3,4),
  ctx = mx.gpu())
x4 + 1

## [[2.  2.  2.  2.]
  ## [2.  2.  2.  2.]
  ## [2.  2.  2.  2.]]
## <NDArray 3x4 @gpu(0)>
```

7.3.3 深度学习实战

基于 MXNet 等深度学习框架做神经网络模型，可以更加灵活和高效。本节仍以糖尿病数据为例，介绍如何使用 MXNet 训练神经网络模型。

MXNet 需要输入张量数据，也就是说需要类似 NDArray 的结构。在 R 中可以使用数组或者矩阵，在 Python 里可以选用 ndarray。对于机器学习常用的 R 中的 data.frame 和 Python 的 pandas 中的 DataFrame 都需要进行转换。用二维数组 X1 表示特征集，用向量 y 表示标签，需要把标签中的字符处理成 0–1 数值型变量，以下是数据处理的代码：

R 代码

```r
library(readxl)
d1 <- read_excel("diabetes.xlsx")
X <- d1[, names(d1) != "class"]
y <- factor(d1$class)
#
#
#
X1 <- as.matrix(X)
y1 <- as.numeric(y) - 1
```

Python代码

```python
import pandas as pd
d1=pd.read_excel("diabetes.xlsx")
X = d1.drop(['class'], axis=1)
y = d1['class']
from sklearn.preprocessing
import LabelEncoder
X1 = X.values
le1=LabelEncoder().fit(y.values)
y1 = le1.transform(y.values)
```

如何定义一个深度学习模型，在 MXNet 中有几种不同的方式，本例选择最容易理解的方式，基于符号机制定义静态图。按照之前对神经网络的介绍，假设需要构建一个具有两层隐层的网络，第一层包含 2 个神经元，第二层包含 3 个神经元。代码如下：

R代码

```r
library(mxnet)
data1<-mx.symbol.Variable("data")
fc1 <- mx.symbol.FullyConnected(
  data = data1, num_hidden = 2)
act1 <- mx.symbol.Activation(
  data = fc1, act_type = "tanh")
fc2 <- mx.symbol.FullyConnected(
  data = act1, num_hidden = 3)
act2 <- mx.symbol.Activation(
  data = fc2, act_type = "tanh")
fc3 <- mx.symbol.FullyConnected(
  data = act2, num_hidden = 2)
mlp <- mx.symbol.SoftmaxOutput(
  data = fc3, name = "softmax")
```

Python代码

```python
import mxnet as mx
data1 = mx.sym.var("data")
fc1 = mx.sym.FullyConnected(
  data = data1, num_hidden = 2)
act1 = mx.sym.Activation(
  data = fc1, act_type = "tanh")
fc2 = mx.sym.FullyConnected(
  data = act1, num_hidden = 3)
act2 = mx.sym.Activation(
  fc2, act_type = "tanh")
fc3 = mx.sym.FullyConnected(
  act2, num_hidden = 2)
mlp = mx.sym.SoftmaxOutput(
  data = fc3, name = "softmax")
```

在 MXNet 的框架下，首先需要定义一个数据层，赋值为`data1`。在其基础上定义第1个隐层，默认全连接，赋值为 `fc1`。可以使用 `FullyConnected` 函数定义，代表该层的每一个神经元和下一层的每一个神经元之间都存在一条边。神经元加权计算后需要通过激活函数来处理，在 MXNet 的框架下使用 `Activation` 函数添加一个激活层，此处赋值为 `act1`，选择 "tanh" 函数作为激活函数。

第二个隐层的定义方式也类似，同样由一个全连接层和一个激活层组成，分别赋值为 `fc2` 和 `act2`，除了全连接层上的神经元个数不同，其他的都和第一层相同。

由于本例的标签是二元分类 "pos" 和 "neg"，处理成了数值1和0，选用 Softmax 作为输出函数。当类别为2时，需要构建一个包含2个神经元的全连接层，赋值为 `fc3`，然后在其基础上添加最终的输出层，使用 `SoftmaxOutput` 函数来代表 Softmax 输出。最终得到的符号结构赋值为 mlp。

对于这个符号结构通过 graph.viz 函数可以画出结构图，如图 7–14 所示，可以看到通过以上步骤定义的网络结构和每一层的详情。

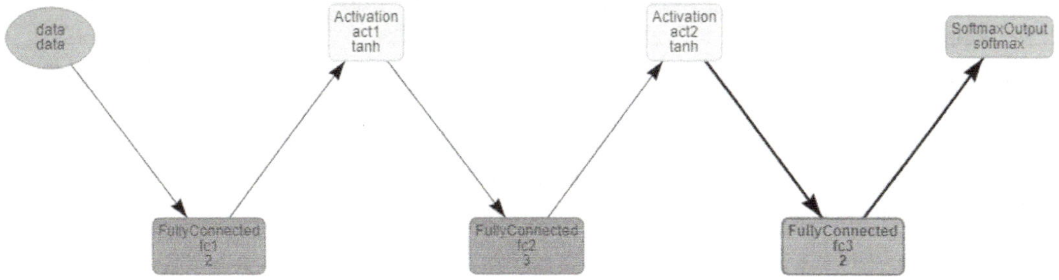

图 7–14　分类模型结构图

将该模型结构传入深度学习的计算框架，就可以实现建模的过程。Python 中可以选择多种模式，使用model.FeedForward.create 的方式来进行计算，这是函数式编程的方式，和R的习惯一致。示例代码如下：

R代码

```
mx.set.seed(0)
m1 <- mx.model.FeedForward.create(
  symbol = mlp, X = X1, y = y1,
  ctx = mx.cpu(), num.round=200,
  learning.rate=0.1,
  array.batch.size=5,
  optimizer = "sgd",
  eval.metric = mx.metric.accuracy)
```

Python代码

```
mx.random.seed(0)
m1 = mx.model.FeedForward.create(
  symbol = mlp, X = X1, y = y1,
  ctx = mx.cpu(),
  num_epoch = 200,
  numpy_batch_size = 5,
  optimizer='sgd',
  eval_metric='acc')
```

运行该函数后，会显示迭代的步骤，可以发现精度会不断提升。MXNet以及一些其他的深度学习框架都使用**小批量随机梯度下降**（mini-batch stochastic gradient descent）的方法求数值解。简单来说，在每次迭代中，先随机均匀采样一个由固定数目训练数据样本所组成的**小批量**（mini-batch），然后求小批量中数据样本的平均损失有关模型参数的导数（梯度），最后用此结果与**学习率**（learning rate）的乘积作为模型参数在本次迭代的减小量。为了确保示例的结果每次都相同，研究者在运行之前设置一个固定的随机数种子，在R中使用mx.set.seed 函数，在 Python 中使用random.seed 函数。

一些常用的参数介绍如下：

- 运行设备：在 R 和 Python 中都是 ctx，用来指定 CPU 或者 GPU，mx.cpu() 表示使用 CPU，mx.gpu() 表示 GPU，如果系统中成功安装了 CUDA 环境，选择 GPU 的话会得到明显的性能提升。
- 学习率，在 R 中通过参数 learning.rate 来设置，Python 不同模型下设置的方式比较灵活，通常在优化器的参数列表中进行设置。
- 迭代步数: 在 R 中通过 num.round 设置，在 Python 中通过 num_epoch 设置，这个数

值越大，迭代的次数越多，相应地准确率也会越高。

- 小批量中的样本个数：如果显卡的显存不是很大，可以把该参数设置小一些，在 R 中通过 array.batch.size 设置，在 Python 中通过 numpy_batch_size 设置。
- 优化器：在 R 和 Python 中都是 optimizer，用来指定优化器，默认都是 "sgd"，表示随机梯度下降法。
- 度量方式：在 R 中通过 eval.metric 设置，在 Python 中通过 eval_metric 设置，用来显示每轮迭代的性能，默认是准确率。

模型训练完之后，可以进行预测。在 R 中使用 predict 函数进行预测，在 Python 中基于模型对象中的 predict 方法进行预测。结果是每一类的概率，可以使用 ROC 曲线并计算其 AUC 值。代码如下：

R代码

```
library(pROC)
#
prob1 = predict(m1, X1)[2, ]
roc1 <- roc(y1, prob1)
```

Python代码

```
from sklearn.metrics
import roc_auc_score
prob1 = m1.predict(X1)
roc_auc_score(y1, prob1[:,1])
```

在 R 中计算得到的 ROC 结果如图 7–15 所示。

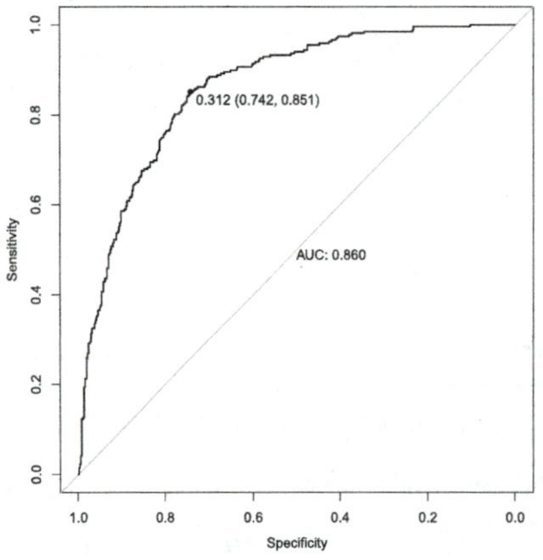

图 7–15 深度学习 ROC 曲线

习题

1. 请简述人工智能的研究方向和发展历程。
2. 感知机模型的原理是什么？请简述其迭代过程和局限性。
3. 简述感知机和逻辑斯蒂回归的异同。
4. 根据图 7–11 中的结果（可以使用示例程序提取），手动计算糖尿病数据集中第一行记录的预测值。

5. 列举5个日常生活中使用深度学习的场景。

6. 基于深度学习的人工智能在未来有可能发展出产生自我意识的机器吗？简述你的想法。

第8章 非结构化数据分析

本章导读

结构化数据和非结构化数据是从数据存储角度划分的概念，起源于数据库领域。简单来说，能够以二维表形式结构化地存储在数据库中的数据是结构化数据。非结构化数据没有固定的数据结构，通常以二进制文件的形式来存储，比如图像、文本、音频、视频等。另外有一些数据的存储结构具备一定的规律，但并非传统关系型数据库的二维结构，称为半结构化数据，比如 XML、Json 等。

数据科学中的结构化数据通常以数据框形式存在。无论是界面化统计软件中的二维表还是 R 与 Python 中的数据框，都和关系型数据库中的二维表类似。特别地，在 R 和 Python 等数据科学的编程语言中，还可以将二维的数据扩展到多维，通过数组或张量的形式来进行结构化描述。第 6 章数据挖掘和机器学习介绍的各种统计学和机器学习方法处理的对象都是结构化数据。

在大数据时代，随着计算机性能的提升和研究方法的创新，非结构化数据已经成了数据科学的重要资源。无论是过去难以处理的文本还是图像，在数据科学中都存在有效的方法和工具进行处理与分析。虽然目前分析非结构化数据的主要思路还是将其先结构化后再分析，但整个分析流程和方法与普通的结构化数据分析仍存在较大差别。

8.1 图像分析

本书在 5.1 节可视化基础中介绍了位图在计算机中的描述形式——由 RGB 矩阵代表的像素点构成。这种存储模式使得研究者可以很方便地将图像数据转化成矩阵（黑白模式）或者张量（彩色模式）。各种常见的图像处理方法背后的技术都是矩阵运算，在 7.3 节深度学习基础中介绍的深度学习方法的主要应用领域也是图像分析。图像分析的技术是机器学习与深度学习的自然延伸，也称计算机视觉。

8.1.1 图像处理基础

图像处理软件和相关的计算机程序通常可以读入图像文件，将其转化成结构化的数组，然后基于一些算法实现各种常规的处理。如果研究者希望直接深入到图像内部的数据结构，可以基于 R 和 Python 对其进行灵活的操作，并借助统计学和机器学习方法实现对图像数据的分析。

R 和 Python 中可以处理图像的包很多。在 R 中，可以选用 `EBImage` 包，该包来自Bioconductor 平台，用户可以访问其主页按照提示进行在线自动安装。在 Python 中，可以选用 `Pillow` 包，可直接基于 `pip` 的方式在命令行自动安装。`Pillow` 是原生的 `PIL` 包的一个改进后的分支，通过`PIL` 包来调用。使用各自的读取图像的函数可以得到图像对象，都命名为“`lena`”。在 R 中可以使用`dim` 函数来查看维度，在 Python 中使用 `size` 属性来查看维度。在R中使用 `display` 函数来查看图片，通过默认浏览器显示。在 Python 中使用 `show` 方法来打开默认图片浏览器显示图片。代码如下：

R代码

```r
library(EBImage)
lena <- readImage("lena.jpg")
dim(lena)
display(lena)
```

Python 代码

```python
from PIL import Image,ImageFilter
lena = Image.open("lena.jpg")
lena.size
lena.show()
```

这里使用图像处理中常用的瑞典模特 Lena 的照片为例，如图 8–1 所示，这是一张灰度模式的照片，分辨率为 512×512。

图 8–1　Lena 原始图像

R 和 Python 都提供了一些函数对图像对象进行处理和运算，不过最直接的方法是将其转化成一般的数值对象，这样就可以以完全结构化的方式进行更灵活的分析。R 中可以使用内置的 `as.array` 函数将图像对象转成数组，使用 `Image` 函数可以通过数组构建图像对象。该对象包含两种色彩模式，“Grayscale” 代表灰度模式，“Color” 代表彩色模式，二维矩阵默认是灰度模式。Python 中可以使用 `numpy` 包的 `asarray` 函数将图像对象转成数组，`Image` 模块下的 `fromarray` 函数可以把数组转回图像对象。代码如下：

R 代码

```r
d1 <- as.array(lena)
dim(d1)
img1 <- Image(d1[, , 1])
```

Python 代码

```python
import numpy as np
d1 = np.asarray(lena)
img1 = Image.fromarray(d1)
```

图 8–2 显示了四种常见的图像操作的结果，分别对应改变尺寸、旋转、左右翻转、上下翻转的结果。这些操作在图像分析中比较常用，缩小尺寸经常用来减少数据的维度从而增强运算效率，旋转和翻转的操作常用作**图像增广**（image augmentation），用来扩大训练样本的数据规模，增强模型的稳健性。

图 8–2　图像改变尺寸、旋转、左右翻转、上下翻转的结果

R 和 Python 中用于改变尺寸和图像旋转的函数名相同。需要注意的是，R 中 `rotate` 函数进行的是顺时针旋转，而 Python 中是逆时针旋转。R 用 `flop` 和 `flip` 分别表示左右翻转和上下翻转，Python 使用 `transpose` 的不同参数表示翻转的模式。这些操作的代码如下：

R 代码

```
img2 <- resize(img1, 200, 100)
img3 <- rotate(img1, 90)
img4 <- flop (img1)
img5 <- flip (img1)
```

Python 代码

```
img2 = img1.resize((200,100))
img3 = img1.rotate(90)
img4 = img1.transpose(
  Image.FLIP_LEFT_RIGHT)
img5 = img1.transpose(
  Image.FLIP_TOP_BOTTOM)
```

还有一种常见的图像处理方式是裁剪，通过设定位置坐标在图像中截取指定的区域。R 的图像对象支持矩阵取子集的操作，可以通过中括号取子集的方式来裁剪。第一个维度代表左边起点到右边起点的范围，第二个维度代表上面起点到下面起点的范围。Python 中使用 `crop` 方法进行裁剪，需要以元组的形式传入四个参数，以左上角的点为坐标原点，四个参数分别代表矩形的左、上、右、下到原点的距离。例如在 Lena 照片的左上角裁剪宽 200 像素、高 100 像素的区域，结果如图 8–3 中第一幅图所示。代码如下：

R 代码

```
img6 <- img1[1:200,1:100]
```

Python 代码

```
img6 = img1.crop((0,0,200,100))
```

除上述方法，还有一些常用的图像处理，比如调节亮度和对比度。这些操作实际上对应着矩阵运算。比如将所有像素的灰度值调高，意味着图像变亮。在 RGB 色彩模式下，RGB 的值分别代表了光学三原色，都为 0 时代表没有光（显示黑色），全部为最大值 255 时代表光线的混合（显示白色）。在灰度模式下 0~255 表示由黑到白的变化，如果 RGB 矩阵的所有数值增加，图像会偏亮，如图 8–3 中第二张图片。

需要注意的是，R 的 `EBImage` 包的 RGB 矩阵默认采用标准化的数值，正常情况下将所

图 8–3 图像裁剪、调节亮度、调节对比度、使用滤镜的结果

有像素值除以 255 后得到 0 ～ 1 之间的实数。如果加上某个数值后超过了 1，或自动标准化之后再显示，会得到增加亮度的效果。Python 的 PIL 包以 0~255 的整数形式存储像素值，如果越界会显示黑色。

类似地，RGB 矩阵乘以一个数之后再标准化，会使像素值之间的差异增大，体现在图像中就是增加了对比度，如图 8–3 的第三张图片。在 R 和 Python 中的代码如下：

R 代码

```
lena1 <- lena + 0.5
lena2 <- 3 * lena
```

Python 代码

```
lena1 = Image.fromarray(d1 + 100)
lena2 = Image.fromarray(d1*3)
```

最后再介绍一类特殊的图像操作，就是**滤镜**（filter），也称为过滤器。滤镜将传入的函数作用于每个元素，然后根据返回值确定新的图像，通常用于图像的变换。在很多图像处理软件中都可以通过滤镜的方式来实现某些效果，其中有一类常用的滤镜操作称为**卷积**（convolution）。图 8–4 显示了卷积的过程，研究者定义了一个 3×3 的矩阵作为卷积核，该矩阵左上角的数值为 4，右下角数值为 –4，其他值都为 0。用这个矩阵对准原始像素值中某个 3×3 的片段，把对应位置的数相乘，然后把 9 个数值相加，这个操作就是卷积。卷积的结果作为新的图像对应位置的数值，按照这种方式用刷子把整个图像都刷一遍，得到的新的图像矩阵，就是该卷积滤镜之后的效果。结果如图 8–3 中第四张图片，读者可以看到这个卷积操作后提取了图像的边缘，形成了类似木版画的效果。

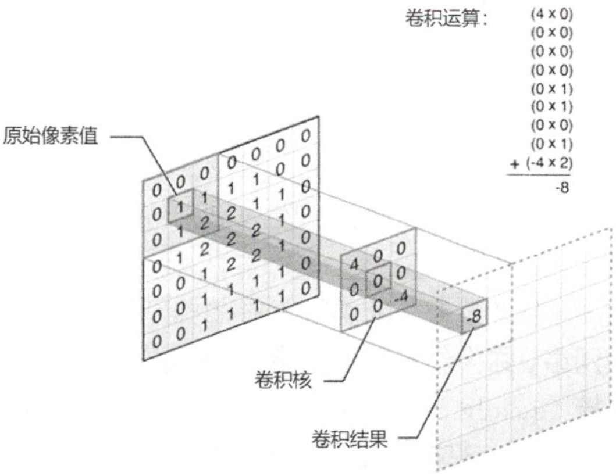

图 8–4 卷积示例

在 R 中可以使用矩阵的形式定义一个卷积核，然后传入 filter2 函数中即可得到一个卷积后的结果。在 Python 中通过 ImageFilter 模块的 Kernel 函数来设置卷积核，基于元组分别设定维度和矩阵的向量，此外还要除以参数 scale 的值进行标准化。在本例中使用的卷积核有 9 个数，因此运算结束后除以 9。把设定好的卷积核传入 filter 方法中也能完成该卷积操作，效果和 R 中的类似。代码如下：

R 代码

```r
con1 <- matrix(
  c(4,0,0,0,0,0,0,0,-4), 3, 3)
img7 <- filter2(img1, con1)
```

Python 代码

```python
con1 = ImageFilter.Kernel((3,3),
  (4,0,0,0,0,0,0,0,-4),scale=9)
img7 = lena.filter(con1)
```

在卷积操作中，卷积核通常从输入数组的最左上方开始，按从左往右、从上往下的顺序，依次在输入数组上滑动。研究者将每次滑动的行数和列数称为**步幅**（stride）。在以上函数中还可以设定步幅的值[①]。

卷积操作除了可以设计各种滤镜进行图像转换，还可以结合深度学习技术进行图像分析。本节将介绍一类最具代表性的深度学习神经网络——**卷积神经网络**（convolutional neural network，CNN），这是图像分类中最常用的网络结构。

8.1.2 卷积神经网络

7.3 节深度学习基础中使用糖尿病数据介绍了神经网络模型，数据包含 8 个特征，一共有 768 个样本。基于该数据训练出分类模型后，如果有新的患者做完检查，将这 8 个指标输入该模型，就可以预测是否罹患糖尿病。假设研究者要从 1 万张 X 线的图片中训练模型以识别肺部恶性肿瘤，也是一个类似的分类问题：先训练一个基于图像数据的分类模型，当一个新的患者拍完 X 线胸片后，将图像结果输入模型来预测恶性肿瘤的概率。这就是典型的图像分类问题。

解决这个问题有两个思路。在传统的思路下，根据人类医生的经验，用计算机算法将相关特征数字化。例如，先用图像识别的算法提取可疑结节的边缘，然后提取形状特征、颜色、是否边缘清晰等特征，用数值进行衡量。此时每幅图像都能转化成一系列的特征，1 万幅图像在一起构成一个设计矩阵，从而可以用各种统计和机器学习方法进行分析。该方式的局限在于太依赖人的经验，而且并不是所有人类能识别的特征都能显式地量化。第二种思路就是使用深度学习模型，将图像的每一个像素值作为一个特征，比如假设图像的分辨率是 $1\,024 \times 1\,024$，那么可以对应大约 10^6 个特征。假设神经网络只有一个隐层，同样具有 10^6 个神经元。和输入层进行全连接之后，就会产生 10^{12} 个权重。这种方式最大的问题在于特征数目过多，整个神经网络变得非常复杂。

为了解决这个问题，研究者参考了人类视觉中的神经系统活动机制，基于卷积的思路构造一种特殊的前馈神经网络，称为卷积神经网络。该模型可以从两个角度对这个复杂的神经网络进行简化：**局部连接**（locally connectivity）和**权值共享**（shared weights）。所谓局部连接，即将图像中某个区域进行卷积操作（比如之前例子里的边缘提取滤镜），用提取的特征

① 详情请查阅相关帮助文档。

代替该区域所有像素，可以得到一个新的矩阵，称为**特征映射**（feature map），又名特征图。该矩阵中的每一个元素对应一个神经元。假设滤镜的尺寸是 10×10，卷积的时候步幅为 10，权重个数可以减少到 $10^6\times100=10^8$。局部连接相当于合并了很多像素，减少了神经元的数目。但是在全连接的模型中，每个提取的特征也会对应一个隐层的神经元，而且权值各不相同，数量级仍然很大。一个改进思路就是设定隐层中的每个神经元到各个特征元素的权数都相同，这也比较符合人类视觉的规律：观察图像不同位置的时候，使用的模式通常是固定的。这样的话每套权数可以对应一个滤镜，通过设置多个特征图来对应多个滤镜，这就是权值共享。在本例中，假设使用 100 个滤镜（对应 100 种图像处理方式），滤镜的尺寸为 10×10，步幅为 10，那么最终的权重个数就只有 $100\times100=10^4$ 了。

通过上述两种操作，可以简化复杂的神经网络中的参数，使之变得易于求解。在 MXNet 等深度学习工具中，专门提供了用来构建卷积层的函数。此外还有一类特殊的隐层在 CNN 中也非常常用，就是**池化层**（pooling），也称为**子采样层**（subsampling）。在卷积操作中，通过构造卷积核可以精确地找到像素变化的位置，很可能相邻两个像素就有很大区别。但在实际的问题中，研究者感兴趣的模式不会总在固定位置，需要允许一定程度的偏移。利用池化层可以缓解卷积层对位置的过度敏感性。和卷积层一样，池化层每次对输入数据的一个固定形状窗口（又称池化窗口）中的元素计算输出。池化层直接计算池化窗口内元素的最大值或者平均值。该运算也分别叫做最大池化或平均池化。图 8–5 展示了池化窗口形状为 2×2 的最大池化。

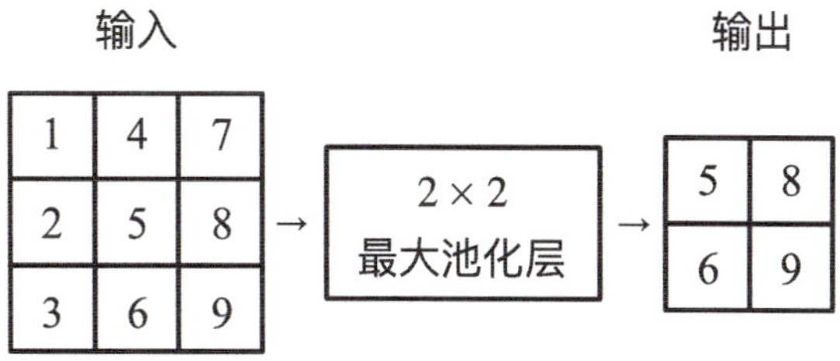

图 8–5 池化示例

无论是卷积还是池化操作，在一定的步幅下遍历整个数组，都会造成结果数组和原始数组的维度差异。例如在卷积操作中，如果输入形状是 $n_h\times n_w$，卷积核窗口形状是 $k_h\times k_w$，那么输出形状将会是：

$$(n_h-k_h+1)\times(n_w-k_w+1)$$

为了保持输入与输出的维度相同，研究者需要进行**填充**（padding）操作。换言之，在输入数组的外围填充元素①。图 8–6 中，原始数组是 3×3 的矩阵，在外围添加了一圈 0 之后，变成了 5×5。那么经过一个步幅为 1 的 2×2 的卷积核的卷积操作后，可以得到一个 4×4 的输出结果。如果只在左侧和上方补 0，那么结果矩阵就和原始矩阵的维度相同。

本节使用一个经典的例子来介绍 CNN 的网络结构。该例来自 2019 年图灵奖得主杨立昆。他在个人网站提供了一个手写邮政编码的数据集，用来训练模型识别手写数字。这是卷积神经网络的经典示例数据集，名为 MIST（mixed national institute of standards and

① 通常是 0 元素。

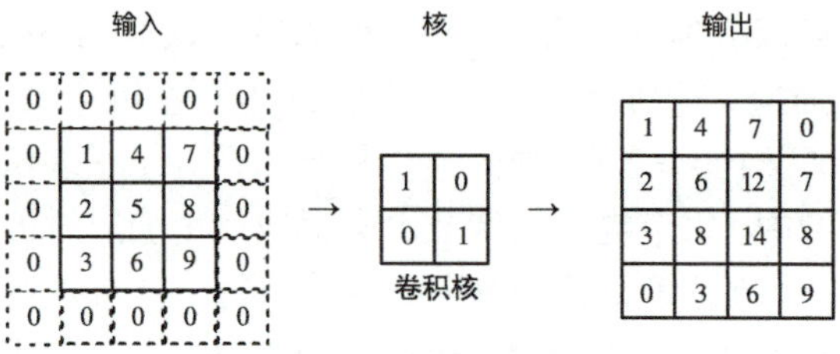

图 8–6　填充示例

technology)，包含了 6 万条训练数据和 1 万条测试数据。其中的手写数字如图 8–7 所示。

图 8–7　手写数字示例

Lecun et al. (1998)提出了一个 7 层结构的卷积神经网络模型，名为 LeNet-5，其架构如图 8–8 所示。该论文处理的图像像素为 32 × 32，在这个模型的基础上可以实现图像分类。从图中可以发现该网络结构比之前例子里的两隐层神经网络复杂得多，但它们在 MXNet 等框架下的建模和求解方式是一样的。基于这个架构可以训练出一个效果很好的手写数字识别模型，在下一节中将介绍具体的操作方式。在实际的应用中，读者也可以对该模型进行修改，或者构建自己的模型。

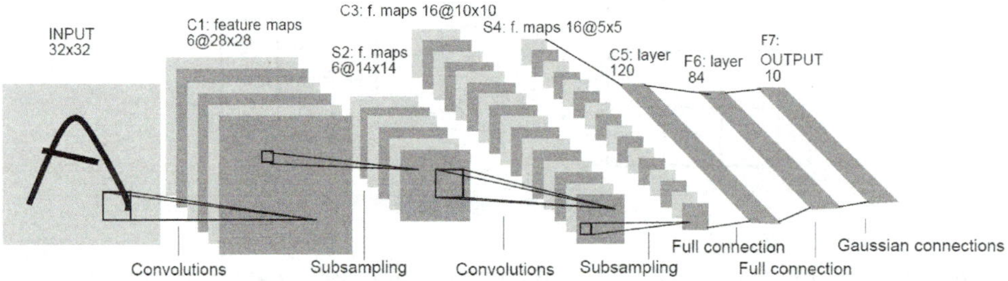

图 8–8　LeNet-5 架构图

8.1.3　图像分类示例

本节以MNIST 数据集和 LeNet-5 模型为例，演示一个完整的图像分类过程。为了能在普通家用电脑上顺利运行，本例将数据集缩小，选取了 5 000 张数字图片作为训练集，1 000 张额外的数字图片作为测试集。图片文件以“00001_0.jpg”的形式命名，下划线左侧的“00001”为该图片的编号，下划线右侧的“0”代表该图像描述的数值，取值范围为 0~9 的整数，用来当做训练集的标签。

首先处理训练集的标签，用向量 y 来表示。使用 R 和 Python 内置的文件处理函数可以列出训练集文件夹内的所有文件名，再使用正则表达式提取文件名中下划线右侧的标签，将其转化成数值，赋值给 y。代码如下：

R 代码

```r
library(mxnet)

fn <- list.files("MINIST/train")
y <- as.numeric(gsub(
  "(^[0-9]*_|\\.jpg$)", "", fn))
```

Python 代码

```python
import mxnet as mx
import os
import re
fn = os.listdir("MINIST/train")
y = [eval(re.sub(
  "(^ [0-9]*_|\\.jpg$)", "", x))
  for x in fn]
y = mx.nd.array(y)
```

然后构建特征集，图像数据对应的张量为 3 维，对于分辨率为 32×32 的灰度模式的图像，其对应的张量的阶数为 $(32,32,1)$。如果数据集由 5 000 张图片构成，那么其对应一个 4 维张量，阶数为 $(32,32,1,5\ 000)$，在程序中首先定义一个数值都为 0 的张量 X，然后通过循环来遍历测试数据文件夹的每一个文件，将其写入 X。代码如下：

R 代码

```r
X <- array(0, dim =
  c(32, 32, 1, length(fn)))
for (i in seq_along(fn)) {
  img0 <- readImage(file.path(
    "MINIST/train", fn[i]))
  img0 <- resize(img0, 32, 32)
  arr1 <- as.array(img0)[,,1]
  X[, , 1, i] <- arr1
}
```

Python 代码

```python
X = mx.nd.zeros((len(fn),1,32,32))
for i in range(len(fn)):
    img0 = Image.open(
    "MINIST/train/" + fn[i])
    img0 = img0.resize((32, 32))
    arr1 =
np.asarray(img0)[:,:,1]
    X[i][0] = arr1 / 255
```

注意 R 和 Python 中维度的顺序是相反的，在构造 X 的结构时有所差异。在这个例子中图像的分辨率为 28×28，为了符合 LeNet-5 的原始模型，本例使用 resize 函数将其分辨率修改为 32×32，这也是图像处理的常用操作。由于本例只考虑灰度的情况，因此色彩模式的维度固定为 1，将每一个图像文件的像素值传入张量 X 的相应维度，即完成了特征集的构建。Python 中像素值用 $0\sim255$ 的整数表示，可以除以 255 来转化成 0~1 之间的标准化数值。

R 代码

```r
fn <- list.files("MINIST/test")
y1 <- as.numeric(gsub(
  "(^[0-9]*_|nn.jpg$)", "", fn))
X1 <- array(0,
  dim = c(28, 28, 1, length(fn)))
for (i in seq_along(fn)) {
```

Python 代码

```python
fn = os.listdir("MINIST/test")
y1 = [eval(re.sub(
  "(^[0-9]*_|\\.jpg$)", "", x))
  for x in fn]
y1 = mx.nd.array(y1)
X1=mx.nd.zeros((len(fn),1,28,28))
```

```
  img0 <- readImage(file.path(
    "MINIST/test", fn[i]))
  img1 <- as.vector(img0.Data)
  X1[, , 1, i] <- img1
}
```

```
for i in range(len(fn)):
    img0 = Image.open(
      "MINIST/test/" + fn[i])
    img1 = np.asarray(img0)
    X1[i][0] = img1 / 255
```

MXNet 训练模型的时候还提供了一个数据框架，可以把训练集、验证集以及相关设置构造成一个整体的数据对象。这样在每一轮迭代的时候可以实时显示模型的训练误差（准确率）和泛化误差（准确率）。示例代码如下：

R 代码

```
train_iter = list(
  data = X, label = y)
val_iter = list(
  data = X1, label = y1)
```

Python 代码

```
batch_size = 100
train_iter = mx.io.NDArrayIter(
  X, y, batch_size, shuffle=True)
val_iter = mx.io.NDArrayIter(
  X1,y1,batch_size,shuffle=True)
```

参考图 8–8 中的 7 层模型结构，建立 LeNet-5 所描述的深度学习模型。下面对每一层分别进行具体的介绍，并基于 MXNet 提供的“Symbol”系统分别定义每一层的符号对象。

1. C1 层：卷积层

本例把图像全部处理成了 32×32 的分辨率，因此在 C1 层里输入的图像数据维度为 32×32。设置 5×5 的卷积核，采用默认的步幅 1，不进行填充操作，那么输出的特征图的维度为 28。原始的 LeNet-5 中使用了 6 个滤镜，对应 6 个卷积核。MXNet 中的工具比较丰富，读者在实际操作中可以设置更多。卷积层完成后，使用 tanh 激活函数进行激活。代码如下：

R 代码

```
data <- mx.symbol.Variable("data")
C1 <- mx.symbol.Convolution(
  data = data, kernel = c(5,5),
  num_filter = 6)
tanh1 <- mx.symbol.Activation(
  data = C1, act_type = "tanh")
```

Python 代码

```
data = mx.sym.var("data")
C1 = mx.sym.Convolution(
  data = data, kernel = (5,5),
  num_filter = 6)
tanh1 = mx.sym.Activation(
  data = C1, act_type="tanh")
```

该卷积层对图像进行第一次卷积操作，每个卷积核对应 $5\times5=25$ 个参数，再加上 1 个常数项的偏移，一共 26 个，6 个卷积核就可以对应 $26\times6=156$ 个参数。由于输入层的神经元数目为 $28\times28=784$，那么该层和输入层之间的连接数为 $156\times784=122\ 304$。但本例只需要学习 784 个参数，这是权值共享的结果。

2. S2 层：池化层

该层的输入来自卷积的结果，维度为 28×28，设置采样区域为 2×2，每个维度的步幅都为 2，进行最大池化，得到的结果是 14×14 的特征图。代码如下：

R 代码

```
S2 <- mx.symbol.Pooling(
  data = tanh1, pool_type="max",
  kernel = c(2, 2), stride=c(2,2))
```

Python 代码

```
S2 = mx.sym.Pooling(
  data = tanh1, pool_type="max",
  kernel = (2, 2), stride=(2,2))
```

由于上一层传入的特征图有 6 个，这一层的池化操作也是 6 个，最终得到 6 个 14×14 的特征图。由于该池化操作的采样区域为 2×2，对应 4 个参数，再加上 1 个常数项的偏移，一共 5 个。对 6 个 14×14 特征图进行池化，一共有 $5 \times 6 \times 14 \times 14 = 5\,880$ 个参数。

3. C3 层：卷积层

该层的输入来自之前池化的结果，维度为 14×14，使用 5×5 的卷积核进行卷积，默认步幅在两个维度都为 1。不进行填充操作，那么输出的特征图的维度为 10×10。LeNet-5 中使用了 16 个卷积核，具体的程序中可以设置更多，卷积之后使用 tanh 进行激活。代码如下：

R 代码

```
C3 <- mx.symbol.Convolution(
  data = S2, kernel=c(5,5),
  num_filter = 16)
tanh2 <- mx.symbol.Activation(
  data = C3, act_type="tanh")
```

Python 代码

```
C3 = mx.sym.Convolution(
  data = S2, kernel = (5, 5),
  num_filter = 16)
tanh2 = mx.sym.Activation(
  data = C3, act_type="tanh")
```

该层的 16 个卷积核如何对应上一层输出的 6 个特征图，可以有不同的组合方式，最终得到的参数数目也会有所不同。LeNet-5 的原始论文中介绍了具体的组合方式，可以通过程序来实现，本例在 MXNet 中使用默认的方式。

4. S4 层：池化层

对于上一层输出的 16 个 10×10 的特征图，分别进行最大池化的操作。选用 2×2 的采样区域，步幅在两个维度上都为 2，最后得到 16 个 5×5 的特征图。代码如下：

R 代码

```
S4 <- mx.symbol.Pooling(
  data = tanh2, pool_type = "max",
  kernel = c(2, 2), stride=c(2,2))
```

Python 代码

```
S4 = mx.sym.Pooling(
  data = tanh2, pool_type="max",
  kernel = (2, 2), stride=(2,2))
```

该池化操作的采样区域为 2×2，对应 4 个参数，再加上 1 个常数项的偏移，一共 5 个。对 16 个 5×5 特征图进行池化，一共有 $5\times16\times5\times5=2\ 000$ 个参数。

5. C5 层：卷积全连接层

在原始的 LeNet-5 中，此处使用 120 个 5×5 的卷积核对上一层的 16 个特征图进行全连接的卷积操作。由于输入的特征图的维度也是 5×5，和卷积核的大小相同，卷积后的结果成了单个数值。相当于 $16\times5\times5=400$ 个神经元和 120 个神经元之间的全连接，加上 1 个常数项的偏移，共有 $(400+1)\times120=48\ 120$ 个参数。

在 MXNet 的实际操作中，可以使用 `Flatten` 方法来"压平"之前的特征核，将其转成类似单层的神经元组合，从而和后面的隐层进行全连接，并对应到一维的输出结果。这种方式比较通用，尤其在图像分析这样具有多维张量结构的场景下会经常使用。本例压平之前的特征图之后再和具有 120 个神经元的隐层进行全连接，然后使用 tanh 函数激活。代码如下：

R 代码

```
flatten <- mx.symbol.Flatten(
  data = S4)
C5 <- mx.symbol.FullyConnected(
  data = flatten,
  num_hidden=120)
tanh3 <- mx.symbol.Activation(
  data = C5, act_type = "tanh")
```

Python 代码

```
flatten = mx.sym.flatten(
  data = S4)
C5 = mx.symbol.FullyConnected(
  data = flatten, num_hidden=120)
tanh3 = mx.sym.Activation(
  data = C5, act_type = "tanh")
```

6. F6 层：全连接层

之后再建立一层具有 84 个神经元的隐层，和之前的 C5 层进行全连接，仍然使用 tanh 函数激活。代码如下：

R 代码

```
F6 <- mx.symbol.FullyConnected(
  data = tanh3, num_hidden = 84)
tanh4 <- mx.symbol.Activation(
  data = F6, act_type = "tanh")
```

Python 代码

```
F6 = mx.sym.FullyConnected(
  data = tanh3, num_hidden = 84)
tanh4 = mx.sym.Activation(
  data = F6, act_type = "tanh")
```

7. F7 层：全连接输出层

原始 LeNet-5 的最后一层是高斯连接，将之前的输出转换成最终的输出结果。这种方法现在已经很少使用，比较通用的做法是全连接到一个拥有和输出类别数相同神经元的隐层，然后基于 Softmax 函数输出。在本例中，类别数是 10（对应数字 $0\sim9$），因此最后一层的神经元数目是 10。和之前的 F6 建立全连接，最后通过 `SoftmaxOutput` 来输出。代码如下：

R 代码

```r
F7 <- mx.symbol.FullyConnected(
  data = tanh4, num_hidden = 10)
lenet<-mx.symbol.SoftmaxOutput(
  data = F7, name = "softmax")
```

Python 代码

```python
F7 = mx.sym.FullyConnected(
  data = tanh4, num_hidden = 10)
lenet = mx.sym.SoftmaxOutput(
  data = F7, name = "softmax")
```

以上就完成了整个 LeNet-5 的 7 层网络的定义。本节分别在 R 和 Python 中代入数据，运行这个模型。在 7.3 节深度学习基础中统一使用 model.FeedForward.create 这种函数式编程的方式来进行计算。此处在 Python 中使用基于对象的更通用的方式，通过 mx.mod.Module 函数建立模型对象，然后基于数据拟合，可以设置更为灵活的参数。

在本例中分别传入训练数据和验证数据，设置优化器、学习率等参数，迭代 100 次。代码如下：

R 代码

```r
ctx = mx.cpu()
mx.set.seed(0)
m1<-mx.model.FeedForward.create(
  lenet, X = X, y = y, ctx = ctx,
  eval.data = val_iter,
  optimizer = "sgd",
  array.batch.size = 100,
  learning.rate = 0.05,
  momentum= 0.9,
  eval.metric=mx.metric.accuracy,
  num.round = 100)
```

Python 代码

```python
m1 = mx.mod.Module(symbol=lenet,
  context = mx.cpu())
mx.random.seed(0)
m1.fit(train_iter,
  eval_data = val_iter,
  optimizer = "sgd",
  optimizer_params =
    'learning_rate':0.05,
  'momentum': 0.9},
  eval_metric = 'acc',
  num_epoch = 100)
```

程序迭代的过程中，读者可以发现训练集和验证集上的准确率都在不断提高。这意味着训练误差和泛化误差在不断减少，最终可以达到超过 97% 的效果。本例的训练环境中使用 Intel i5-9400F 的处理器和 Windows 10 操作系统，并包含一块 NVIDIA GeForce GTX 1050 Ti 显卡，安装了 CUDA 9.2。如果设置 ctx=mx.cpu()，表示基于 CPU 计算，训练以上模型时在 R 中花费了 650 秒，在 Python 中花费了 708 秒。如果设置 ctx = mx.gpu()，表示基于 GPU 计算，在 R 中花费了 35 秒，在 Python 中花费了 36 秒，都可以实现差不多 20 倍的性能提升。

使用 predict 函数或方法可以基于该模型进行预测，将之前处理的验证数据集直接传入，就可以得到模型预测的各类别的概率，从而得到最终的预测类别。如果使用新的图像文件进行预测，参考之前的步骤将图片处理成相应格式的数据对象即可。预测的代码如下所示：

R 代码

```r
prob1 <- predict(prob1, X = X1)
```

Python 代码

```python
prob1 = m1.predict(val_iter)
```

```r
p1 <- apply(pred1,2,which.max)-1
sum(p1 == y1) / length(p1)
```

```python
p1 = prob1.argmax(axis = 1)
np.sum(p1 == y1) / len(p1)
```

以上是一个完整的图像分类的过程，本节使用了一个经典的 LeNet-5 模型。在实际的工作中，研究者还可以对该模型进行修正，或者使用其他的分类模型。在图像分析领域，除了分类，有时候还需要找到感兴趣的目标在图像中的具体位置，称为目标检测。有时候还需要把感兴趣的目标基于精确的边缘提取出来，称为语义分割。这些操作都可以使用深度学习来实现，虽然具体的模型差别很大，但建模和求解的思路和以上介绍的分类过程是一致的。

8.2 文本分析

文本分析的技术基础主要是**自然语言处理**（natural language processing，NLP），是人工智能和语言学领域的一个分支学科，通常是指以计算机为工具对人类特有的书面形式和口头形式的自然语言的信息进行各种类型处理和加工的技术。此外，在工程应用领域常用**文本挖掘**（text mining，TM）来指代文本分析的方法和流程。因此研究者一般提到自然语言处理的时候主要关注具体的模型和方法，提到文本挖掘的时候主要关注分析的流程和应用实践。

图 8–9 描述了这两个概念的区别和联系，大部分常见的文本分析方法都为二者共有。文本挖掘还会包含数据获取、数据清洗、数据可视化等工程应用的内容。自然语言处理还会包含一些对机器翻译、人机对话等事务型工具的研究。本章内容关注文本分析在数据科学领域的应用，主要解决分析型的问题，因此主要基于文本分析和挖掘的框架进行介绍。常见的文本分析方法包括以下内容。

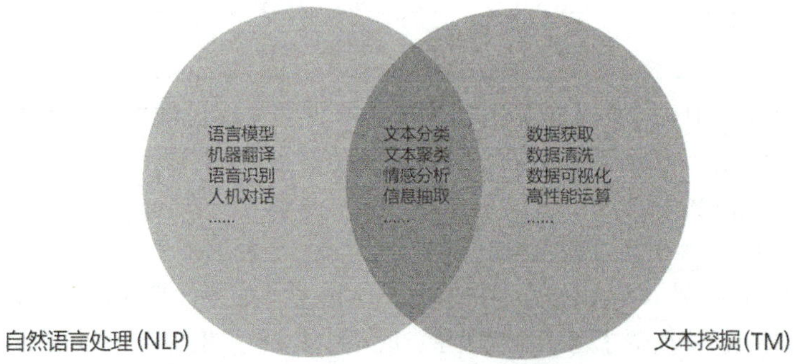

图 8–9　自然语言处理与文本挖掘

- **句法结构分析**（syntactic structure parsing）：又称成分结构分析或者短语结构分析，是指对输入的句子判断其构成是否合乎给定的语法，分析出合乎语法句子的句法结构。句法结构一般用树状数据结构表示，称为句法分析树，简称**分析树**（parsing tree）。完成这种分析过程的程序模块称为**句法结构分析器**（syntactic parser），简称**分析器**（parser）。
- **文本分类**（text classification）：根据一个已经被标注的训练文本集合，找到文本特征和文本类别之间的关系模型，然后利用这种学习得到的关系模型对新的文本类别进行判断。

- **文本聚类**（text clustering）：将文本对象的集合分组成由类似的文本组成的多个类的过程。
- **信息检索**（information retrieval）：从海量的信息资源中找出满足用户信息需求的信息子集。信息检索起源于图书馆的资料查询和文摘索引工作。计算机诞生后，研究内容已经从传统的文本检索扩展到包含图片、音频、视频等多媒体信息的检索。最常见的应用是互联网搜索。
- **信息抽取**（information extraction）：从一段文本中抽取指定的事件、事实等信息，形成结构化的数据。

受篇幅所限，本节主要关注文本数据和普通结构化数据之间的差异与转换方式，并挑选句法分析和文本分类这两类最典型的文本分析方法进行具体介绍。句法分析是文本分析领域特有的分析方法，也是基于演绎推理的经典方法。文本分类是机器学习和深度学习的重要应用领域，在文本结构化之后可以很方便地利用结构化数据中的分类模型进行分析，参照分类方法的流程可以很容易地扩展到其他的机器学习方法中去。

8.2.1 文本数据的处理

在图像数据分析中，一般用 RGB 数值来描述图中的每一个像素点。虽然印刷领域常用 CMYK 等色彩模式来描述像素，但该数值可以很容易地转化成 RGB 模式。对数据分析来说，差别不大。一张图片中每个点的像素值可以构成一个矩阵或者数组，这就成了图像数据的基本表示形式，也是图像数据结构化的标准方法。文本数据的处理思路也类似，但由于文本的特殊性，每个基础元素都有一定的含义，和图像中的单个像素点不同，所以处理方式上存在很多选择。不同的语言，基础元素也会有差异，比如英语可以分为字母、词语、词组、句子等层级，汉语可以分为汉字、词语、短语、句子等层级。通常认为，基于词来构建语言模型的效果最好，也是目前最主流的方式。

中文词语和英文单词不同，并不会由空格自然隔开，因此需要使用模型进行中文分词。中文分词的一个难点在于汉字的灵活性，在不同的上下文语境中有可能含义不同。另外关于汉语中的“词”一直没有精确的界定，主要是因为单字词和词素之间的划界、词和短语（词组）之间的划界问题。通常对分词单位的要求是“结合紧密、使用稳定”，但很多词不好界定，例如花草、蓝天、变成、不知名、一层等。目前比较主流的中文分词技术是隐马尔可夫模型（HMM）、条件随机场（CRF）等，本节不展开讨论。

中文文本分析的第一个重要任务就是分词，研究者可以直接在 R 和 Python 中使用第三方包。目前比较常用的中文分词包是结巴分词，来自 Python 中的 `jieba` 包，R 中的 `jiebaR` 包基于 `jieba` 的 C 语言版实现了 R 接口。本节选择中文分词包 `Rwordseg`，包含了几种不同的分词方式，也可以调用 `jiebaR` 按照统一的函数式接口来输出。以下是在 R 和 Python 中实现中文分词的示例代码：

R 代码	Python 代码
`library(Rwordseg)`	`import jieba`

```
setAnalyzer("jiebaR")
segmentCN("结合成分子时")                    jieba.lcut(" 结合成分子时")

## [1] "结合" "成" "分子" "时"              ## ['结合', '成', '分子', '时']
```

最简单的语言模型是**词袋模型**（bag of word，BoW），把每篇文档看作一个袋子，所有的词汇都装在袋子里，只需要关注每个词的频数信息即可。如果要考虑词与词的依赖关系，还可以使用 N-gram 模型。该模型认为每个基本元素出现的概率只和前面的 $N-1$ 个元素有关，用概率分布来描述文本。一阶情况称为 Unigram 语言模型，二阶情况称为 Bigram 语言模型，三阶情况称为 Trigram 语言模型。

在语言模型的基础上可以选择不同的文本表示方式，从而将非结构化的文本信息转化成结构化数据，对应到不同的分析模型进行分析。最简单的方式是基于词袋模型使用**向量空间模型**（vector space model，VSM）来表示文本，可以很容易地将文本数据转化成数据框，然后使用各种统计模型和机器学习方法进行分析。此外，还可以使用 N-gram 模型结合深度学习来表示文本。本节以向量空间模型为例，介绍文本数据的处理和分析。

向量空间模型由索尔顿（Salton）等人于 20 世纪 60 年代末提出，将文本数据以文档和词项的二维结构来表示。其中**文档**（document）通常是文本信息中具有一定规模的片段，比如句子、段落、整篇文章等，也可称为**文本**（text）。**项**（term）或者**特征项**（feature item）是向量空间模型中最小的不可分的语言单元，可以是字、词、词组或短语，通常使用词作为特征项，因此也称为词项。**词项的权重**（term weight）表示某特征项在文档中的重要度。

先来看一个简单的例子，表 8–1 显示了 5 篇简单的文档，每篇文档只有一句话。真实的场景下每篇文章可能会比较长，但基本结构是相似的。

表 8–1　文本数据示例

编号	文档名	文档内容
1	文档 1	明天利物浦大战曼联。
2	文档 2	后天利物浦大战曼城。
3	文档 3	曼城夺冠已成定局。
4	文档 4	曼联夺冠梦碎。
5	文档 5	曼城夺冠还是利物浦夺冠?

对所有文档进行中文分词之后，得到的结果如表 8–2 所示。

表 8–2　中文分词结果

文档名	文档内容	中文分词结果
文档 1	明天利物浦大战曼联。	明天/ 利物浦/ 大战/ 曼联
文档 2	后天利物浦大战曼城。	后天/ 利物浦/ 大战/ 曼城
文档 3	曼城夺冠已成定局。	曼城/ 夺冠/ 已成定局
文档 4	曼联夺冠梦碎。	曼联/ 夺冠/ 梦碎
文档 5	曼城夺冠还是利物浦夺冠?	曼城/ 夺冠/ 还是/ 利物浦/ 夺冠

分词之后，基于向量空间模型计算每篇文档中每个词的权重，就可以得到二维结构的矩阵。如果行代表特征、列代表文档，称为**词项文档矩阵**（TDM）。如果行代表文档、列代表特征，称为**文档词项矩阵**（DTM）。最简单的度量权重的方式是绝对词频，使用词项在文档中出现的频数表示文本。此外还有**布尔权重**（boolean weighting），用 1 和 0 描述某文档是否包含某词项。表 8–3 是基于之前的分词结构得到的词项文档矩阵，以绝对词频来度量权重。

表 8–3 词项文档矩阵

	文档 1	文档 2	文档 3	文档 4	文档 5
大战	1	1	0	0	0
夺冠	0	0	1	1	2
还是	0	0	0	0	1
后天	0	1	0	0	0
利物浦	1	1	0	0	1
曼城	0	1	1	0	1
曼联	1	0	0	1	0
梦碎	0	0	0	1	0
明天	1	0	0	0	0
已成定局	0	0	1	0	0

下面将基于真实数据演示一个文档结构化的过程。数据中包含了 2 537 条体育新闻，变量“content”表示新闻内容，变量“class”表示文章的类别。其中“F”表示足球新闻，“B”表示篮球新闻。在 R 和 Python 中读入数据：

R 代码

```
library(readxl)
d1 <- read_excel("hupu.xlsx")
head(d1)
```

Python 代码

```
import pandas as pd
d1 = pd.read_excel("hupu.xlsx")
d1.head()
```

在文本数据处理的时候，首先进行中文分词，定义一个向量 c1，用来存储分完词之后的文本，词与词之间用空格隔开。代码如下：

R 代码

```
c1 = segmentCN(d1$content,
 returnType = "tm")

c1[1]
```

Python 代码

```
c1 = [' '.join(jieba.cut(
  d1['content'][i])) for i
  in range(d1.shape[0])]
c1[0]
```

然后基于分词结果建立如表 8–3 示例的 TDM 矩阵。在 R 中可以直接使用一个中文文本分析的包 tmcn，集成了 tm 包中创建 TDM 矩阵的函数。在 Python 中可以使用 sklearn 包来计算 TDM 矩阵，然后使用 pandas 包将其转化成数据框。代码如下：

R 代码

```r
library(tmcn)
library(tm)
tdm1 <- createTDM(c1)
inspect(tdm1)
```

Python 代码

```python
from
sklearn.feature_extraction.text
import CountVectorizer
v1 = CountVectorizer()
a1 = v1.fit_transform(c1)
tdm1 = pd.DataFrame(
  a1.toarray().T,
  index=v1.get_feature_names())
tdm1.head()
```

至此，本例对文本数据完成了结构化处理，得到了以数据框格式存在的 TDM 矩阵，可以用作下一步的分析。

8.2.2 文本分类示例

把 TDM 矩阵转置后，就成为 DTM 矩阵。每一行代表一篇文档，每一列代表一个词项。如果研究者把词项当成特征，把文档当成样本，把数据中的文档类别当做标签，就可以构建机器学习的训练集来训练分类模型。数据处理的代码如下所示：

R 代码

```r
X <- as.data.frame(
  t(as.matrix(tdm1)))
y <- factor(d1$class)
```

Python 代码

```python
X = tdm1.T
y = d1['class']
```

特征集中的每一个特征的数值描述了该词项在每一篇文档中的绝对频数，由于不同文档的长度不同，通常使用词频的占比来描述词频权重（TF）。假设 $n_{i,j}$ 表示词项 t_i 在文档 d_j 中出现的次数，$\sum\limits_k n_{k,j}$ 表示文档 d_j 中所有词项数目之和，词频权重 $TF_{i,j}$ 的计算方式如下：

$$TF_{i,j}=\frac{n_{i,j}}{\sum\limits_k n_{k,j}} \tag{8–1}$$

$TF_{i,j}$ 越大说明该词项在该文章中出现的频率越高，但不能说明这个词的重要程度。比如一些常用的语气助词，在很多文档中的词频比例都很高，反而不那么重要。研究者可以使用逆向文档频率（IDF）来描述低频词。假设 $|D|$ 表示总文档数，$|\{d \mid t_i \in d\}|$ 表示所有文档中包含词项 t_i 的数目，逆向文档频率 IDF_i 计算如下：

$$IDF_i=\log_2\frac{|D|}{|\{d \mid t_i \in d\}|} \tag{8–2}$$

IDF_i 越大说明该词项在所有文章中出现的频率越低。结合这两个指标，研究者可以综合地描述某个词的重要程度。如果一个词在所有文档中的比例比较低、在特定文章中的比例比较高，那么这个词就比较重要，将 TF 和 IDF 相乘可以得到词项 t_i 在文档 d_j 中的 $TF\text{-}IDF$ 值，也常用来作为权重的度量。

R 中的 tm 包中的 weightTfIdf 函数可以用来计算 $TF\text{-}IDF$，Python 的 sklearn 中也提供了相应的方法。示例代码如下：

R 代码

```r
library(tm)
tfidf1 <- weightTfIdf(tdm1)
```

Python 代码

```python
from
sklearn.feature_extraction.text
import TfidfTransformer
tf1 = TfidfTransformer()
tfidf1 =
  tf1.fit_transform(X).toarray()
```

可以把 $TF\text{-}IDF$ 计算后的数值作为特征，也可以直接使用原始值。无论使用哪一种度量方式，目前都存在一个问题，那就是特征的数目太多。之前得到的训练集一共包含 2 357 个样本、17 540 个特征，大量的特征都是很少出现的词，使得整个数据非常稀疏，如果能将这些特征删除，对于建模效率和准确度的提升都是有帮助的。

这个问题实际上也是机器学习领域中的特征选择的问题。在文本数据中，研究者可以根据 $TF\text{-}IDF$、方差等方法来直接选择特征，也可以使用一些常见的特征选择方法，例如 χ^2 统计量。如果令 N 表示训练语料中文档的总数，A 表示属于 C_j 类且包含 t_i 的文档频数，B 表示不属于 C_j 类但包含 t_i 的文档频数，C 表示属于 C_j 类但不包含 t_i 的文档频数，D 表示既不属于 C_j 类也不包含 t_i 的文档频数，那么特征项 t_i 对 C_j 的 χ^2 统计量为：

$$\chi^2(t_i, C_j) = \frac{N \times (A \times D - C \times B)^2}{(A+C) \times (B+D) \times (A+B) \times (C+D)}$$

χ^2 统计量越高，说明其与该类的相关性越大，研究者可以以此为依据，保留最重要的一些特征，例如 χ^2 统计量排名前 20 的特征。R 中的 tmcn 包和 Python 中的 sklearn 包都提供了 SelectKBest 函数，可以选择 χ^2 方法进行特征筛选：

R 代码

```r
library (tmcn)
sk1 <- SelectKBest (X, y,
  method = "chi2", k = 20)
f1 <- unique (unlist(
  lapply (sk1, "[[", "word")))
f1
```

Python 代码

```python
from sklearn. feature_selection
import chi2
from sklearn. feature_selection
import SelectKBest
sk1 = SelectKBest (chi2, k = 20)
sk1. fit_transform (X,y)
f1 = sk1. get_support (True)
list (X. columns [f1])
```

筛选后的数据框就和普通的机器学习使用的数据没什么区别了，可以用来训练分类模型，例如逻辑斯蒂回归。代码如下：

R 代码

```
X1 <- X[, f1]
library(caret)

m1 <- train(X1, y, method="glm",
  family = "binomial")
summary(m1$finalModel)
```

Python 代码

```
X1 = X[list(X.columns[f1])]
from sklearn.linear_model
import LogisticRegression
m1 = LogisticRegression()
m1.fit(X1, y)
m1.coef_
```

逻辑斯蒂回归的解释性很好，可以根据系数的显著性来判断不同特征对分类的影响，比如“欧冠”“英超”“踢”对分类到足球的影响比较大；“nba”“篮板”“季后赛”对分类到篮球的影响比较大，这是符合常识的。研究者还可以基于模型做预测，并计算混淆矩阵和 ROC 的值。代码如下：

R 代码

```
p1 <- predict(m1, newdata = X1)


confusionMatrix(y, p1,
  positive = "F")
```

Python 代码

```
p1 = m1.predict(X1)
from sklearn.metrics import
classification_report
print(classification_report(
  y, p1, labels=['B', 'F']))
```

8.2.3 句法分析

句法分析 (syntactic parsing) 主要分为**句法结构分析** (syntactic structure parsing) 和**依存关系分析** (dependency parsing)，是自然语言处理中的关键技术。和机器学习、深度学习基于数据归纳的思想不同，句法分析包含了大量语言学的规则，同时也借鉴机器学习的思路来训练模型，可以说是人工智能领域中规则驱动和数据驱动的完美结合。

句法结构分析是指对输入的句子判断其构成是否合乎给定的语法，分析出合乎语法的句子的句法结构。以获取整个句子的句法结构为目的的句法分析称为完全句法分析，简称为**完全分析** (full parsing)；以获得局部成分为目的的句法分析称为**局部分析** (partial parsing) 或者**浅层分析** (shallow parsing)。句法结构一般用树状数据结构表示，称为**句法分析树** (syntactic parsing tree)，简称**分析树** (parsing tree)。完成这种分析过程的程序模块称为**句法结构分析器** (syntactic parser)，简称**分析器** (parser)。

中文句法分析常用的语料来自宾夕法尼亚大学提供的 LDC 中文树库 (Chinese Tree Bank，CTB)，通过语言数据联盟 (Linguistic Data Consortium，LDC) 发布。语料取材于新华社等媒体，包含约 45 000 个句子、110 万个词、165 万个汉字。该语料库把汉语中的词划分成不同种类的元素，其标注编码如表 8–4 所示。

假设一个句子按照以上标注集的编码分好了词：“(NR 张三) (VV 参加) (AS 了) (NN 会议)”。研究者知道 NR 表示专有名词，VV 表示动词，AS 表示体标记 (了)，NN 表示名词。另外使用 IP 表示简单句，VP 表示动词短语，NP 表示名词短语。假设存在一个上下文无关

表 8–4 CTB 词性编码

标记	英语解释	中文解释
AD	adverbs	副词
AS	Aspect marker	体标记（例：了、在、着）
BA	in ba-const	“把”“将”的词性标记
CC	Coordinating conjunction	并列连词，“和”
CD	Cardinal numbers	数字，“一百”
CS	Subordinating conj	从属连词（例：若、如果）
DEC	for relative-clause etc	“的”词性标记
DEG	Associative	联结词“的”
DER	in V-de construction, and V-de-R	得
DEV	before VP	地
DT	Determiner	限定词，“这”
ETC	Tag for words in coordination phrase	等，等等
FW	Foreign words	例子：ISO
IJ	interjetion	感叹词
JJ	Noun-modifier other than nouns	
LB	in long bei-construction	例子：被，给
LC	Localizer	定位词，例子：“里”
M	Measure word(including classifiers)	量词，例子：“个”
MSP	Some particles	例子：“所”
NN	Common nouns	普通名词
NR	Proper nouns	专有名词
NT	Temporal nouns	时序词，表示时间的名词
OD	Ordinal numbers	序数词，“第一”
ON	Onomatopoeia	拟声词，“哈哈”
P	Preposition (excluding 把 and 被)	介词
PN	pronouns	代词
PU	Punctuations	标点
SB	in long bei-construction	例子：“被”“给”
SP	Sentence-final particle	句末助词，“吗”
VA	Predicative adjective	谓语形容词，“红”
VC	Copula	系动词，“是”
VE	as the main verb	“有”
VV	Other verbs	其他动词，普通动词

文法的产生式：

(1) IP $\rightarrow$ NP, VP

(2) VP $\rightarrow$ VV, AS, NP

(3) NP $\rightarrow$ NN

(4) NP $\rightarrow$ NR

那么基于这些规则可以实现以下推导：

- 根据规则 (3) 和 (4)，可以得到两个 NP：(NP(NR 张三)) (VV 参加) (AS 了) (NP(NN 会议))。
- 根据规则 (2)，可以得到一个 VP：(NP(NR 张三)) (VP(VV 参加)(AS 了)) (NP(NN 会议))。
- 根据规则 (1)，可以得到一个简单句：(S(NP(NR 张三)) (VP(VV 参加)(AS 了)) (NP(NN 会议)))。

从而得到了树状结构的句子成分。研究者可以借助第三方工具来自动进行结构分析，一个比较流行的工具是 Stanford NLP 系统。该系统基于 Java 开发，运行在 JRE 环境中，目前发布了 Python 版本，可以整合在 Python 的文本分析框架 nltk 中。R 可以使用 coreNLP 包来调用，设置好 Java 文件的路径即可。在 R 和 Python 中进行句法结构分析的代码如下：

R 代码

```
library(coreNLP)
initCoreNLP("D:/nlp/stanaforanlp",
  type = "chinese", mem = "2g")
out<-annotateString("代码结束了")
Encoding(out$parse) <- "UTF-8"
cat(getParse(out))
```

Python 代码

```
from nltk.parse import stanford
nlp1 = stanford.StanfordParser(
r"D:/nlp/stanford-corenlp-
3.6.0.jar",
r"D:/nlp/stanford-corenlp-3.6.0-
models.jar",
r"D:/nlp/chinesePCFG.ser.gz")
out = nlp1.parse(" 代码结束了")
list(out)
```

Stanford NLP 的核心模块是 Stanford CoreNLP，包含了基础的分析功能。Stanford Parser 是其中的句法分析模块，网址是用来实现分词、词性标注、实体识别、句法分析等功能，此外还包括了词性标注模块 Stanford POS Tagger、分词模块 Stanford Word Segmenter（支持阿拉伯语和中文）、命名实体识别器 Stanford Named Entity Recognizer、分类器 Stanford Classifier 等。该工具的句法分析模块除了可以实现句法结构分析，也能实现依存关系分析。

依存关系分析，简称**依存分析** (dependency parsing)。在自然语言处理中，除了需要知道整个句子的短语结构树，还需要知道句子中词与词之间的依存关系。用依存关系来描述语言结构的框架称为**依存语法** (dependence grammar)。这套方法把处于支配地位的词称为**支配词** (head)，也称核心词，把处于被支配地位的词称为**从属词** (dependency)，也称修饰词。基于不同的假设，比如配价理论等，可以提取句子中各成分和支配词之间的关系。

在具体的文本分析应用中，研究者通常会使用句法分析来深入理解文本中的细节，然后和机器学习方法相结合，从而最大化地发挥其价值。

8.3 音频分析

声音数据是另一种非常重要的非结构化数据，其来源是模拟信号，由听觉器官进行解析后转化成大脑中的信息。如果能够将声音的模拟信号转化成数字信号，就可以实现声音数据的结构化，从而结合各种统计学与机器学习的方法进行分析，通常称为**音频分析**（audio analysis）。本节简单介绍音频数据的处理方法和分析框架，作为常见的非结构化数据的一个补充。

8.3.1 音频数据的处理

声音是由物体振动而产生的一种波，称为声波。发生振动的物体称为声源，传播的介质包括空气、液体、固体等。声音在不同的传播介质中的传播速度不同。波的两个重要属性**频率**（frequency）和**振幅**（amplitude）决定了人类听到的声音的主要差异。**音调**（pitch）的高低由频率决定，频率越高音调就越高。频率的单位是 Hz（赫兹），表示每秒周期性变动重复的次数，人类听觉可以感知的频率范围为 20~20 000Hz 之间。**响度**（loudness）是人类主观感受到的音量大小，通常由振幅和人离声源的距离决定，就声波本身来说，振幅越大响度越大。

单个声波（频率固定）形成的声音称为**纯音**（pure tone），在自然界很少见，一般使用音叉来产生近似的纯音。自然界的大部分声音都是**复合音**（complex tone），可以看作由很多不同频率和振幅的正弦波叠加而成。这种叠加产生的复杂波决定了声音的**音色**（timbre），还直接影响人类对声音信息的解析。

声音信号是时间和幅度都连续变化的一维模拟信号。人类听觉器官采集到的信息是复合后的声波，计算机获取声音信号的场景也和人类听觉器官相似。不过计算机需要将声音信号数字化，也就是离散化后才能处理。假设声音的模拟信号是一个随着时间 t 连续变化的函数 $X_a(t)$，如果以一定的时间间隔 T 对连续信号取值，则连续信号 $X_a(t)$ 即变成离散信号 $X(n) = X_a(nT)$。这个过程称为采样，其中两个取样点之间的间隔 T 称为采样周期，它的倒数 F_s 称为采样率 (韩纪庆等, 2019)。

根据语音信号领域的采样定理，当采样频率大于信号最高频率的两倍时，在采样过程中就不会丢失信息。国际电报电话咨询委员会（CCITT）建议电话语音的采样频率为 8 000Hz。一般来说，采样频率在 8 000~100 00Hz 之间就可以很好地还原人声进行语音识别了。在有些领域对声音信号的质量要求更高，会采用更高的采样频率，比如调频广播常采用 22 050Hz 的采样率，音频 CD 的采样率通常设置为 44 100Hz。超过该采样率，人耳就很难分辨了。一些蓝光盘、高清晰度视频的音轨可能会设置 96 000Hz 及以上的采样率。

以一个音频数据"beibei.mp3"为例，这是一首 MP3 格式的歌曲，查看其属性显示该音乐的持续时间为 4 秒，采样率为 44 100Hz。根据采样率的定义，将其数字化之后应该会得到 $4 \times 44\ 100 = 176\ 400$ 个样本点。R 中的 `tuneR` 包和 Python 中的 `librosa` 常用来处理音频数据，研究者可以使用它们读取该音频文件，并查看读取到的声音对象的详情。代码如下：

R 代码

```r
library(tuneR)
x <- readMP3("beibei.mp3")
x

## Wave Object
```

Python 代码

```python
import librosa
x, sr = librosa.load(
  "beibei.mp3",
  sr = 44100,
  mono = False)
```

```
## Number of Samples:          179712        x.shape
## Duration (seconds):         4.08
## Samplingrate (Hertz):       44100         ## (2, 176400)
## Channels (Mono/Stereo):     Stereo
## PCM (integer format):       TRUE          sr
## Bit (8/16/24/32/64):        16            ## 44100
```

R 会将数据读入到一个类型为“Wave”的对象，包含了数据集和采样率等信息。注意该 MP3 文件是立体声的，因此 R 中自动识别其为“Stereo”模式（否则是单声道“Mono”）。在数据集中对应两个向量，可以通过“x@left”和“x@right”的方式获取。需要注意的是 R 读取的样本向量的长度为 179 712，持续时间为 4.08 秒，这是因为在立体声模式下，音乐文件的左右两声道有 0.08 秒的延迟，R 自动在数据上补齐。

Python 会将数据读入成一个 ndarray 格式的数组和一个代表采样率的数值，在读取文件的时候需要手工设置立体声模式（将参数 mono 设置为 False）和采样率，否则会使用默认的单声道模式以及 22 050 的采样率。在立体声模式下，Python 将左右两声道的数据存成一个二维数组，每个维度的长度保持原样，都为 176 400。

研究者可以手工提取时间序列后绘制波形图，也可以直接使用内置的绘图函数来绘制。代码如下：

R 代码

```
plot(x)
```

Python 代码

```
import matplotlib.pyplot as plt
import librosa.display
librosa.display.waveplot(x, sr)
plt.show()
```

R 绘图的结果如图 8–10 所示，Python 的结果也类似。读者可以看到左右两声道的波形分别在图的上下显示，横轴是时间，纵轴是振幅。该首歌曲的声音主要集中在第 0.65~1.85 秒之间，持续了大约 1.2 秒。

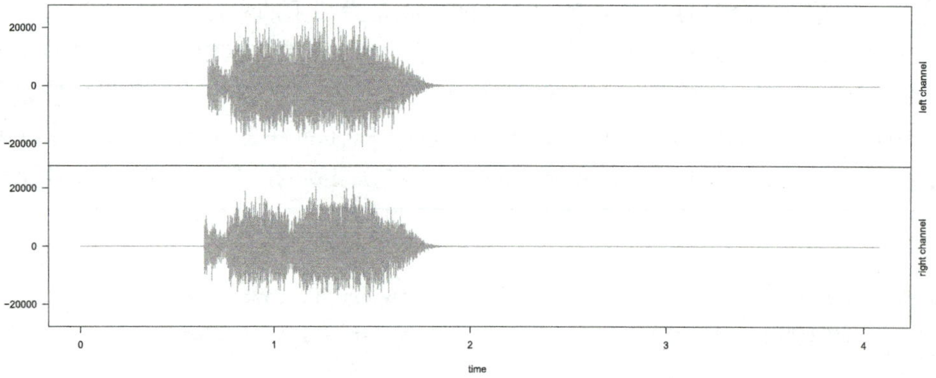

图 8–10 音频数据的波形图示例

对于以上结构化的音频数据，可以基于向量或者矩阵的操作来进行变化，比如截取子集等。将处理后的数据对象写入二进制文件，就可以得到新的声音文件。例如将原始的声音对象写入一个名为“beibei.wav”的文件。代码如下：

R 代码

```r
writeWave(d1, "beibei.wav")
```

Python 代码

```python
librosa.output.write_wav(
  "beibei.wav", x, sr)
```

8.3.2　音频特征的提取

从上面的例子可以发现，哪怕只有 4 秒的一段声音，也可以对应 176 400 个样本点（R 中是 179 712 个样本点）。点与点之间的差异其实很小，研究其振幅的绝对数值也意义不大。在音频数据分析中，通常假设声音信号在 10 ~ 30 毫秒的短时间内是平稳的，也就是说在该时间范围内信号的特性基本保持不变，从而将整个语音信号分成一段一段地进行分析，每一小段称为一**帧**（frame），这种分析方式也称为短时分析。

把一段声音信号的序列分成不同的帧之后，使用一些方法提取每一帧内波形的特征，可以对数据进行更好的研究。设置帧的长度为 512，那么在本例中的帧数为 179 712/512 = 351，图 8–11 显示了第 99 帧里频率和振幅之间的关系（频谱图）。

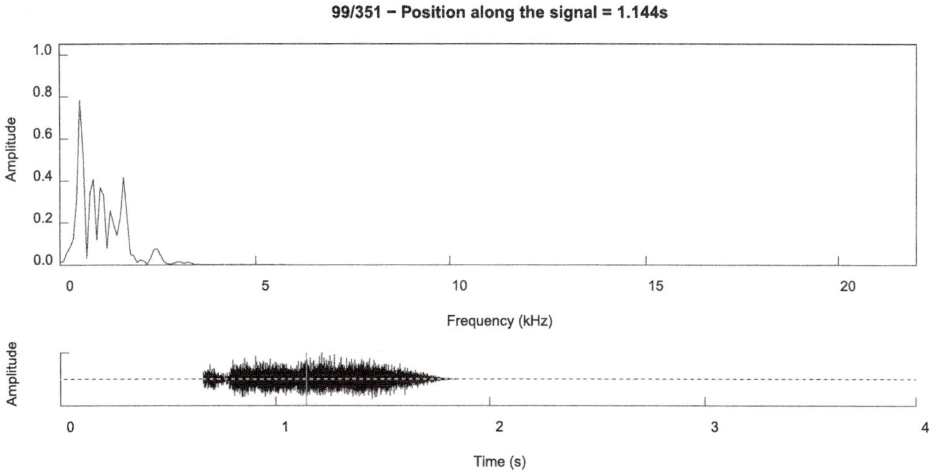

图 8–11　声谱图示例

常用的操作方式是选择不同的窗函数后，对每一帧使用傅里叶变换得到频谱图。常用的窗口函数有矩形窗、汉明窗、汉宁窗等，R 中 seewave 包里的 spectro 函数和 Python 中 librosa 里的 stft 函数都可以实现短时傅里叶变换。代码如下：

R 代码

```r
library(seewave)
d1 <- spectro(x, wl = 512)
```

Python 代码

```python
d1 = librosa.stft(x,
  n_fft = 512)
```

更进一步地，为了分析语音，研究者可以提取每一帧内符合人类听觉规律的特征。常用的方法是 Mel 频率倒谱系数 (MFCC)。MFCC 可以把人耳的听觉感知特性和语音的产生机制相结合，因此在大部分和语音识别相关的任务中得到广泛使用。

研究表明，人类耳蜗相当于一个滤波器组，在 1 000Hz 以下为线性尺度，在 1 000Hz 以上为对数尺度。换言之，人耳对低频信号比高频信号更敏感。研究者根据心理学实验得到了 Mel 频率的公式：

$$f_{Mel} = 2\,595 \times \log(1 + f/700) \quad (8\text{–}3)$$

在实际的操作中，首先将频率按照式 (8–3) 变换到 Mel 域，再将信号分帧，经过窗口处理 (比如汉明窗)，然后进行短时傅里叶变换得到其频谱。根据频谱计算能量谱，再用 Mel 滤波器进行滤波，然后进行叠加和一些函数处理后，得到 L 个 MFCC 系数，L 的取值一般在 12~20 之间，R 默认输出 12 个系数，Python 默认输出 20 个系数。代码如下：

R 代码

```r
m1 <- melfcc(x)
dim(m1)
```

Python 代码

```python
m1 = librosa.feature.mfcc(
  x, sr, n_mfcc = 12)
m1.shape
```

假设窗口数为 L，MFCC 系数个数为 L，结果则为 $N \times L$ 的矩阵，从而将一段音频信号转成了结构化的矩阵。R 和 Python 都提供了绘图函数来展现 MFCC 的结果。代码如下：

R 代码

```r
image(m1)
```

Python 代码

```python
librosa.display.specshow(m1,
  sr = sr, x_axis = "time")
plt.show()
```

Python 得到的图形结果如图 8–12 所示，读者可以看到在该歌曲中间 0.65~1.85 秒的区段有明显不同，12 个特征之间也存在差异。

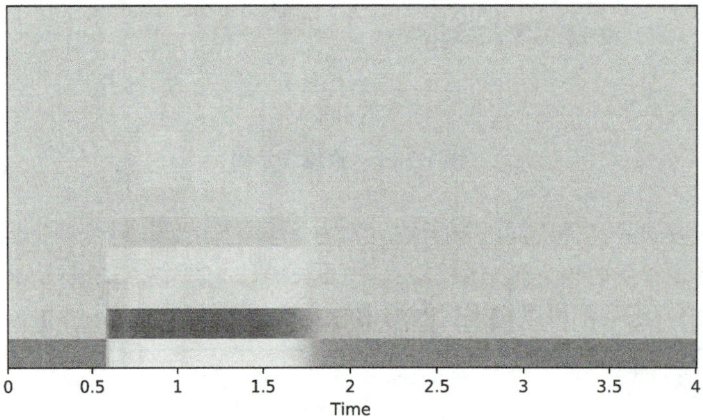

图 8–12 MFCC 结果

基于 MFCC 的结果，研究者可以分析多段声音样本，还可以把每段声音中各帧的特征进行总体研究，然后得到新的特征，最终转化成经典的机器学习问题。

习题

1. “非结构化数据通常是高维的”，这句话是否正确？该如何理解？

2. 在 LeNet-5 的例子中，使用 R 或者 Python 在网络中增加一层卷积层，并比较预测的准确度和计算时间。

3. 在文本分析中，中文和英文哪个更容易处理？为什么？

4. 举例说明句法分析的应用领域。

5. 简述一个基于音频数据实现语音识别的思路。

6. 如果要设计一个自动对高考试卷进行阅卷评分的机器，有可能实现吗？谈谈你的思路和看法。

第9章 数据库和数据仓库

本章导读

本书在第 2 章数据科学的编程工具中介绍了 R、Python 和 Julia 中的数据结构。该章以编程语言数据对象的操作实务为重点，从数据分析的角度展开讨论。在数据科学的工程实践中，研究者通常需要对数据的管理有更深入的认识和更细致的操作，涉及计算机科学中的数据库和数据仓库技术。本章从工程应用的角度对数据结构和数据管理进行讲解。

9.1 数据结构简介

在计算机科学里，数据结构指互相之间存在一种或多种特定关系的数据元素集合（刘振鹏等，2016）。任何问题中的数据元素都不是孤立的，总会存在各种关系，这种数据元素之间的关系称为结构。描述这些关系抽象出来的数学模型称为逻辑结构，主要包括集合结构、线性结构、树形结构、图形结构四种类型，是数据科学领域关注的重点。此外，数据结构还包括物理结构（也称存储结构），研究数据结构在计算机中的实现方法。

9.1.1 数据的测量尺度

计算机科学通常从数据的存储阶段开始关注，但数据科学需要更早的介入，在数据的采集或观测阶段开始考虑数据的测量尺度。参照统计学中的定义，数据科学也将数据的测量尺度分为四类：定类尺度、定序尺度、定距尺度和定比尺度。

定类尺度（nominal measurement）是按照事物的特征辨别和划分异同的测量层次，也称为类别尺度、名义尺度。例如性别数据，可以用 1 代表男性，用 2 代表女性。这两个数值只描述差异，不存在大小之分，也可以用字符来替代。在一些统计计算语言中（例如 R）会使用“因子”这一特殊的结构来描述定类尺度的数据变量。该尺度下的数据可以进行 $=$ 和 $\neq$ 运算。

定序尺度（ordinal measurement）是按照事物的特征依顺序和级别进行排列的测量层次，也称为顺序尺度、等级尺度。例如收入数据，可以分为低收入组、中等偏下收入组、中等收入组、中等偏上收入组、高收入组这五个级别。每个级别的收入不同，且层层上升，具有顺序关系。在数据的计量和分析中，研究者通常使用顺序增加的编号来描述，例如第 1、2、3、4、5 组。该尺度的数据除了可以进行 $=$ 和 $\neq$ 运算，还能进行 $>$、$<$、$\leqslant$ 和 $\geqslant$ 运算。

定距尺度（interval measurement）是既能将事物区分类别和等级，又可以确定其之间数量差别、间隔距离的测量层次，也称为间隔尺度、区间尺度。在收入等级中，虽然不同等级存在大小的区别，但分割方式并不一定均匀，第 1 级和第 2 级的差距很可能比第 4 级和第 5 级的差距小得多。但是有些数据（例如气温），从 20°C 上升到 30°C 和从 30°C 上升到 40°C 的变化是相同的。该尺度下的数字之间除了可以比较大小，其差额也是有意义的，因此还支持 $+$ 和 $-$ 运算。

定比尺度（scale measurement）是在定距尺度上增加绝对零点的测量层次，也称为等比尺度、比率尺度。类似温度的数据，因为 0°C 并不是绝对零点，所以不能说 40°C 是 20°C 的 2 倍。没有一个固定的原点的话，数字之间的比例关系就没有意义。但是有些数据（例如重量）衡量了物体的质量，由于最小值近似为 0，所以 100kg 是 50kg 的 2 倍。这样的测量尺度除了可以进行 $+$ 和 $-$ 运算，还可以进行 $\times$ 和 $\div$ 运算。

在数据科学中，不同尺度的数据对应不同的分析方法。定类尺度数据通常对应分类变量，用来比较分组的差异。定序尺度数据通常对应**秩**（rank）统计量，可以采用非参数统计的方法分析。定距尺度和定比尺度的数据对应数值型变量，根据其分布情况可以选用基于不同假设的统计模型。

9.1.2 数据的基础类型

数据类型（data type）是一个值的集合和定义在这个值集上一组操作的总称，最早出现在一些高级程序设计语言中，用来刻画程序操作对象的特性。程序语言中的每个变量、常量或表达式都有一个它所属的确定的数据类型。一般来说，数据类型可以分为两类：一类是原子类型，另一类是结构类型。

原子类型的值是不可分解的，例如 C 语言包含的**整型**（int）、**字符型**（char）、**浮点型**（float）、**双精度型**（double）等基本类型。很多其他编程语言的基本类型都相似，可能名称略有不同。

- 整型表示整数，一般在内存中占 2 个字节。有些编程语言还有**长整型**（long）结构，占 4 个字节。有一类比较基础的数据类型——逻辑型在很多编程语言中实际上是基于整型数据存储，通常用 0 和 1 表示，但是可以声明成逻辑型，并支持逻辑运算。R 和 Python 中的逻辑型数据都可以同时支持整数和逻辑运算，也可以很容易地转化成整型数据。
- 浮点型和双精度型都用来表示实数。由于计算机只能存储整数，所以实数都是约数，需要指定精度。单精度的**实数**（single real）在内存中占 4 个字节，通常可以保存 8 位有效数字（1 位整数加 7 位小数），在 C 语言等编程语言中称为浮点型数据。**双精度的实数**（double real）在内存中占 8 个字节，通常可以保存 16 位有效数字，在 C 语言等编程语言中称为双精度型数据。R 不区分浮点型和双精度型，使用一个单独的**数值型**（numeric）作为原子类型。
- C 语言等编程语言中的字符型数据代表单个的字符，作为原子类型而存在。如果需要表示字符串，就使用结构类型的字符串，并提供一些字符串操作的函数或方法。R 和 Python 中不区分字符与字符串，都用字符这种原子类型来表示，极大地简化了操作，非常方便数据科学的使用。

不同编程语言在原子类型基础上大都提供了一些复合的结构，称为结构类型。其值通常由一些基础元素按照某种结构组成，在不同的应用领域，适用于不同的结构。例如 R 和 Python 中的数组就是典型的结构类型。每个基本元素都是数值或者字符，可以实现一些数组操作和矩阵运算，在数据科学中很常用。此外还有数据框，已经成了数据分析中的基础结构，同样由数值和字符等基础元素构成，还可以和数组进行转化。

9.1.3 数据的逻辑结构

数据的逻辑结构通常分为集合结构、线性结构、树形结构、图形结构四种类型 (刘振鹏等，2016)。集合结构中元素的关系比较松散，只属于同一个集合，可以认为彼此之间不存在关系。另外三种结构描述了三类关系，线性结构中的元素之间存在一对一的关系，树形结构的元素之间存在一对多的关系，图形结构的元素之间存在多对多的关系。在具体的使用中，以 7 种结构比较常见。

1. 线性表 (linear list) 和数组 (array)

线性结构中最简单的结构是线性表，其中的所有元素都具有相同的数据类型，按照顺序一个接一个地排列。其典型的实现方式是顺序存储，把各个元素依次存放在一组连续的内存单元中，可以很容易地根据序号来查询。这样的线性表也称为顺序表。在数据科学的应用中，这种简单的顺序表比较类似向量，可以使用下标实现对位置的快速查询。

如果线性表的下标维度超过 1，就是常用的数组结构。数组也被认为是线性表的推广，在不同的编程语言中有不同的实现方式，有些编程语言里实际上就是一维的线性表加上额外的维度信息。在数据科学里，数组具有特殊的意义，很多分析模型都需要基于数组来实现，尤其是二维形式下的矩阵，是很多算法的基础。

线性表还有一种推广方式，其元素可以是其他的线性表，或者形成递归的结构，称为**广义表** (lists)。Python 和 R 中的列表结构都是广义表。列表在 Python 中是数据分析的基础结构，在 R 中是最常用的复合结构，其包含的元素可以是任何对象。

2. 链表 (linked list)

顺序表的每个元素存在一组相邻的内存单元，查询时非常高效，但是删除和新增元素时需要改变其他元素的位置，相对较麻烦。另一种存储方式是把每个元素随机存储，除了存储该元素的值之外，还存储下一个元素的位置，这样的结构就称为链表。链表也是一种常见的线性表，使用上也和向量类似，形式上和顺序表没差别，但是存储的方式完全不同。链表查询时需要重头开始遍历，比线性表费时，但是插入和删除时很容易，以插入元素为例，改变要插入的位置的指针即可。

3. 栈（stack）

栈也是一种线性结构，其中的元素遵守“先进后出”[1] 的规则。最早进入的元素存放的位置称为**栈底**（bottom），最后进入的元素存放的位置称为**栈顶**（top），如图 9–1 所示。

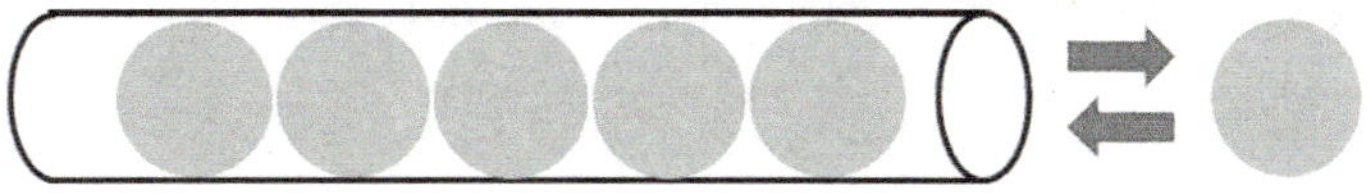

图 9–1　栈结构示例

进栈操作（push）会把新元素推入栈中，其位置成为新的栈顶。**出栈操作**（pop）会把顶部的元素从栈中弹出。该数据结构可以用来实现一些算法的操作，具体的存储方式可以基于数组也可以基于链表。但是从逻辑上来看，也是一种基础的数据结构。

4. 队列（queue）

队列与栈类似，但遵守“先进先出”[2] ，如图 9–2 所示。最早进入的元素的位置称为**队头**（front），最晚进入的元素的位置称为**队尾**（rear）。

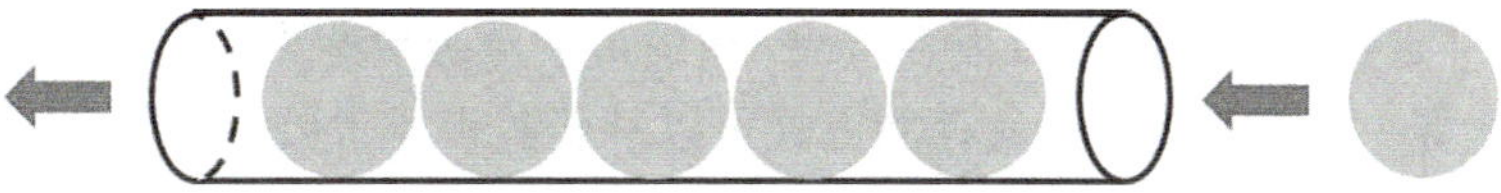

图 9–2　队列结构示例

入队操作（enqueue）会把新元素从队尾放入队列中，**出队操作**（dequeue）会把队头的元素移出队列。其存储方式同样可以基于数组或者链表，也是一种很常见的逻辑结构。

5. 哈希表（hash table）

在之前介绍的几种数据结构中，查询效率最高的是数组，根据下标就可以在常数时间内迅速找到该位置的元素。但是如果不知道下标或者序号，查询时就需要遍历整个数组，不再高效。哈希表可以不依赖于数组的下标，把某个名称和位置关联起来实现快速的查询。

哈希表也称为散列表，是一种线性结构，提供了**键**（key）和**值**（value）的映射关系。键就是需要查询的名称，值就是其对应的位置中存储的值。不同编程语言中哈希表的具体结构可能有所不同，但都可以实现常数时间的查询，非常方便。

Python 中的字典结构就提供了哈希表的功能，可以实现快速查询。R 的基础包中没有直接的哈希函数，但是在环境对象中提供了哈希功能，可以用来实现哈希表。另外有一些 R 的第三方包也提供了哈希表功能。

---

[1] 即 first in last cut，FILO。

[2] 即 first in first out，FIFO。

6. 树 (tree)

树是一种典型的非线性结构，如图 9–3 所示。1 号**节点** (node) 是其起点，称为**根节点** (root)。根节点下方可以有很多分叉，称为其**子节点** (child)。每个节点都可能有子节点，只要包含子节点，该节点就称为其子节点的**父节点** (parent)，如果某个节点不存在子节点，就称其为**叶节点** (leaf)。

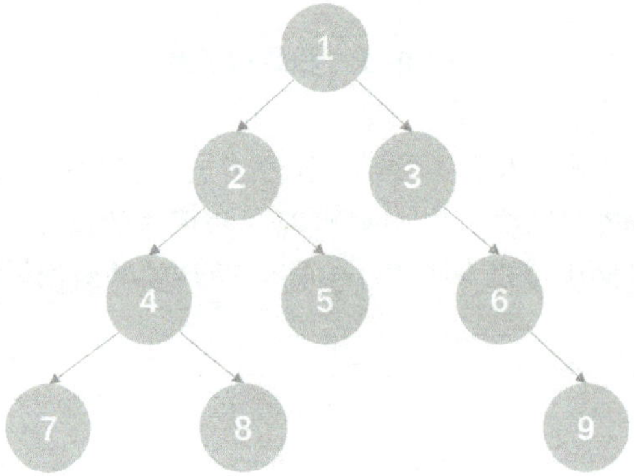

图 9–3　树结构示例

从树的根节点到叶节点可以有很多层级，树的最大层级数称为树的深度，图 9–3 中树的深度为 4。树也是一种逻辑结构，其存储方式可以基于链表或者数组，在算法设计和最优化方法中有着广泛的应用。决策树等机器学习模型也是基于树结构构造的。

7. 图 (graph)

图也是一种非常常用的非线性结构，如图 9–4 所示。其基础元素也是节点，不同元素之间存在连接关系，称为**边** (edge)。在不同的使用场景里，边也可称为**关系** (relationship)、**连带** (tie)、**链接** (link) 或者**连接** (connection)。如果连接有方向的话，两端的顶点分别是**源** (source) 和**目标** (target)。如果边的大小有差异，其数值称为权重 (weight)。

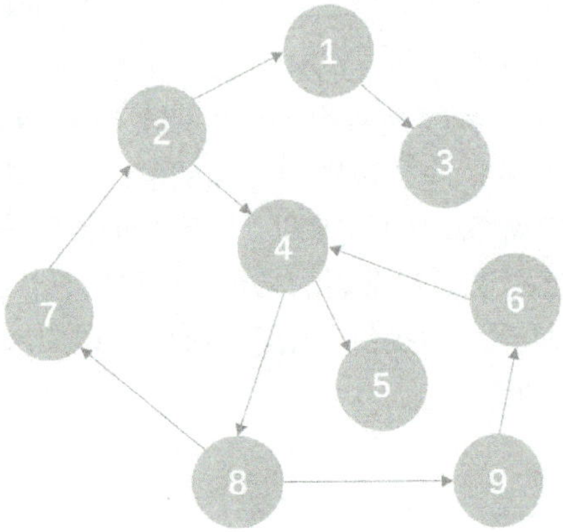

图 9–4　图结构示例

在图结构中，将节点与边连接起来的序列称为**漫步** (walk)，每个节点只经过一次的漫步称为**路径** (path)，两节点之间最短的路径称为最短路径。图结构除了可以用来实现或者优化算法，在很多分析方法中也作为基础的数据结构而存在，例如概率图模型、社会网络分析等。

9.2 数据库和 SQL

研究者通常在内存中将数据结构配合算法进行计算。数据的价值不仅是参与计算，还包括提供信息，因此需要将数据持久化地存储在内存之外。这种存储形式应具备查询和管理的功能，当需要计算时能快速地调入内存进行计算。早期的计算机使用卡片、纸带、磁带等外部存取设备来存储和管理数据。大约从 20 世纪 60 年代初开始，计算机领域开始广泛应用操作系统和专门的数据管理软件，把数据以文件的形式长期保存。

数据以文件的形式存储在磁盘中，可以反复调用，也可以通过应用程序进行查询、修改、增加、删除等操作。上一节介绍的各种数据结构都可以对应到不同的文件结构，可以用来存储和管理数据，也可以配合算法进行计算。但是正如数据结构非常多样一般，文件结构也千差万别，很难标准化。这就容易造成数据的不一致，不方便共享。此外，文件中的数据结构常常是为配合程序或者算法而设计的，虽然可以提高计算效率，但是数据的独立性差。如果换一个应用的场景，可能就不适合了。

为了解决文件系统中存在的上述问题，从 20 世纪 60 年代后期开始，专门针对多用户、多场景共享数据需求而设计的数据库软件逐渐兴起。1968 年，IBM 推出了商品化的基于层次模型的信息管理系统 (IMS)。1969 年，美国数据系统语言协会提出了数据库的网状数据模型。1970 年，IBM 发表系列文章提出关系模型，奠定了关系数据库管理系统的理论基础，一直沿用至今 (陈志泊，王春玲，2008)。

9.2.1 数据库基础介绍

关于**数据库** (database) 的定义，一般认为是长期存储在计算机内、有组织的、可共享的数据集合 (齐晖，潘惠勇，2017)。数据库中的数据通常按照一定的数据模型组织、描述和存储，具有较小的冗余度、较高的数据独立性和易扩展性，可以由不同用户共享，还具有完善的自我保护能力和数据恢复能力。**数据库系统** (database system，DBS) 是指引进数据库技术之后的计算机系统，主要包括相应的数据库、**数据库管理系统** (database management system，DBMS)、计算机软硬件系统、用户等。

数据库系统的理念是作为整体上的数据管理平台，不会单独面向某个应用或某些程序。所有用户的数据都存储在数据库中，每个用户、每个应用的数据只是其中的一个子集。这些子集是通过数据库管理系统从数据库中经过映射而形成的逻辑文件。同样的数据在物理存储上可能只存一次，但在逻辑上可以有不同的表现形式。在数据科学的工作中，研究者通常不需要关心数据库的物理存储细节，能够从逻辑层面对数据进行存取和管理、用作数据分析和建模的数据源即可。

数据库的具体实现可以有很多不同的软件版本，但核心的框架是数据模型。根据模型的应用目的，可以将模型分为两类：一类是概念模型，将现实中的事物进行抽象，用来描述数据和信息的结构，不依赖于具体的计算机系统。目前使用最多的是**实体关系模型**（entity relationship model，简称 E-R 模型）。另一类是逻辑模型，或者直接称为数据模型，把数据库的组织形式用计算机形式化地定义和实现，从而设计出 DBMS。传统的数据模型主要包括**层次模型**（hierarchical model）、**网状模型**（network model）、**关系模型**（relational model）三种。

层次模型最早由 IBM 提出，使用树结构来表示实体和关系的结构。其结构简单、层次分明，但是无法直接表示两个以上的实体之间的复杂关系。网状模型是一种有向图结构，可以更好地描述复杂的关系，不过其操作语言过于复杂，不适合普通用户使用。关系模型是现在数据库的主流模型，由 IBM 的研究员埃德加 · 科德（Edgar Codd）于 1970 年首次提出，他定义了一些关于关系的代数运算，开创了数据库的关系方法和数据规范化理论的研究，也因此获得了 1981 年的图灵奖。

20 世纪 80 年代以来，几乎所有的 DBMS 都支持关系模型，即使非关系型的数据库也通常会提供关系型的结构。进入 21 世纪之后，随着大数据概念的兴起，很多应用场景下需要进行更复杂的数据分析和使用一些特殊的数据结构，对数据库的要求主要体现在快速的查询方面。数据库中的关系模型可能会成为束缚，因此 NoSQL 数据库的概念开始广泛流行。常见的 NoSQL 数据库类型包括文档型、列存储型、键值对型等。使用这些 NoSQL 数据库时通常会针对具体的业务场景和分析方法进行选择与优化，技术要求比较高。因此在大多数的应用场景下，还是以关系型数据库为主。

本节以 SQLite 为例介绍数据库的基础知识和操作方式。SQLite 是一个轻量级的关系型数据库，诞生于 2000 年，采用“Public Domain”方式授权，任何个人或商业机构都可以免费使用。由于非常小型化，安卓和苹果手机都把 SQLite 当做默认的数据库工具，供应用程序开发和调用。各种编程语言也都提供了 SQLite 接口，可以很方便地进行数据库操作。

对各种数据库来说，其应用软件的原生功能主要是数据库的后台服务，通常只提供基础的程序和一个默认的管理界面，用户可以选择第三方的管理工具进行管理。很多第三方管理工具都提供了人性化的图形界面和一些扩展的功能，比较受开发者欢迎。例如很多 Oracle 数据库的开发与管理人员喜欢使用 PL/SQL Developer，还有很多程序员在各种数据库下都习惯使用 Navicat，这些前端的数据库管理工具都需要额外购买。

SQLite 官网上只提供了最简单的程序包供下载使用，只能进行命令行操作或者通过 R 或 Python 等编程语言来调用，不包括图形界面的管理工具。不过第三方的工具很多，而且大多数都是开源免费的。本节选择 SQLite Expert 作为例子，该软件的个人版是免费的，功能非常强大，对中文的支持也很好。由于 SQLite 的原生程序占用资源很小，各种第三方工具中都内置了基础库，无须额外下载和安装 SQLite 程序。

图 9–5 显示了 SQLite Expert 的操作界面，通过上方工具栏中的“Open Database”图标可以打开已有的数据库文件。例如电脑中已经存在一个名为“dbtest”的数据库，在 SQLite 中以“dbtest.db”文件的形式存储。通过选择该文件，即可将数据库导入到 SQLite Expert 管理工具。

SQLite Expert 以及很多其他的数据库管理工具都可以同时管理多个数据库，关系型数

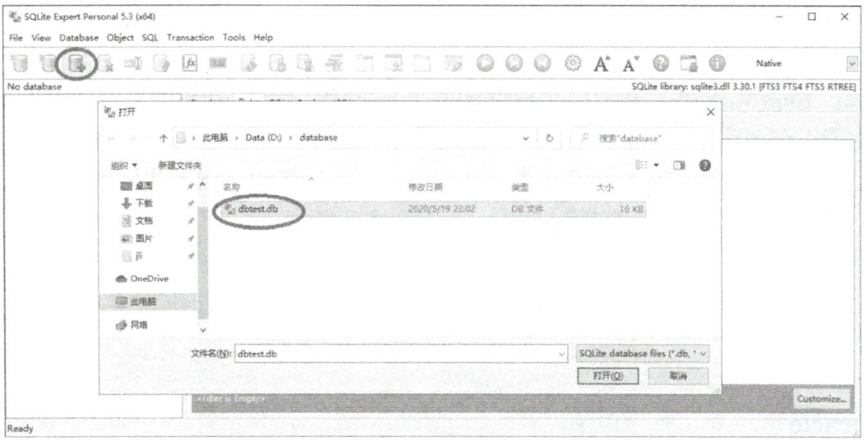

图 9–5　SQLite Expert 导入数据库

据库的基础结构通常都是“数据库 - 数据表”这个层次关系。例如这个“dbtest”数据库中就包含了“cource”“grade”“student”这三张数据表，点击其中一张后，会自动显示其中的数据，如图 9–6 所示。利用 SQLite Expert 还可以进行增、删、改等操作，还可以使用 SQL 语句来进行管理。

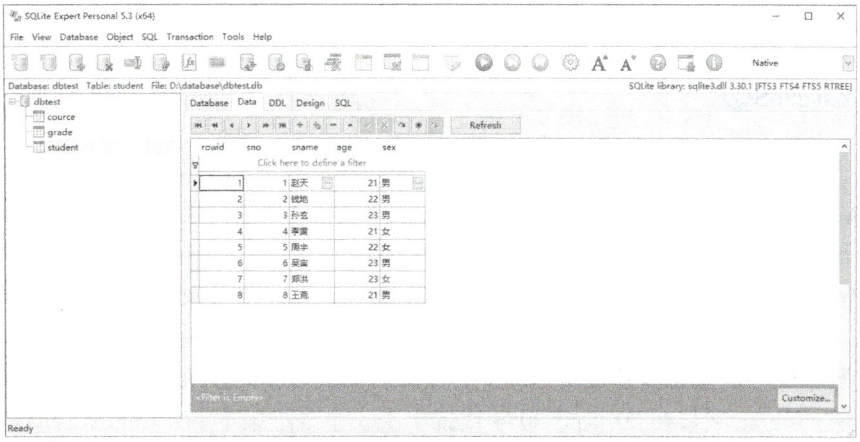

图 9–6　SQLite Expert 查看数据表

9.2.2　常见的数据库产品

SQLite 非常小型和轻量化，无须安装即可使用，很适合作为例子来介绍，也很适合手机等嵌入式设备。但由于 SQLite 在大数据量情形下性能不佳，所以在大型数据应用场景中很少使用。与之类似的还有微软公司的 Access 数据库，虽然包含了完整的数据库功能，但因为性能的原因通常只是在普通办公环境中使用，很少作为专业的数据库平台。下面介绍几种常见的专业数据库产品：

1. DB2

IBM 于 1968 年推出了基于层次模型的数据库 IMS，市场反响很好。1970 年 IBM 的研究员科德提出了关系模型，随后 IBM 于 1973 年启动了 System R 项目。该项目研究关系型数据库的可能性，产生了很多学术成果，还获得了 1988 年的 ACM 软件系统奖。1977 年时 System R 的原型开始在波音等公司安装，进入到实践阶段。此后 IBM 以 System R 为原型发布了一些实验性的系统。1983 年，IBM 正式发布了 DATABASE 2，就是今天的 DB2。DB2 一直整合在 IBM 的很多大型软硬件系统中，通常是和 IBM 的产品绑定在一起的，所以用户群比较单一。

2. Oracle

IBM 公司提出了数据库的关系模型后，虽然启动了 System R 的研究，但一直没有及时推出商业产品。1977 年 6 月，拉里 · 埃里森 (Larry Ellison)、鲍勃 · 迈纳 (Bob Miner) 和埃德 · 奥茨 (Ed Oates) 在硅谷创办了 SDL 公司，开始设计和开发一款关系型数据库。1979 年他们将公司更名为 RSI，并且发布了可用于 DEC 公司 PDP-11 计算机上的 Oracle 数据库。1982 年，他们将公司更名为甲骨文 (Oracle)，并且发布了第三版的 Oracle 产品。该产品基于 C 语言开发，具有很好的移植性。由于良好的跨平台能力和稳定性，Oracle 逐渐成了数据库领域的领军者，长期占据世界数据库市场份额的第一位。

3. PostgreSQL

IBM 的 System R 项目发表了很多文章，加利福尼亚大学伯克利分校的迈克尔 · 斯通布雷克 (Michael Stonebraker) 和尤金 · 王 (Eugene Wong) 教授读到这些文章后开始设计和开发自己的数据库系统，命名为交互式图形和检索系统 (Interactive Graphics and Retrieval System，Ingres)，在 20 世纪 70 年代中期逐渐完善。Ingres 项目采用 BSD 授权方式，可以开源获取，后来有很多著名的商业数据库软件都是基于 Ingres。斯通布雷克教授因为发明了很多现代数据库中的概念以及成功地商业化了他在数据库领域的开创性工作，获得了 2014 年的图灵奖。Ingres 项目在 20 世纪 80 年代推出了一个改进版本 post-ingres，简称 postgres。该项目停止后，开源社区基于其源码于 1995 年发布了 PostgreSQL，一直沿用至今，是一款非常优秀且受欢迎的开源数据库。

4. Infomix

Informix 公司成立于 1980 年，针对关系型数据库的市场开发产品。1984 年拿到 Ingres 源码后推出了改进后的产品，后来不断发展，一度占据市场份额第二的位置。不过由于管理上的失败，Informix 于 2000 年被 IBM 收购。

5. Sybase 和 SQL Server

Sybase 公司成立于 1984 年，创始人罗伯特 · 爱泼斯坦 (Robert Epstein) 来自 Ingres 项目的核心团队，基于 Ingres 开发了自己的数据库产品 Sybase SQL Server。后来该产品引入微软公司合作开发，1994 年双方终止合作后，微软得到了 SQL Server 的名称，并一直沿用至今，是微软服务端数据库的主打产品。Sybase 将产品更名为 Sybase ASE，2010 年 Sybase 被 SAP 收购，其产品也整合进了 SAP。

6. MySQL

MySQL 长期占据开源数据库榜首的位置，用户众多。其创始人蒙蒂 · 维德纽斯 (Monty Widenius) 早在 1979 年就开始设计一个小型的关系型数据库，1996 年发布了 MySQL 1.0，开始不断移植到不同的平台。1999 年维德纽斯在瑞典成立了 MySQL AB 公司，开发和运营数据库产品 MySQL。其诞生之初对个人用户免费，对商业用户收费。2000 年时 MySQL 改换成 GPL 授权模式，无论是个人用户还是商业用户都可以免费使用，但是需要开源。2008 年，SUN 公司收购了 MySQL。2009 年，甲骨文收购了 SUN，MySQL 存在被闭源的风险，于是维德纽斯发起了新项目 MariaDB，作为开源数据库 MySQL 的替代品。

7. HBase

HBase 最早来自 Apache Hadoop 平台中的数据库模块，2007 年随 Hadoop 一起发布，参考了谷歌公司的专有数据库 BigTable 的思路而开发，于 2010 年成为 Apache 基金会的顶级项目。其操作方式类似于关系型数据库，但实际上是 NoSQL 数据库中的典型代表，是一种列存储型数据库。由于 HBase 依托 Hadoop 的 HDFS 文件系统，因此在 Hadoop 生态圈非常流行，是主流的数据库选择之一。

8. MongoDB

MongoDB 数据库由 MongoDB 公司于 2009 年发布，可能是 NoSQL 领域最受欢迎的数据库。其发布之初采用 GPL 开源协议，但是很多商业公司使用 MongoDB 后并没有将后续的代码开源，因此该公司于 2018 年将协议换成 SSPL，商业应用时要么购买商业许可证，要么选择开源。MongoDB 是一个基于 JSON 文件的文档型数据库，没有关系型数据库那种关系模式，其数值可以任意嵌套，非常灵活，在很多新领域有广泛应用。

9. Redis

Redis 是另一种典型的 NoSQL 数据库，采用键值对的模式进行存储，由意大利人安蒂瑞兹（Antirez）于 2009 年发布，很快就流行起来。从 2010 年开始，Redis 的开发工作由 VMware 主持。早期的 Redis 采用 AGPL 开源协议，2018 年替换成 Apache 与 Commons Clause 相结合的协议。Redis 的数据结构比较类似哈希表，在查询方面非常高效，其主要操作在内存中进行，可以满足很多复杂的分析需求。

9.2.3 SQL 语句简介

关系模型的基础数据结构是一张二维表，一个关系对应一张表，关系名即表名。和很多分析类软件中的二维表比较类似，每一行称为一条记录，每一列称为一个字段。不过数据库中的关系模型更加复杂，其行的基本单位是**元组** (tuple)，列的基本单位是**属性** (attribute)。属性包括名称、类型和长度特征，属性名即为字段名，属性的取值范围称为**域** (domain)。每一个元组对应的属性值称为分量，可唯一标识一个元组的属性或者属性集称为**键** (key) 或者主码。一个关系可以看成是共享属性的一个或者多个元组组成的集合。图 9–7 描述了关系模型的基本元素。

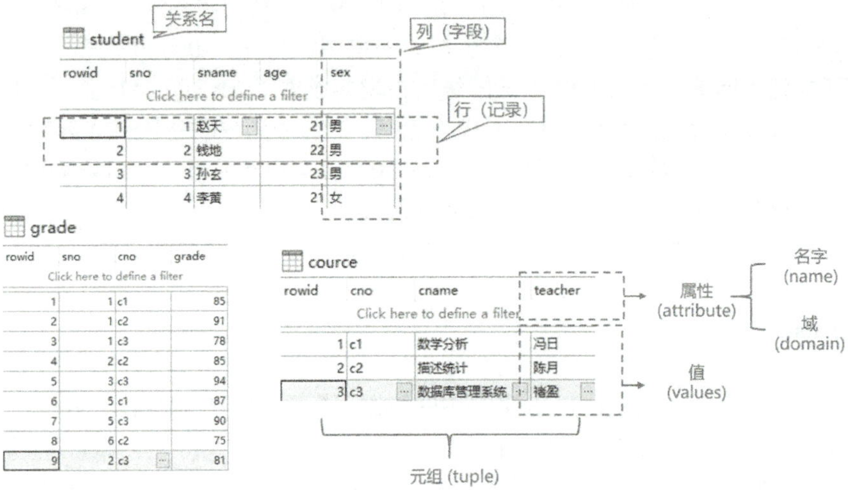

图 9–7　关系型数据库结构

关系模型描述了关系的结构，其实例对应二维表中的数据。在数据库的具体操作中，新建数据表的时候会定义属性的各种特征，实例化之后就变成了具体的数据表，通过字段和记录的方式来操作即可。关系模型里的数据操作方式主要包括查询、插入、删除和修改，通常会在模型的基础上定义一系列的集合操作方式，目前最通用的语言是 SQL。

SQL 最早来源于 IBM 的 System R 项目，后来被一些其他的商业数据库借鉴，并于 1986 年被美国国家标准学会 (ANSI) 采用为数据库管理系统的标准语言，后来被国际标准化组织 (ISO) 纳为国际标准。今天几乎所有的数据库管理系统都可以使用标准的 SQL 进行操作，有些数据库还提供了额外的扩展，例如微软 SQL Server 中可以支持部分的 R。SQL 语言通常包含以下几个部分：

- 数据定义语言 (DDL)，用来在数据库中创建新表或删除表，以及加入索引等，包括 `create`、`alter`、`drop` 等关键字。
- 数据操纵语言 (DML)，用来对数据库的数据进行一些操作，包括 `insert`、`update`、`delete` 等关键字。
- 数据查询语言 (DQL)，用来从表中获取数据，包括 `select`、`from`、`where` 等关键字。

假如读者需要在数据库中新建一张名为“test”的表，其包含两个字段“x”和“y”，其中

x 为整数型，y 为字符型，其长度为 4，可以使用 create 语句来创建：

```
create table test (x INT, y TEXT(4))
```

SQLite Expert 等数据库管理工具中都包含 SQL 语句的脚本界面，把以上命令键入，点击 “执行” 或者 “Execute SQL” 就可以执行该语句，并生成一张名为 “test” 的数据表，如图 9–8 所示。

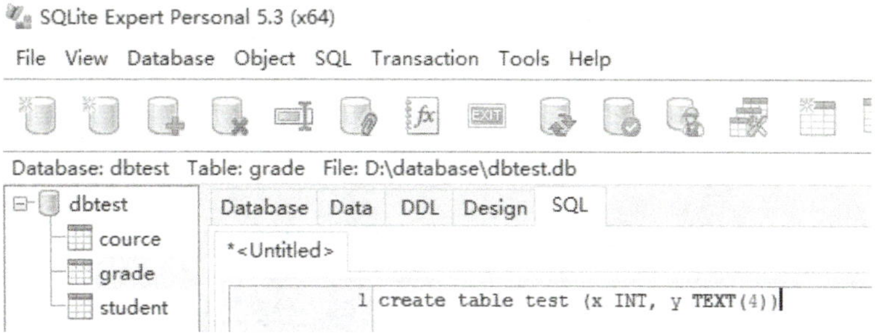

图 9–8　SQL 示例：create

新建的数据表中并没有数据，如果需要插入一条记录，可以使用 insert 语句，在括号中指定要插入的字段名，并通过 values 关键字来输入记录的数值。代码如下：

```
insert into test (x, y) values (3, 'a')
```

此时点击 “test” 数据表，可以发现该记录已添加，如图 9–9 所示。

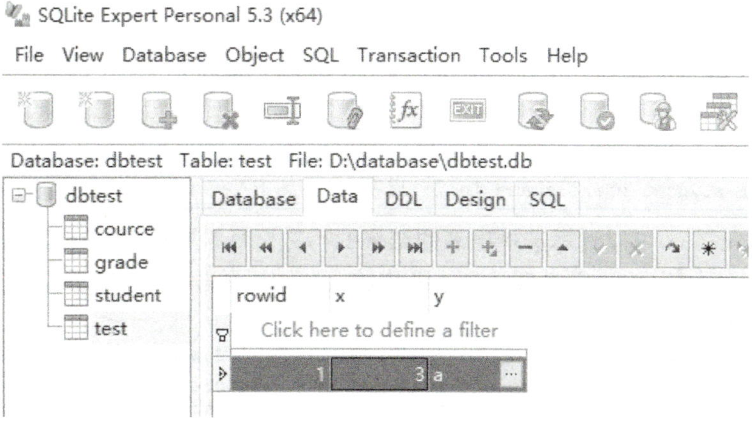

图 9–9　SQL 示例：insert

在数据分析应用中，最常用的操作是查询，通过 select 语句和一些关键字来实现。基础的用法中，select 后接字段名，可用逗号分隔，用来选择要查询的列，“*” 表示选择所有列。from 后面接表名，表示要查询的表。最后还可以加 where 语句，用条件表达式来筛选行。例如要查询数据表 “student” 中所有女生的姓名和年龄。代码如下：

```
select sname, age from student where sex = '女'
```

在 SQLite Expert 中输入该语句，并点击“Execute SQL”，就会自动输出结果，如图 9–10 所示。

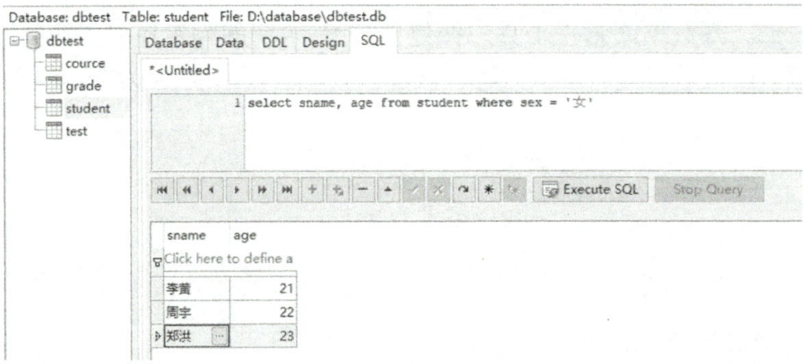

图 9–10 SQL 示例：select

在 where 字句中，可以使用 and 表示并列条件“与”，or 表示选择条件“或”，例如在数据表“student”中查询性别为男且年龄大于 21 岁的同学的所有信息：

```
select * from student where sex = ' 男' and age > 21
```

使用“=”可以进行精确匹配，“like”加“\%”可以进行字符串的模糊匹配，其中“\%”表示通配符。例如在数据表“student”中查询姓李的同学：

```
select * from student where sname like ' 李 %'
```

“between”可以选择两个数值之间的行，例如输出年龄在 22~23 岁之间的同学信息：

```
select * from student where age between 22 and 23
```

“in”可以选择匹配括号里的字符串的行，例如输出姓名为“周宇”和“吴宙”的同学信息：

```
select * from student where sname in (' 周宇', ' 吴宙')
```

统计函数 count 可以计算选择出来的结果的行数，而不是输出所有行的信息。类似地，统计函数还有最大值 max、最小值 min、平均数 avg。以下语句分别输出数据表的总行数以及年龄的平均值：

```
select count(*) from student; select avg(age) from student
```

需要注意的是，语句结束后加上分号，可以同时执行多行，如果是 select 之类的查询语句，只输出最后的结果。

统计函数和 group by 配合使用，用来输出分类汇总的结果，可以根据一个或多个字符型字段（放在 by 的后面）来汇总。例如统计不同性别的同学的平均年龄：

```
select sex, avg(age) from student group by sex
```

查询语句最后加上 order by 可以指定排序的字段，再加上 desc 表示降序，以下语句分别显示了按照年龄的升序和降序来输出查询结果：

```
select * from student order by age; select * from student order by age desc
```

很多时候，研究者并不需要在图形界面下管理数据库和执行 SQL 语句，而是使用编程语言和数据库进行交互。这样可以实现自动化的操作，更高效。不同的数据库都会提供编程接口，有些是对特定语言的支持，也有一些通用的接口，比如 DBI、ODBC 等。在 R 和 Python 中，针对特定的数据库通常都存在响应的客户端，以第三方包的形式进行操作。本节仍然以 SQLite 为例，R 中可以安装 RSQLite 包，Python 内置了 sqlite3 包，如果要查询之前的示例数据库中“student”数据表里性别为“女”的学生信息，执行以下程序即可。

R 代码

```r
library(RSQLite)
conn <- dbConnect(SQLite(),
  dbname="D:/database/dbtest.db")
res <- dbSendQuery(conn,
  "select * from student where
sex = '女'")
studf <- dbFetch(res, -1)
studf

##     sno    sname   age   sex
## 1    4     李黄     21    女
## 2    5     周宇     22    女
## 3    7     郑洪     23    女

dbClearResult(res)
dbDisconnect(conn)
```

Python 代码

```python
import sqlite3
conn = sqlite3.connect(
  "D:/database/dbtest.db").cursor()
res = conn.execute(
  "select * from student
where sex = ' 女'")
studf = res.fetchall()
studf

##
## [(4, '李黄', 21, '女'),
  ## (5, '周宇', 22, '女'),
  ## (7, '郑洪', 23, '女')]

res.close()
conn.close()
```

可以发现，R 和 Python 中的操作是类似的：加载相应的包后，首先都是建立一个数据库的连接，在 R 中使用 dbConnect 函数，在 Python 中使用 connect 函数。基于该连接可以执行 SQL 命令，在 R 中使用 dbSendQuery 函数，在 Python 中使用 execute 方法。结果将返回到一个特定的集合对象，在 R 中使用 dbFetch 函数把结果取出来生成一个数据框对象，在 Python 中使用 fetchall 方法把结果取出生成列表。最后分别关闭结果集和数据库连接，即完成了查询的操作。

9.3 数据仓库和商业智能

数据库从功能上可以划分为事务型数据库和分析型数据库。事务型数据库主要面向事务处理方面的应用，常用于业务流程层面的支撑，也可以叫业务型数据库，是传统数据库应用的主要领域。分析型数据库主要面向数据分析，在分析的应用场景中，数据的更新并不频繁，但查询操作很频繁，对数据库的设计提出了新需求。

由于企业的信息系统通常不止一个，业务型数据库也不止一个，经常会造成数据孤岛，即不同的数据分散在不同的数据库，并不连通。如果要从系统层面打通所有数据库非常困难，一个比较好的方式是从数据层面打通：基于一定的规则把所有的数据库中的数据都汇集到一个专门的分析型数据库中。这种做法可以存储更大量的数据，也可以更好地支持查询等分析操作，基于这样的理念设计的数据库称为**数据仓库**（data warehouse，DW）。

对于普通的事务型数据库来说，**联机事务处理**（OLTP）是其主要应用。其侧重于基本的、日常的事务处理，包括数据的增、删、修改、查询等。对于数据仓库来说，**联机分析处理**（OLAP）是其主要应用，通常特指多维度的数据查询和分析。

9.3.1　数据仓库基础介绍

数据仓库中的“仓库”是针对普通数据库而言的。在业务领域，不同的信息系统中可能包含不同的数据库，如业务数据、财务数据、管理数据等。企业进行数据分析的时候，通常需要把所有数据整合到一起，从而得到更大的价值。有时候还需要引入第三方的外部数据，所有这些数据按照一定的流程进行处理，最后都汇总到一个统一的“仓库”中。图 9–11 显示了一个数据仓库的一般架构。

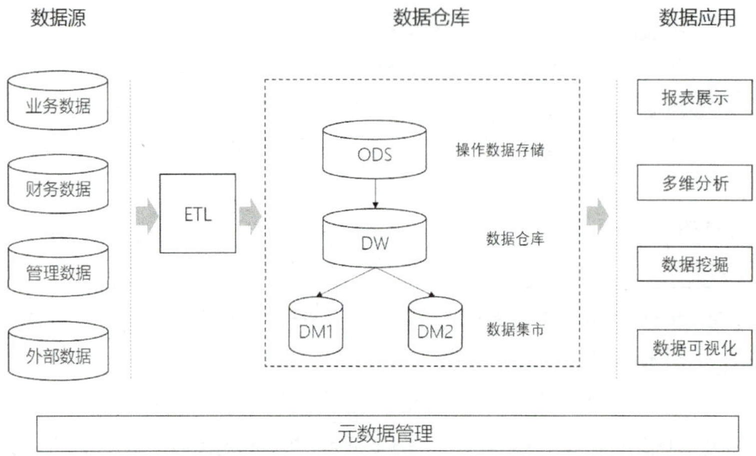

图 9–11　数据仓库的一般架构

数据库进入数据仓库的一个关键步骤是 ETL，表示数据的**抽取**（extraction）、**转换**（transformation）和**加载**（load）。抽取指的是通过接口从源数据库中获取数据，可以使用专用的 ETL 工具，也可以使用 R 和 Python 等编程语言直接查询数据。转换指的是对原始数据进行转换操作，通常包括数据的校验、清洗、汇总等，在传统的数据仓库管理中可能只需要简单地按照统一的目标格式进行处理。在数据科学的深入应用中，数据转换的过程通常还会结合分析的需求进行一些特征工程的操作。加载指的是把转换之后的数据加载到目标数据仓库中，从而完成数据从源数据库到目标数据仓库的流转。

由于数据仓库大多数的应用场景是查询和分析，对数据的实时性要求不高，因此也称为“冷数据”。这种形式好比日常生活中的仓库，大部分时间是用来存储物资的，并不会像集市那样频繁地对物资进行存取。在实际的操作中，数据仓库通常会建立在独立的服务器中，除了起到仓储的作用，还汇总了很多业务数据库的信息。这些数据可能需要实时地操作，但也需要能够便利地清洗、汇总数据，因此广义的数据仓库也包含了这部分功能，使用**操作数据存储**（operational data store，ODS）来实现，在设计上可以把 ODS 作为源数据库和数据仓库之间的桥梁。

如果企业的业务场景非常复杂，建立一个全局的数据仓库难度比较大，可能需要花费大量的时间。在具体应用中可以根据不同的分析主题或者业务部门需求建立小型的**数据集市**(data mart)。其物理架构和全局数据仓库没有本质的区别，但包含的主体和信息比较简单，容易快速实现。在构建数据仓库的时候，如果先设计并构建各个应用领域的数据集市，最后再统一汇总成全局数据仓库，称为“自下而上”的方式。如果先建立一个统一的全局数据仓库，然后针对不同的分析需求构建数据集市，供不同的应用领域使用，称为“自上而下”的方式。

在数据仓库的基础上，可以支持很多分析型的应用，比如通过一些报表系统实现自动化的报表展示，通过一些 OLAP 工具实现动态的多维分析，通过一些数据挖掘和机器学习的工具对数据进行深入挖掘，通过一些数据可视化工具进行直观的呈现。

数据仓库中还有一个重要的组成部分是元数据管理，贯穿着整个构建仓库和管理的过程。元数据是数据仓库中所有管理、操作的信息目录，包含了对数据模型、数据结构、转换规则、数据仓库结构和控制信息的描述 (廖开际, 2017)。元数据通常包含技术元数据和业务元数据两部分。技术元数据包括对数据库、数据仓库、数据集市的数据字典、数据转换规则的代码等描述信息。业务元数据包括应用文档、数据聚合逻辑的描述、报表和查询的规则等。完善而清晰的元数据管理是数据仓库成功的重要保障。

9.3.2　数据仓库的多维模型

数据仓库的底层基础仍然是数据库技术，主流的数据仓库也是以关系型数据库产品作为存储工具。很多数据仓库都建立在 Oracle、MySQL、PostgreSQL 等数据库之上。数据仓库和数据库的区别主要在于数据模型的不同，用星型模型、雪花模型等多维模型来替代传统的关系模型，从而更有利于查询和多维分析，而不用考虑太多传统数据库的设计范式和冗余问题。此外，对于数据库中的表也从逻辑上定义为事实表、维度表，将属性域之间的关系重新定义为维度、量度、层次、颗粒度等。

事实表常用来描述事件的度量值，存储了最细颗粒度的信息。每条记录可以对应一个事件，通常包含了时间信息，以及该事件的各种属性。比如某个超市的销售记录，每个事件代表一次销售支付行为，对应于客户购物完成后付款，在 POS 机的记录里可以存储本次购物的时间、产品、用户信息等，其中关键的信息是付款金额。记录所有销售事件的数据表可以称为事实表，事实表通常不可修改，只能新增。即使有退货行为，也是添加一条描述退货的记录，而不是删除原始购物记录。

有一些相关联的信息，比如产品类型、价格、出厂日期等，通常不会存储在事实表之中。这样的信息称为维度信息，会存储在维度表里。数据仓库的设计里最常用的数据模型是星形模型，当所有维度表都直接连接到事实表上时，整个图结构就像星星一样，该模型因此得名，如图 9–12 所示。

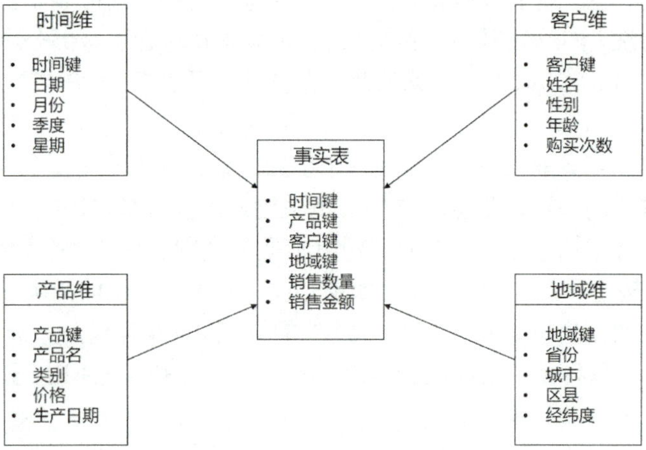

图 9–12　星形模型

在这个销售数据的例子里，存在四类维度信息，分别存储在时间维、客户维、产品维、地域维这四张维度表中，通过各自的键（通常是唯一的编码）与事实表相关联，构成了星形模型。星形结构是一种非正规化的结构，多维数据集的每一个维度都直接与事实表相连，所以存在一定的冗余。

当有一个或多个维度表没有直接连接到事实表上，而是通过其他维度表连接到事实表上时，其图结构就像多个雪花连接在一起，故称雪花模型，也称雪花模式，如图 9–13 所示。

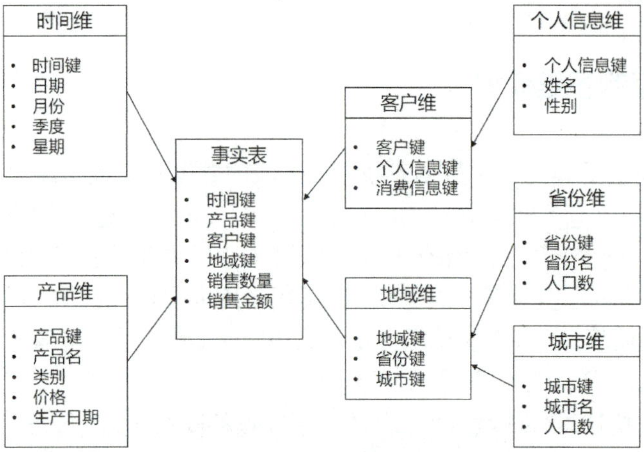

图 9–13　雪花模型

雪花模型是对星形模型的扩展，可以对维度表进行进一步的层次化。在这个例子里，地域维会存储省、市等地域层级的详情，如果存在一张维度表中，会造成比较大的冗余。如果基于雪花模式将省、市信息分开存储，可以节约空间，但在查询的过程中需要额外的拼接操作，可能会降低效率。

基于星形模型或者雪花模型设计好数据仓库的逻辑结构，并在具体的数据库管理系统中建立相应的数据表，再使用 ETL 技术定时地导入数据，就可以完成一个基础的数据仓库构建过程。在真实的应用场景里，数据仓库是为数据分析服务的，尤其是多维分析，通常会与一些商业智能的工具配合使用。

9.3.3　BI 分析简介

数据仓库兴起的时代里一个很重要的问题是海量数据，这个词描绘了很多数据库里的数据汇总成数据量巨大的数据仓库的情形。针对海量数据，很难用传统的统计软件等分析工具一次读入到内存中分析，而传统的 SQL 语句分析功能又很有限。因此，商业智能 (BI) 的概念应运而生。BI 通常是指在数据仓库之上，进行多维分析 (通常称为联机分析处理，OLAP) 和数据的可视化展现，再利用数据挖掘技术进行深入挖掘。

早期的 BI 领域存在一些有影响力的独立软件公司。Business Objects (BO) 公司成立于 1990 年，在 21 世纪成为最大的 BI 公司之一，2007 年 10 月被 SAP 以 68 亿美元收购。Hyperion 公司成立于 1998 年，在 BI 时代迅速成为软件巨头，2007 年 3 月被甲骨文以 33 亿美元收购，并整合到甲骨文的 BI 产品 BIEE 中。Cognos 是一家老牌的软件公司，成立于 1969 年，巅峰时期曾经有 3 500 名雇员和 20 000 多个客户，2007 年 11 月被 IBM 以 50 亿美元收购。

近年来，海量数据逐渐被“大数据”的概念所替代，关于巨量数据的高性能计算问题成了云计算等分布式计算平台的研究内容。BI 工具不再是高性能分析的代称，通常专注于商业数据的灵活分析和可视化展现，在业界仍然有广泛应用。一些开源的 BI 工具也逐渐发展，本节以 Metabase 为例，介绍一个简单的 BI 分析的应用。

Metabase 是一个轻量级的开源 BI 工具，使用 AGPL 授权，基于 Java 开发，任何人都可以免费下载和使用。其安装和下载比较简单：进入 Metabase 的主页，点击“Get Started”可以进入下载界面；Mac 系统下提供了安装包，如果是其他操作系统，例如 Windows，选择“Other Platforms”，下载一个后缀名为“.jar”的程序包，无须安装直接复制到某个文件夹即可，比如“D:\char92 Software\char92 Metabase”，然后通过命令行运行以下命令即可：

```
    cd D:\Software\Metabase
java -jar metabase.jar
```

如果系统中未安装 Java 环境会报错，需要手动安装 JRE 并设置环境变量。不过大多数电脑中都默认安装了 Java，因此都可以正常执行并启动。命令行会显示默认端口为 3000，打开浏览器输入“http://localhost:3000”即可开启系统。第一次打开时，会提示输入姓名、密码、邮箱，其中邮箱为登录名。此外还需要指定数据库，根据提示进行设置。读者可以选择 SQLite，输入名称和路径，就会自动建立一个同名的数据库文件。登录后的主页如图 9–14 所示。

在菜单栏点击“创建问题”，可以选择“简单查询”“自定义查询”“原生查询”，点击“简单查询”来创建一个分析报表。接下来的界面中需要选择一个数据库和数据表 (如果要基于多表关联进行分析，可以选择“自定义查询”)，点击右上角的“聚合”，可以通过图形界面进行数据的聚合分析，如图 9–15 所示。

设置完成后，系统可以自动根据规则进行计算。点击左下角的“可视化“之后，可以设

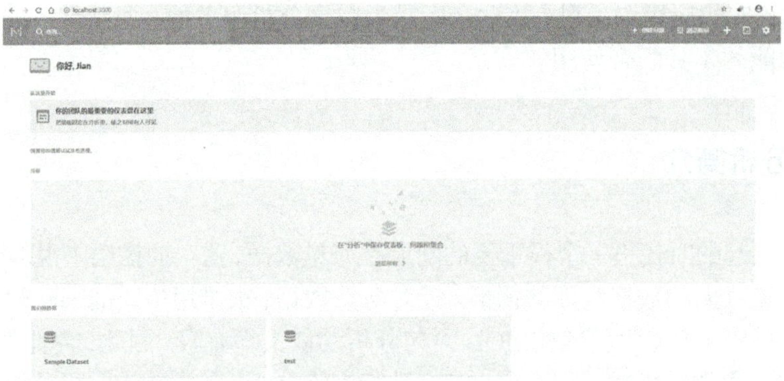

图 9–14 Metabase 主页

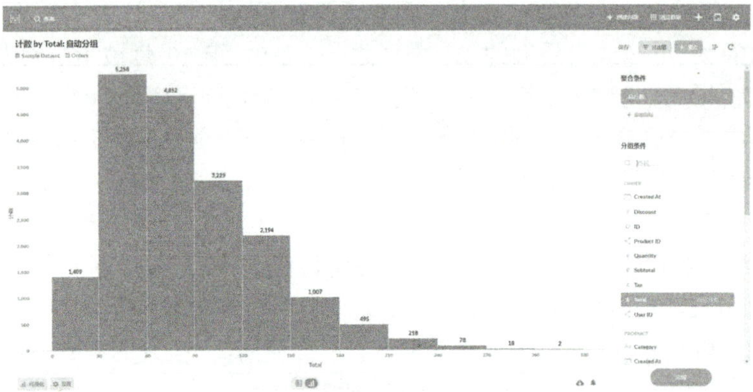

图 9–15 Metabase 聚合分析

置图形展示的方式，如图 9–16。自定义查询和可视化图形是 BI 分析的最常用操作。

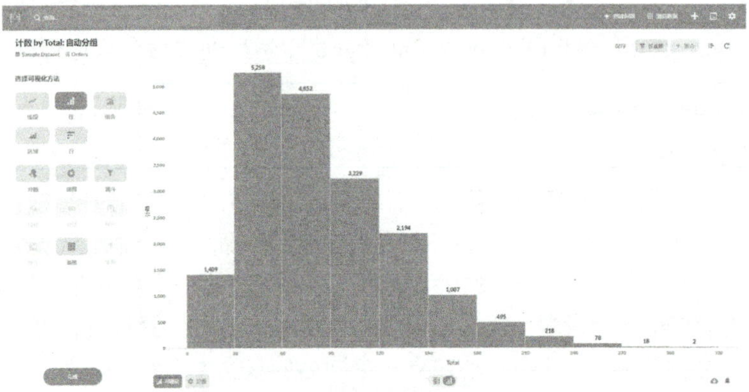

图 9–16 Metabase 可视化

设置完成后保存，就可以在分析界面查看刚才自定义的图表。当数据库的数据更新后，图表会自动更新。在实际的应用场景里，可以根据分析需求设计多种图表并排版，从而形成一个仪表盘，作为日常分析的决策支持。

BI 系统背后的数据源通常是数据仓库，基于星形模型和雪花模型设计的数据仓库的表可以很容易地在 BI 工具中进行关联，并实现 OLAP 多维分析。在 OLAP 的基础上可以实现高效的多维查询与分析，比如切片、汇总、上卷、下钻等操作，使得分析更灵活，从而更好地支持商业决策。

习题

1. “不同尺度（定类、定序、定距、定比）的数据中所包含的信息向下兼容”，这句话对吗？为什么？

2. 你最熟悉的数据库是什么？它有什么优势与不足？

3. 请比较数据仓库与数据库的异同。

4. 请比较关系型数据库和 NoSQL 数据库的优缺点。

5. 根据业界经验，一个 BI 项目中 ETL 的工作量通常会占 50% 以上，如何理解这样一种现状？

6. 假设你将要经营一家餐厅，打算基于收款的 POS 机数据设计一个 BI 系统，根据生活经验，试列举需要采集的数据的各个维度。

第 10 章 大数据平台

本章导读

传统数据分析中的数据通常处于静态（或者更新缓慢）且数量较少，要求数据库设计在不同时间可提供一致的结果。伴随大数据时代的发展，数据的来源范围和体量规模发生了颠覆性变化，对基础设施和平台工具提出了新的挑战。随着数据量大幅增加，将其分布式地存储在不同电脑中成为主流模式，但数据的一致性越来越难以保持。Hadoop 等分布式系统虽然没有关系型数据库的输出结果那么精确，但可以高效地处理超大量的数据 (Mayer-Schönberger and Cukier, 2013)，因此快速流行起来。这些新型大数据平台的变革为数据科学工作带来了新的便利与挑战，值得研究者重点关注。

10.1 大数据和云计算

第 1 章绪论介绍了数据科学的概念和发展脉络，其他章节多次提到“大数据时代”。这两个概念的兴起时间接近，包含的内容也有大量重合，因此常常对二者不做区分、视为等价，认为都是新时代下融合多种方法论的学科。有些情况下研究者用二者的结合体指代这个新兴学科，比如教育部于 2016 年新增的数据科学与大数据技术专业。一般来说，“数据科学”通常被认为是一套知识体系，“大数据”通常指代具体的技术和工具。在实际应用中，数据科学是一种能力，实现的载体是数据科学家；大数据是一种工具，落脚点是相应的大数据产品。本节从狭义概念出发，将大数据作为数据科学体系中的一个技术环节，从平台的角度展开讨论。

10.1.1 大数据技术的发展变迁

从技术的渊源来看，数据库、数据仓库、数据挖掘、机器学习、深度学习等技术都可以作为大数据技术的前身，只不过在不同时代、不同技术环境下的实现方式有所不同。在数据分析的早期阶段，统计学专注于小样本的分析和推断，计算机科学专注于规则和逻辑的计算。随着信息爆炸时代的到来，这两个学科融合后产生了化学反应，从数据中挖掘知识成为凝练智能的关键。

1946 年，世界上第一台通用计算机 ENIAC 在美国宾夕法尼亚大学诞生，每秒钟可进行 5 000 次运算，最初被美国国防部用来进行弹道计算。1951 年，世界上第一台商用计算机 UNIVAC I 诞生，被交付给美国人口调查局用于人口普查。1968 年，IBM 推出了商业数据库，基于信息化系统的数据分析开始走进普通企业。1971 年，美国 AT&T 公司的贝尔实验室发布了 UNIX 操作系统，计算机操作系统开始通用化。随着通用计算机乃至个人计算机的发展，人们可以处理和分析的数据量越来越大，基于计算机使用数据库、统计软件等工具来分析数据的方式渐成主流。

20 世纪七八十年代在很多分析领域还存在逻辑规则和数据驱动的路线之争，90 年代以来，业界使用数据挖掘技术开始获得很多明显的收益。数据挖掘应用之初的最大问题是数据孤岛：早期的信息时代并没有带来完善的系统架构，很多公司的数据都分散在不同的信息系统中，有些甚至还没做到电子化，给数据挖掘的实现带来了屏障。伴随数据仓库理论的成熟和可视化技术的发展，主要针对海量数据进行存储与分析的商业智能① 开始流行，在 21 世纪初达到巅峰。

很长一段时间里，商业智能都是企业数据分析应用的主流方案。随着互联网和移动互联网的兴起，人们处理的数据规模迎来爆发式的增长。海量数据已经不足以描述新时代的数据，大数据概念应运而生。和传统的数据应用相比，大数据处理的对象通常不再是随机样本，而是全体数据。曾有一种比较主流的观点认为：在大数据时代下人们不再热衷于追逐因果关系，大数据的核心是预测，不必去推测原因 (Mayer-Schönberger and Cukier, 2013)。这个观点有失偏颇，研究者对于模型的解释性和因果关系的研究实际上是越来越重视的。

大数据的字面意义就是大量的数据，这和之前的海量数据看上去没多大区别。但是人们对大数据赋予了更多内涵，比如 5V：量大 (volume)、多样化 (variety)、分析快速 (velocity)、价值高 (value)、可信度高 (veracity)。海量数据时代主要针对的是数据量大，关注大量数据的高性能处理。而大数据时代下，数据的“大”还包括数据源的多样化。除了传统数据库中的结构化数据，各种文本、图像、声音、影像等非结构数据也变成了分析对象。快速分析也成了重要的目标，尤其是在互联网的推动下，各种实时计算、实时分析都成了大数据时代的标配。价值高主要体现在大数据已经成了一种重要的资源和生产要素。可信度高是因为很多环节的数据都可以被如实地记录出来，改变了之前受技术所限存储数据不全的问题。

从技术设施的角度来看，大数据时代最大的特点是以云计算平台为代表的底层架构变革：用支持并行计算的框架改变了过去单机服务器的模式，实现了可扩容的数据分析。在传统的大数据分析场景中，用户除了需要购买昂贵的分析软件，还需要使用性能强劲的服务器，在一些复杂的业务情形里甚至需要购买大型机或租用超级计算机。如果想节省硬件成本，一个很自然的思路就是通过大量廉价的服务器实现并行计算。这种架构从 20 世纪 80 年代开始就一直有着广泛的应用，需要研究者投入更多的算法开发工作量。举个简单的例子，如果研究者并行计算数据的加和，可以很容易地把数据分配给不同的计算机，各自求和后再相加；如果要把一些数据排序，就不能简单地各自排序然后汇总了，需要在专门的并行算法中实现。类似地，研究者在实际的工作中可以有针对性地开发并行算法，然后使用廉价的普通电脑构成集群来运行。随着 Hadoop 之类的框架的兴起，云计算平台逐渐成了企业大数据的主流平台，一旦算法和应用在并行框架中部署完成，当数据量增加时，只需要线性地增加

① 通常指用数据仓库、多维分析、数据挖掘和数据可视化技术进行数据分析以实现商业价值。

算力即可。目前很多主流的分布式计算框架都是开源软件，帮助用户摆脱了之前只能选择大企业的产品的限制，极大地加快了大数据技术的发展。

10.1.2 云计算简介

2004 年，谷歌公司发布了其内部使用的大规模数据处理的模型框架 MapReduce (Dean, 2008)，提供了一套非常便利的编程模式。在 GFS（google file system）文件系统的基础上，研究者只需要按照标准编写每个节点的**映射**（map）和**总体化简**（reduce）函数并将其放在整个计算框架中，就能实现自动的任务分配和并行计算。由于并行化任务的瓶颈是将工作改写成并行所耗费的开发量，MapReduce 框架的共享让普通人、普通公司具备使用并行化任务的可能，在工程上具有划时代的意义。

2006 年 8 月，谷歌公司首席执行官埃里克 · 施密特 (Eric Schmidt) 在搜索引擎大会（SES San Jose 2006）上首次提出“云计算”（cloud computing）概念。同年，亚马逊公司将其弹性计算云服务也命名为“云计算”。云计算这个词逐渐成为远程并行框架的代称。2008 年，微软发布其公共云计算平台 Azure。这三家公司成为早期云计算产业的巨头。由于这种模式是由第三方公司提供服务，购买云服务的企业通过公网连接云平台，因此也称为公有云。

基于谷歌发布的 MapReduce 框架，Apache 软件基金会支持 Hadoop 项目发布了开源的云计算框架。Hadoop 的前身可以追溯到 Apache 的 Lucene 项目下的 Nutch 系统，该项目发起于 2002 年，业界广泛地使用它来实现网络爬虫。该项目实现了 NDFS（Nutch Distributed File System）分布式文件系统。2004 年谷歌的文章发布后，该项目开始实现 MapReduce 机制，并且与谷歌的 GFS 相对应地发展为 HDFS 分布式文件系统。2006 年，Apache 启动了对 Hadoop 项目的独立支持，正式从 Nutch 分离。2008 年，Hadoop 成为 Apache 的顶级项目。

有一些企业基于 Hadoop 或者类似的框架，独自建设内部的云平台，或者委托第三方企业帮自己开发和部署内部使用的云计算平台，这种方式也称为私有云。虽然云计算这个概念主要是提供公有云服务的公司在推广，但就技术本身来说，和私有云没有本质的区别。不过对普通企业来说，开发和部署私有云所需要的成本巨大，因此还是以购买公有云服务为主，这也是云计算时代的主要方式。公有云服务一共有三种模式：SaaS、PaaS 和 IaaS。

SaaS 是软件即服务的简称，也称按需软件服务。服务商在云端提供软件，客户通常无需购买安装，可以直接通过浏览器来使用其功能，或者通过简单的客户端软件来连接云端的服务。客户无需为整个软件付费，只需为自己选择的功能模块付费即可，同时也可以根据使用时间或者资源占用量来购买，完全颠覆了过去购买软件许可证的模式，为普通企业节省了大量资金，也省掉了很多安装和维护的麻烦。

PaaS 是平台即服务的简称，服务商提供了远程的开发平台，包括相关的操作系统、集成开发环境（IDE）、中间件、数据库、Web 服务器等，用户只需要在平台上开发或者部署自己的应用程序、管理自己的数据即可，相当于服务商提供了全部硬件平台和大部分的基础软件平台。用户购买服务时可以选择软硬件平台，省掉了很多基础维护的工作。

IaaS 是基础设施即服务的简称，服务商提供服务器硬件、存储设备、网络硬件、安全工具等基础设施，用户可以自行安装操作系统及各类软件，完全自由地远程操作。可以省去管理机房、购买硬件、安装网络设施等工作。这种服务方式通常还包括弹性的硬件和软件，用户可以在不迁移系统的同时完成计算性能的升级，相关的网络、存储和所有基础设施管理都由云服务提供商负责，还可以选用安全与备份服务。

在三种云服务中，IaaS 作为云计算的基础层，具有最高的技术壁垒和产品的标准化程度。该领域的国外市场主要由亚马逊、微软、谷歌和 IBM 这四家巨头占据，国内主要有阿里巴巴、华为、腾讯、金山云等服务商。有一些 PaaS 和 SaaS 平台本身就建立在 IaaS 之上，只不过会针对具体的行业和应用场景提供针对性的服务。对于企业用户来说，完全可以根据自身的需要来选用不同的公有云服务。

企业还可以综合使用公有云和私有云，这种模式称为混合云。通常使用公有云来存储和开发大多数不涉及敏感信息的系统，使用私有云来管理核心资源和敏感信息。二者通过专用的安全接口进行交互，对于用户来说，可能感觉不到公有云和私有云的差别。这种使用云计算的方式改变了过去购买和维护大量软硬件资产的模式，完全可以按需购买云资源，除了可以节省管理和维护的精力以外，关键是能实现可扩容。当企业规模不大或者计算资源要求不高的时候，可以选用较低的配置，当业务扩大的时候，可以随时购买资源，避免浪费，也能实时地实现升级。

10.2 并行计算框架

并行计算是指将计算或者数据划分为多个部分再分配到不同处理单元上同时运行的计算过程，以达到加快求解速度或者扩大求解问题规模的目的 (刘文志, 2015)。在实际工作中，研究者对算法的要求首先是能解决问题，然后是提升性能。算法性能的度量方式包括时间复杂度和空间复杂度。随着问题规模（通常是数据量）的增大，算法需要消耗的时间的变化关系称为时间复杂度，消耗的空间资源（通常指内存）的变化关系称为空间复杂度。很多时候，研究者通过优化算法来降低时间复杂度和空间复杂度，或者根据不同的使用场景来实现“时间换空间”或者“空间换时间”。由于算法的优化具有极限，当无法继续从串行算法上进行优化时，研究者可以将算法改成并行的形式：通过多个计算节点的并行计算，减少运算时间或者摆脱内存的限制。一旦并行算法开发和部署完成，当未来数据量增加的时候，仍可以简单地通过添加计算节点来解决性能的问题。

10.2.1 并行计算简介

根据实现层次的差异，并行计算可以分为单核指令集并行、多核并行、多处理器并行和分布式并行四种类型 (张舒，褚艳利, 2012)。其中最微观的是**单核指令集并行** (instruction-level parallelism，ILP)，让单个处理器的执行单元同时执行多条指令。向上一层是**多核并行** (multi-core)，在一个芯片上集成多个处理器核心，实现**线程级并行** (thread-level parallelism，TLP)。再往上是**多处理器并行** (multi-processor)，在一台计算机中安装多个处理器，实现线程和进程级并行。最上层的是分布式并行，通过网络将多台计算机连接成**集群** (cluster)，实现更大规模的并行计算。

常见的并行模式是单机多核或者多台计算机组成的集群。虽然支持不同层次并行计算的框架和工具有所不同，但其“分而治之”的思想是相通的。在并行计算的框架中，通常存在一台**主机**（master）和多台**从机**（slave）。主机也为**管理节点**（manage node），通常负责和串行程序连接以及对并行任务进行分发调度。从机也称**工作节点**（work node），主要负责具体的并行计算工作。主机和从机都是抽象的概念，可以代表不同的核或者线程，不一定对应着真实的计算机。

最简单的并行范式是分发/汇集（scatter/gather）模式：主机把要做的计算分解成块，然后把任务块发送给从机；从机在每个块上进行计算，并将结果发送回主机；最后主机把结果汇集起来，从而实现并行计算。在这个过程中，主机需要和每个从机进行通信，从机之间不需要通信，可以简单理解成各个节点并列地工作、各自完成一部分任务。

本节通过一个例子进行介绍 (Mayer-Schönberger and Cukier, 2013)：在互联网上，任意一个网站都可能有链接连到另一个网站（包括自身），也可能不链接到任何网站。对于任意两个网站，假如都链接到 A、B、C 三个网站，记这两个网站相互外链的数目为 3。所有网页两两之间相互外链的平均数是网页流量分析的重要指标，需要消耗很大的计算量。网站间的外链情况可以用邻接矩阵的形式来描述，例如式 (10–1) 中的矩阵 lnk，$lnk[i,j]=1$ 表示存在网站 i 到 j 的外链，$lnk[i,j]=0$ 表示不存在外链。

$$lnk=\begin{bmatrix}0&1&0&0&1\\1&0&0&1&1\\0&1&0&1&0\\1&1&1&0&0\\1&1&1&0&1\end{bmatrix} \tag{10–1}$$

对于这个问题，首先编写串行程序，在 R 和 Python 中各自定义一个名为 `mutoutser` 的函数，通过参数 `lnk` 传入外链矩阵。将外链数的记数变量 `tot` 的初始值设为 0。然后通过循环两两比较第 i 行和第 j 行，如果这两行的第 k 个元素的值同时为 1，则说明第 i 个网站和第 j 个网站都链接到了第 k 个网站，那么总外链数加 1。代码如下：

R 代码

```
mutoutser <- function(m) {
  nr <- nrow(m)
  nc <- ncol(m)
  tot <- 0
  for (i in 1:(nr-1)) {
    for (j in (i+1):nr) {
      for (k in 1:nc) {
        if (m[i,k]==1 && m[j,k]==1)
          tot <- tot + 1
      }
    }
  }
  return(tot / (nr*(nr-1)/2))
}
```

Python 代码

```
def mutoutser(m):
    nr = m.shape[0]
    nc = m.shape[1]
    tot = 0
    for i in range(0, nr-1):
        for j in range(i+1, nr):
            for k in range(0,nc):
                if m[i,k] == 1 &
m[j,k] == 1:
                    tot = tot + 1


    return tot / (nr*(nr-1)/2)
```

这个函数可以输出平均外链数，实现了这个问题的需求。但是读者可以发现其中使用了 3 重循环，在 R 和 Python 中都是非常低效的方式，当外链矩阵规模较大时，将会耗费大量的计算时间。以一个 $1\ 000 \times 1\ 000$ 的矩阵为例，所有值都为 1，意味着平均外链数应该为 1 000，调用刚才定义的函数计算后记录消耗的时间。代码如下：

R 代码

```r
lnk <- matrix(1,
  nrow = 1000, ncol = 1000)

t1 <- Sys.time()
mutoutser(lnk)

## [1] 1000

Sys.time() - t1

## Time difference of 83.716 secs
```

Python 代码

```python
import numpy as np
lnk = np.ones((1000, 1000),
  dtype = np.int)
import time
t1 = time.clock()
mutoutser(lnk)

## 1000.0

time.clock() - t1

## 318.729
```

消耗的时间在 1 分钟到数分钟之间，比较低效。对于这种明显的循环结构而言，是很容易并行的。不过在并行计算之前，研究者通常需要思考程序是否能够进一步优化。由于矩阵 `lnk` 是一个 0–1 矩阵，代码中的 `m[i,k]` 和 `m[j,k]` 同时为 1 可以写成 `m[i,k] * m[j,k]` 为 1，第 i 行和第 j 行对应位置相乘然后加和对应了向量间的内积操作。更进一步地，第 i 行向量遍历其余行数的过程中，相当于将第 i 行向量和每一个第 j 行向量求内积，这个过程可以简化成一个矩阵乘法的计算，这样就可以把 3 重循环简化成 1 重循环加矩阵乘法。代码如下：

R 代码

```r
mutoutser1 <- function(m) {
  nr <- nrow(m)
  nc <- ncol(m)
  tot <- 0
  for (i in 1:(nr-1)) {
    tmp <- m[(i+1):nr,] %*% m[i,]
    tot <- tot + sum(tmp)
  }
  return(tot / (nr*(nr-1)/2))
}
```

Python 代码

```python
def mutoutser1(m):
    nr = m.shape[0]
    nc = m.shape[1]
    tot = 0
    for i in range(0, nr-1):
        tmp = np.matmul(
m[(i+1):nr, ], m[i, ])
        tot = tot + tmp.sum()
return tot / (nr*(nr-1)/2)
```

新定义函数 `mutoutser1`，在 R 中使用“\%*\%”运算符、在 Python 中使用 `matmul` 函数可以实现矩阵乘法，使用和之前相同的输入矩阵，调用优化后的函数进行计算。代码如下：

R 代码

```r
t1 <- Sys.time()
mutoutser1(lnk)

## [1] 1000

Sys.time() - t1

## Time difference of 2.86 secs
```

Python 代码

```python
t1 = time.clock()
mutoutser1(lnk)

## 1000.0

time.  clock () -t1

## 0.928469
```

从消耗的时间来看，性能有了明显的提升，R 和 Python 中都从分钟级提升到了秒级，程序结构也得到了简化。这种把循环优化成矩阵运算的方式在实际的工作中非常常见，尤其是并行计算的工程应用中，在并行之前需要尽可能地对算法进行优化和简化。毕竟如果单机串行计算的话只浪费一台计算机的能源，如果低效的算法部署在集群上，很可能就浪费了成千上万台计算机的能源。

然后再将串行算法改写成并行算法，在 mutoutser1 函数中，对行号 i 进行了循环。由于行与行之间不存在顺序关系，就可以简单地分配给不同的计算节点分别计算，然后再把结果汇总。一般来说，研究者先定一个单节点计算的函数，例如 doichunk，输入行号 i，通过并行框架分发数据并自动计算该行的结果，然后再定一个主机分发和汇集并行任务的函数，例如 mutoutpar。代码如下：

R 代码

```r
library(parallel)
doichunk <- function(i) {
  nr <- nrow(lnk)
  tot <- sum(
    lnk[(i+1):nr,] %*% lnk[i,])
  return(tot)
}

mutoutpar <- function(cls, lnk) {
  nr <- nrow(lnk)
  clusterExport(cls,"lnk")
  ichunks <- 1:(nr-1)
  tots <- clusterApply(
    cls,ichunks,doichunk)
  return(Reduce(sum,tots) /
    (nr*(nr-1)/2))
}
```

Python 代码

```python
from multiprocessing.dummy import
Pool
def doichunk(i):
    nr = lnk.shape[0]
    tot = np.matmul(
      lnk[(i+1):nr, ], lnk[i, ])
    return tot.sum()

def mutoutpar(cls, lnk):
    nr = lnk.shape[0]
    ichunks = range(0, nr - 1)
    tots = cls.map(
      doichunk, ichunks)
    return sum(tots) / (nr*(nr-
1)/2)
```

在 R 中使用内置的 parallel 包，这是一个基于分发/汇集模式的简单框架，可以在单机中实现多核计算，也可以基于 Socket 的通信方式建立网络集群。在 Python 中，则使用 multiprocessing 包。这是一个多进程并行的框架。在这个例子中，参数 cls 表示集群对象，这本来是多台计算机组成的集群的概念，但是在单机多核的场景下，也可以代表进程池。

R 的代码里使用 clusterExport 函数将主机中的数据 lnk 分发到每个从机的节点①，然后使用 clusterApply 函数把单节点的工作函数 doichunk 分发到每个节点进行计算，使用 Reduce 函数对返回的结果列表进行汇总。

Python 代码里使用进程池对象中内置的 map 方法来分配 doichunk 代表的工作任务，结果返回到 tots 对象中，最后汇总并计算最终的平均外链数。

在 R 中使用 makeCluster 函数、在 Python 中使用 Pool 函数各自创建一个包含 4 个节点的集群对象，然后调用刚才定义的 mutoutpar 函数，仍然使用之前的数据矩阵，进行并行计算。

R 代码

```
cl4 <- makeCluster(4)
t1 <- Sys.time()
mutoutpar(cl4, lnk)

## [1] 1000

Sys.time() - t1

## Time difference of 2.081 secs

stopCluster(cl4)
```

Python 代码

```
cl4 = Pool(4)
t1 = time.clock()
mutoutpar(cl4, lnk)

## 1000.0

time.clock () -t1

## 0.4171076

cl4.close()
```

从结果可以发现，性能提升了 2 倍左右。理论上 4 个计算节点有可能提升 4 倍，但实际上并行任务的分发过程中会存在延迟，并行的节点越多，在延迟上花费的时间可能会越多。但如果节点太少，并行的程度就会下降。而且在实际的并行工作中，还需要将任务或者数据进行分块，并且在并行框架中控制不同的调度方式，从而实现负载均衡，也尽可能地优化整体的计算时间。

10.2.2 共享内存和 GPU 计算

共享内存是一种典型的并行范式，指多个并行的进程通过存取机器中所共享内存单元来互相通信的过程，需要特定的硬件支持。常见的共享内存硬件有多核机器、加速芯片、GPU。在支持共享内存的并行框架中，进程通过相同的内存地址访问相同数据，如图 10–1 所示。如果数据被某个进程修改，那么其他进程获取的数据也会随之改变。

在 R 中可使用 Rdsm 包实现 CPU 多核之间的共享内存并行，Python 的 multiprocessing 包也能支持共享内存。从编程的方式来看，和之前的例子没有明显的不同，唯一的区别在于

① 虽然本例是多进程并行，但操作方式和集群中的主、从机的方式完全一样。

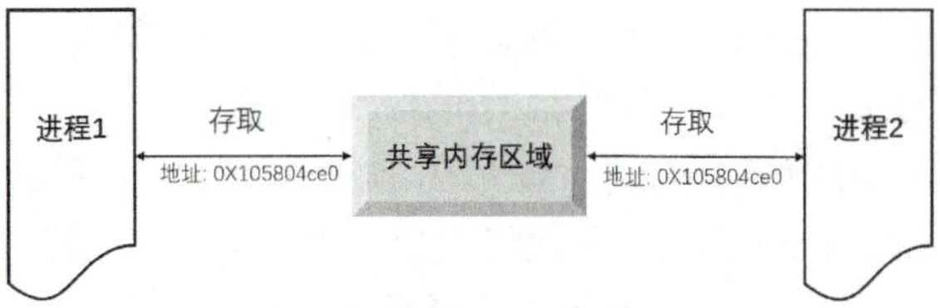

图 10–1 共享内存机制

不似之前 R 中的 clusterExport 函数需要把数据发布到每个计算节点，而是直接存储在共享内存的区域。各节点通过并行框架分配给自己的编号来存取数据中的不同部分，或者认领不同的并行任务。

在并行程序中可能存在各节点都要读写某些资源的情况，相关的代码区域称为临界区。假如程序需要对某个共享内存中变量 tot 的值每次加 1，在单个节点中，每次操作会先读取 tot 的当前值，进行加 1 运算后将新的数值写回 tot。如果两个节点取得了相同的中间值，计算后再先后把相同的结果写回变量，就起不到累加的作用了，最终导致计算结果错误。为了防范这种情况，需要一种机制限制在同一个时刻只有一个进程或者线程存取临界区，这称为互斥。一种常见的机制是使用**锁变量**（lock variable）或者**互斥量**（mutex）。在 R 的 Rdsm 包中使用 mgrmakelock 函数创建锁变量，用 rdsmlock 函数和 rdsmunlock 函数实现上锁与解锁。在 Python 的 multiprocessing 包中使用 Lock 函数定义锁，用 acquire 方法和 release 方法实现上锁与解锁。当共享内存中的变量被“锁住”时，只有一个进程或者线程可以对其进行存取，直到解锁后，才能让其他节点依次存取。

如果需要，研究者可以通过屏障机制让某节点进行一个特殊的操作，并使其他节点等待这个操作结束。R 的 Rdsm 包中的 barr 函数和 Python 的 multiprocessing 包中的 Barrier 函数都可以用来实现屏障。当一个线程调用它时，该线程会被阻塞，直到所有线程都调用了这个函数，然后它们都继续执行下一行代码。屏障本质上也是通过锁来实现的，合理地利用锁和屏障的机制，可以高效灵活地发挥共享内存机制的性能优势。

另一种常见的共享内存框架是 GPU 计算，目前最常用的框架是 NVIDIA 公司于 2007 年推出的 CUDA，其基于 C/C++ 提供了一套编程接口和模板库。利用 CUDA 技术，可以将显卡上所有的内处理器串通起来，成为线程处理器去解决数据密集的计算。在 CUDA 中，用主机指代 CPU 和内存，设备指代 GPU 和显存，一般把共享的显卡内存称为全局内存，而共享内存通常指的是缓存。设备上运行的函数是主机通过调用 CUDA 核函数启动。CUDA 函数库包括了在设备上为数据对象分配空间以及在主机与设备之间互相传递数据的程序。CUDA 应用了单指令多线程（SIMT）的并行模式，其最基础的计算单元称为核，也称为**流式处理器**（streaming processor，SP），多个核集在一起称为**多流处理器**（streaming multiprocessor，SM）。一个 GPU 由多个 SM 构成，每个 SM 独立运行，但可以共享 GPU 全局内存。

图 10–2 来自 NVIDIA 官网，描述了 GPU 和 CPU 在硬件构成上的差异。很明显 GPU 中作为计算单元的**核心**（core）数比较多，但多个计算核心才共用一个比较小的**控制单元**（control）和**缓存**（cache）。CPU 则相反，计算核心占比较少，控制单元和缓存占比较多。大量的缓存可以缩小因核心和内存的距离增加而带来的延迟。从硬件结构可以发现，CPU 适合处理复杂逻辑的问题，GPU 适合密集型计算。

CUDA 本质上是一个 C++ 框架，可以直接使用 C++ 原生程序，也可以使用 Thrust

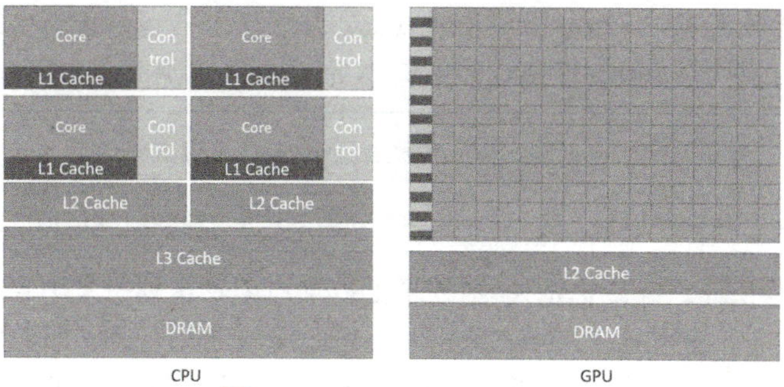

图 10–2 CPU 和 GPU

代码库，从而实现更高效的开发。R 和 Python 中可以调用 C++ 编写的 CUDA 程序实现 GPU 操作，也可以使用一些更方便的第三方包，例如 R 中的 gputools 和 gpuR 封装了很多常用算法，Python 中的 pyCUDA 可以直接基于 Python 实现 CUDA 编程。读者可以查阅相关资料进行更深入的研究。

10.2.3 MPI 并行

在传统的分发/汇集模式中，从机只和主机进行通信。如果允许从机之间互相通信，可以通过"消息传递范式"来实现。消息传递是一个软件上的概念，并不要求硬件平台具有特殊的结构。由于从机之间可以互相通信，理论上可以精准控制任意节点的行为，从而可以通过算法尽可能地优化性能。

当前最流行的消息传递并行框架是基于 C 函数库的**消息传递接口** (message passing interface, MPI)，于 1991 年在奥地利发起，1992 年形成了标准，1997 年进行重大扩充。MPI 存在不同的软件实现方式，常用的有 OpenMPI、MPICH2、Microsoft MPI 等。

本节以 Windows 系统为例，安装 Microsoft MPI 展示。读者可到微软官网下载"MSMpi-Setup.exe"文件进行默认安装。如果是 Mac 或者 Linux 系统，可以安装相应的 MPI 程序，并设置好环境变量，将可以通过操作系统的命令行来实现 MPI 编程。在 R 中可以使用 pbdMPI 包，在 Python 中可以使用 mpi4py 包。示例代码如下：

R 代码	Python 代码
# mpi.R	# mpi.py
library(pbdMPI) init() comm_size <- comm.size() comm_rank <- comm.rank()	from mpi4py import MPI comm = MPI.COMM_WORLD comm_rank = comm.Get_rank() comm_size = comm.Get_size()
paste0("I'm the ", comm_rank, " process of ", comm_size)	print("I'm the "+str(comm_rank) +" process of "+str(comm_size))
finalize()	MPI.Finalize()

这些代码在 MPI 环境中可以用脚本的方式执行。程序分发到每个节点后，可以通过 R

中的 comm.rank 函数或者 Python 中的 Get_rank 方法获取各自的编号，并通过消息的传输来实现并行计算。以下是在命令行执行并行脚本的示例：

执行 R 的脚本	执行 Python 的脚本
mpiexec -n 5 Rscript mpi.R	mpiexec -n 5 python mpi.py

在 R 中可以使用 mpi.bcast.Robj 函数来把数据对象发送到每个节点，使用 mpi.bcast.cmd 函数来运行命令，使用 mpi.send.Robj 和 mpi.recv.Robj 函数来实现节点之间传递信息。Python 中也相应地提供了 Send 和 Recv 等方法。关于 MPI 编程的更深入介绍可以查阅相关资料。

10.3 分布式存储与 Hadoop

理论上，使用 MPI 等框架可以解决任何并行计算的问题。通过之前的例子可以发现，针对特定的任务开发并行算法虽然灵活高效，但是工作量巨大。尤其在工程应用中，光是高效地实现算法还不够，还需要考虑系统的健壮性、负载均衡、数据的分布式存储与分发、计算中的容错处理等诸多问题。这使得日常工作中使用并行计算的代价很高，一般只有在遇到非常重要的性能问题时才会从底层的并行算法入手。如果有并行框架可以提供一套标准的分布式存储方案，并且自动处理冗余备份、解决分发调度等工程问题，使得用户只需要关注并行任务和算法，哪怕牺牲掉一些性能，也能极大地减轻并行计算的工作量。这就是以 Hadoop 为代表的并行框架存在的价值所在，是并行算法和云计算平台能够迅速大规模流行的重要原因。

10.3.1 容器和 Docker

对于数据科学家，最重要的能力是使用模型和算法解决问题，至于是否需要进一步提升算法的性能、是否需要并行地实现，通常不是其首要任务。因此，数据科学家的常用工作环境不大可能是分布式集群。如果要学习或实验分布式算法，需要手动搭建分布式的计算机集群，或者租用多台云服务器，时间和成本的花费比较大。

对于云平台的运维工程师，需要管理很多台计算机，虽然都可以远程访问，但如果集群中计算机的数目过大，安装和调试的工作量也会很大。而且云服务通常由服务商通过本地的硬件集群来提供远程的服务，使得远程用户感觉不到硬件的限制并且可以很轻松地扩容，也需要系统的支持。

以上问题都可以通过虚拟化技术解决。所谓虚拟化技术，可以看作将一台计算机虚拟为一台或多台逻辑计算机，每台逻辑计算机可运行不同的操作系统，并且应用程序可以彼此独立不互相干扰。数据科学家可以在普通的 Windows 电脑上虚拟出一个 Linux 系统的集群来实验并行算法，云平台的运维工程师也可以将一台主机虚拟化成多台供远程访问的逻辑计算机。过去常用的虚拟化技术是**虚拟机监视器** (hypervisor)，其基本原理是通过中间层将一台或多台独立的机器虚拟运行于物理硬件上，虽然使用方便但是会明显地损失计算性能。

在云计算服务里，性能是非常重要的，因此轻量化的虚拟化技术有了广泛的需求，其中最典型的是容器技术。容器虚拟化是一种操作系统层面的虚拟化，最早的原型可以简化为对目录结果的简单抽象，2000 年，Linux 平台开始出现一些商用的容器技术，到现在容器技术已经成了云计算虚拟化的主流，最常用的工具是 Docker。Docker 公司的前身是 dotCloud，2010 年成立于美国旧金山，专注于 PaaS 平台。2013 年，dotCloud 将其核心技术 Docker 开源，基于 Apache2.0 协议发布。Docker 是一个能够把开发的应用程序自动部署到容器的引擎，发布后很快风靡全球，随后 dotCloud 公司改名为 Docker Inc。

基于 Docker 技术，研究者可以很容易地把云计算集群中每一个节点需要安装配置的工具部署在容器中，然后以文件的形式将容器分发到各个节点，以实现统一的管理和维护。在学习的过程中，也可以使用容器来虚拟一套 Linux 系统的集群，本节以 Windows 为例演示 Docker 的操作方式，并用来介绍 Hadoop 和 Spark 的操作方式。Mac 和 Linux 下安装 Docker 更加容易，使用方式完全一样，因此不做专门介绍。

读者可在 Docker 官网① 下载“Docker Desktop”并选择 Windows 下的“Stable”版本，可以下载得到一个“Docker Desktop Installer.exe”文件，双击安装即可。推荐的操作系统为 64 位 Windows 10 下的专业版、企业版和教育版，但当前版本的 Docker 也支持 Windows 10 家庭版②，需要把操作系统更新到最新，否则安装时有可能提示错误信息“Docker Desktop requires Windows 10 Pro/Enterprise (15063+) or Windows 10 Home (19018+)”③。安装成功后启动“Docker Desktop”，会在桌面右下角出现 Docker 的图标，点击后选择“About Docker Desktop”，会显示图 10–3 中的信息，说明成功安装。

图 10–3　Docker Desktop

在桌面右下角的 Docker 界面下点击“Dashboard”打开控制台，可以管理容器，进行常

① https://www.docker.com/products/docker-desktop。

② 旧版的 Docker 不支持 Windows 10 家庭版，需要下载专门的 Docker Toolbox，基于虚拟机安装。

③ 默认在 Windows 10 的“更新和安全”界面下点击“检查更新”即可，如果更新系统后仍然出现该错误信息，可以在微软官网下载“Windows 10 更新助手”，更新后再尝试安装 Docker。

规设置。例如可以把默认的镜像地址设为国内的源，这样下载资源的速度会非常快。在设置界面下点击“Docker Engine”，在 JSON 格式的字符串的“registry-mirrors”项目内填写地址即可。假设读者希望更新成 163 的源，按照图 10–4 的方式设置即可。

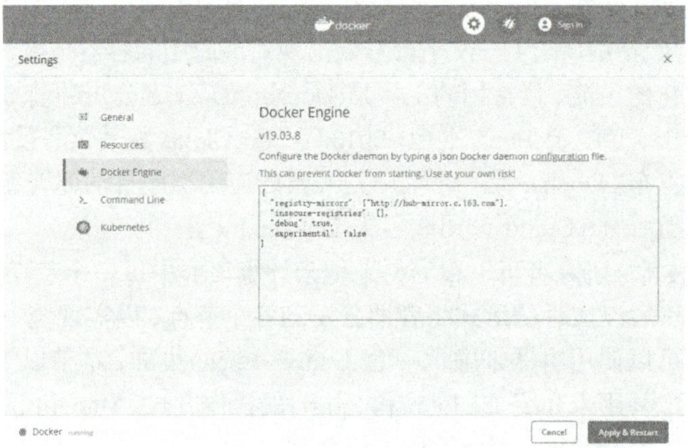

图 10–4　Docker 设置镜像源

Docker 操作的基本单位是**容器**（container），每个容器对应一个虚拟的操作系统环境，在逻辑上可以当作一台独立运行的计算机。如果把某个容器的某个状态保存起来，就是**镜像**（image），通常以“.iso”格式存储，在 Docker 中通过镜像文件可以创建或者进入容器。

例如读者想创建一个基于 Ubuntu 18.04 操作系统的容器，可以使用 `run` 命令，以某个镜像为模板创建容器。例如读者想使用 Docker 官方提供的“ubuntu:18.04”镜像，可以打开 Windows 命令行输入以下命令。如果本地没有同名的镜像文件，Docker 将会自动到官网上的 Docker Hub 里下载该镜像，然后在系统中创建一个包含了 Ubuntu 18.04 操作系统的容器。

```
docker run -i -t ubuntu:18.04 /bin/bash
```

以上命令会自动下载镜像文件，完成后创建一个容器，并使用“root”账号登录到系统中，如图 10–5 所示。

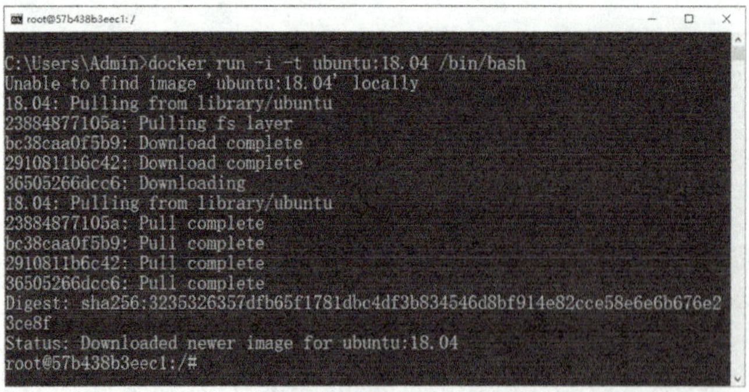

图 10–5　创建容器

该命令会随机产生容器的 ID（例如图中的 `57b438b3eec1`）和 NAMES（例如 `cool_black`）。新建容器后自动执行后面的代码 `/bin/bash`，即进入 Ubuntu 的 Bash shell 界面，使用 `exit` 命令可以退出容器并回到宿主机命令行，如果再次运行该命令会新建另一个容器。docker run 可以支持的主要参数如下所示：

- -i 表示开启 STDIN，用来保证标准输入。
- -t 表示为容器分配一个伪 tty 终端，用来提供交互式 shell。
- -d 表示将容器放在后台运行，否则结束操作即退出容器。
- -name xxx 表示将容器命名为 xxx，省略则自动随机地命名（例如上例中的命令随机命名为 cool_black）。

使用 ps 命令可以查看所有容器的信息（不加参数 -a 则只输出当前运行的容器）：

```
docker ps -a
```

使用 images 命令可以查看所有镜像的信息：

```
docker images
```

在本例中，刚才新建的容器以及下载的镜像如图 10–6 所示。

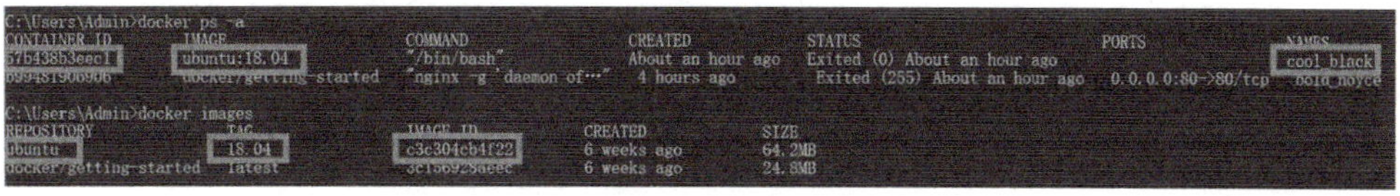

图 10–6 查看容器和镜像

Docker Hub 提供了很多官方的镜像，例如“ubuntu:18.04”，读者还可以使用 search 命令通过关键字搜索其他操作系统的镜像。例如搜索 CentOS 系统，可以使用如下命令：

```
docker search centos
```

结果中排名第一位的就是 Docker 官方提供的 CentOS 镜像，读者可以发现搜索结果中包含了很多其他的镜像文件。例如“centos/mysql-57-centos7”，这是一个名为“centos”的第三方账号上传的镜像，在网站查看详情可以发现该账号是 CentOS 理事会的账号。此外，还有很多其他第三方的个人用户上传的镜像。读者也可以直接使用 pull 命令把某个镜像文件下载下来，之后创建容器时再使用：

```
docker pull centos/mysql-57-centos7
```

在 Docker Hub 上注册账号之后，也可以上传自己的镜像。例如作者有一个账号“jianl”，可以在 Docker 的图形界面中直接登录，也可以通过命令行的 docker login 命令登录。如果在刚才建立的 57b438b3eec1 容器中进行了一些安装和配置的操作，希望把该容器此时的状态建立一个镜像，名为“jianl/image1:v1”，只需要在命令行运行：

```
docker commit 57b438b3eec1 jianl/image1:v1
```

就会在本地自动创建镜像文件，之后可以基于这个本地镜像来创建新的容器。如果想把该镜像上传到 Docker Hub，可以运行以下命令：

```
docker push jianl/image1:v1
```

对于不需要的镜像和容器，可以随时删除。rm 命令用来删除容器，rmi 命令用来删除镜像，例如：

```
docker rm 57b438b3eec1
docker rmi c3c304cb4f22
```

之前的例子中创建的容器"cool_black"是交互式的，当使用者退出后就会自动关闭，如果希望再次启动，可以使用 start 命令，如果要登录进入某个容器，使用 attach 命令。如下所示：

```
docker start cool_black
docker attach cool_black
```

将会再次启动并进入 cool_black，当使用者退出该系统时，容器也会自动关闭。如果希望容器能一直在后台运行，可以通过 run 命令的参数 d 来创建守护式的容器[①]：

```
docker run --name test2 -d ubuntu:18.04 /bin/sh ^
  -c "while true; do echo hello world; sleep 1; done"
```

Docker 中会新增一个名为"test2"的容器，并一直驻留在后台。可以使用 attach 命令进入该容器。如果想要关闭它，使用 stop 命令：

```
docker stop test2
```

10.3.2 Hadoop 和 MapReduce

Hadoop 是一款以 Apache 2.0 许可协议发布的开源软件框架，根据谷歌公司发表的 MapReduce 并行计算框架和谷歌文件系统的论文开发实现。2008 年 Hadoop 成为 Apache 的顶级项目，开始进入 1.0 时代。2012 年 Hadoop 发布了 2.0 版本，引入了资源管理平台 YARN。当前版本的 Hadoop 包含以下几个模块：

- Hadoop Common：基础功能模块，用来支持其他模块。
- HDFS：分布式文件系统，可以对应用数据进行高吞吐量的访问。
- Hadoop YARN：一套作业调度和集群资源管理框架。
- Hadoop MapReduce：基于 YARN 的分布式计算框架。

图 10–7 显示了 Hadoop 平台的框架架构。在当前的 2.X 版本下，底层的基础是 HDFS 文件系统，用来存储大数据。其上是资源调度框架 YARN，是整个平台正常运行的基础。在 YARN 之上是各种应用层，最具代表性的是分布式计算框架 MapReduce。

Hadoop 的安装和配置比较烦琐，在实际的工作中需要安装在 Linux 系统的集群中。每个工作节点都要单独安装，并且要通过各种配置文件来组成集群。好在 Docker 提供了容器的功能，能够通过安装配置好的镜像在生产系统中生产容器，也可以在测试环境中虚拟化一个集群。本节仍以 Windows 系统为例，使用 Docker 在 Docker Hub 中下载一个安装配置好

① 注意该代码第一行最后的"^"符号，在 Windows 命令行中表示断行续接，和下一行是连在一起的，如果是 Linux 系统，需要换成"\"符号。

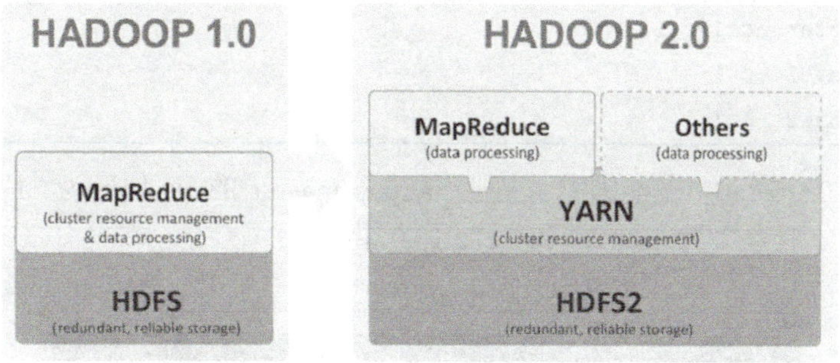

图 10–7　Hadoop 架构

资料来源：Big Data Analytics News。

的 Hadoop 镜像并创建 Hadoop 网络。

```
docker pull kiwenlau/hadoop:1.0
docker network create --driver=bridge hadoop
```

该镜像基于 Ubuntu 14.04 生成，包含了 Hadoop 2.7.2。读者可以创建一个最小的 Hadoop 集群，包含一个主机（命名为 hadoop-master）和两个从机（分别命名为 hadoop-slave1 和 hadoop-slave2）。

```
docker run -itd --net=hadoop -p 50070:50070 -p 8088:8088 --name hadoop-master \
--hostname hadoop-master kiwenlau/hadoop:1.0
docker run -itd --net=hadoop --name hadoop-slave1 \
--hostname hadoop-slave1 kiwenlau/hadoop:1.0
docker run -itd --net=hadoop --name hadoop-slave2 \
--hostname hadoop-slave2 kiwenlau/hadoop:1.0
```

成功创建容器后可以在 Docker 的管理界面下查看，如图 10–8。绿色图标表示服务器开启，可以通过点击“CLI”图标进入容器的命令行模式。

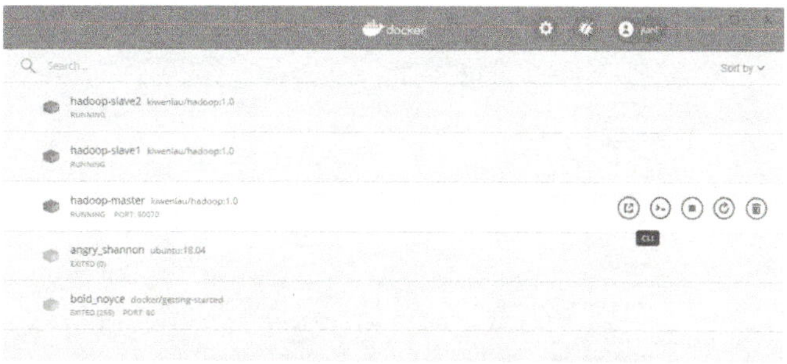

图 10–8　开启 Hadoop 集群

也可以在操作系统的命令行中使用“`attach`”命令进入容器，首先查看每个节点的局域网 IP 地址：

```
ping hadoop-master -c 1
ping hadoop-slave1 -c 1
ping hadoop-slave2 -c 1
```

结果如图 10–9 所示。在本例中，主机 hadoop-master 的 IP 地址为“172.18.0.2”，两个从机的 IP 地址分别为“172.18.0.3”和“172.18.0.4”。

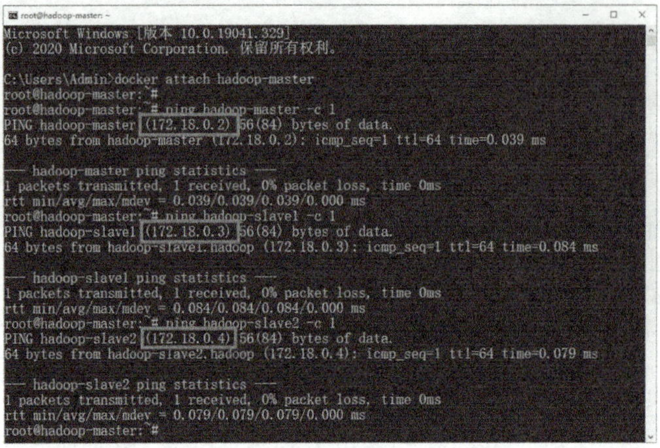

图 10–9 查看集群各节点的 IP 地址

在主机命令行通过以下命令可以启动 Hadoop 集群：

```
$HADOOP_HOME/sbin/start-dfs.sh
$HADOOP_HOME/sbin/start-yarn.sh
```

成功启动后可以通过浏览器访问本机网址“http://192.168.0.3:50070/”。打开一个管理页面，可以实时查看 Hadoop 集群的工作状态，如图 10–10 所示。

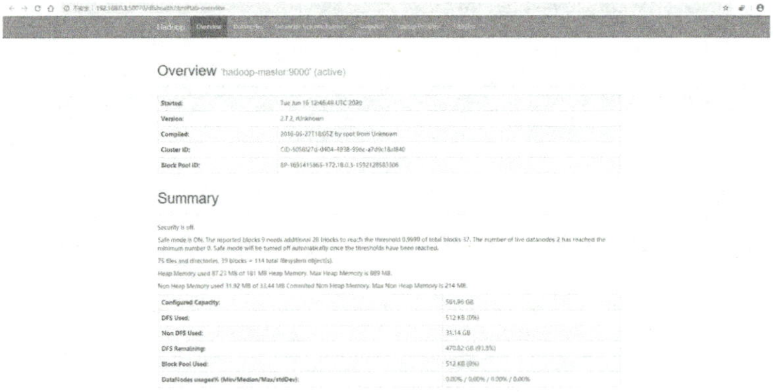

图 10–10 Hadoop 管理页面

在主机命令行执行以下命令，可以运行内置的测试程序，实现一个基于 MapReduce 进行词频统计的示例。

```
hadoop jar $HADOOP_HOME/share/hadoop/mapreduce/sources/\
hadoop-mapreduce-examples-2.7.2-sources.jar \
org.apache.hadoop.examples.WordCount input output
```

MapReduce 是一种简单的分发/汇集模式的并行框架，其流程结构如图 10–11 所示。数据需要存储在 HDFS 中，在计算前先要分割成很多 `<key,value>` 结构（类似哈希表）的片段，然后调用自定义的 Map 函数进行处理，将结果生成新的 `<key,value>` 对。MapReduce 可以自动对 Map 的结果进行**合并**（combine）操作，生产新的 `<key,value>` 对，最后调用自定义的 Reduce 函数，将结果汇总（例如累加），并输出到 HDFS 文件系统中。

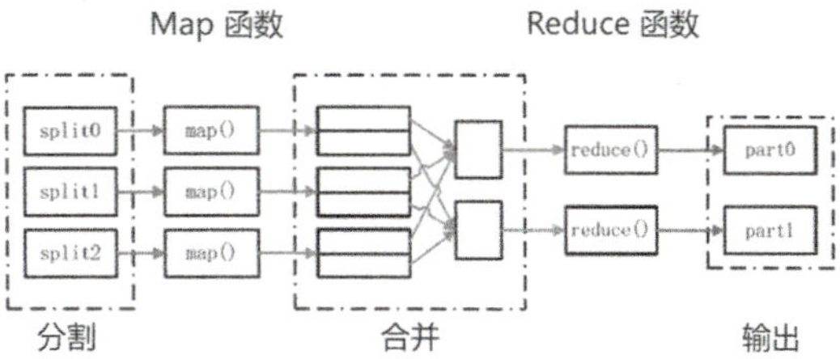

图 10–11 MapReduce 流程

Hadoop 基于 Java 编写，提供了 Hadoop Streaming 框架，可以使任何语言编写的 “Map/Reduce” 程序在 Hadoop 集群上运行。自定义的函数以脚本的形式存在，只要遵循从标准输入 stdin 中读入并写到标准输出 stdout 即可，不限编程语言，使用 R 和 Python 的脚本都可以。读者可以参阅相关资料运行更多的示例。

10.3.3 Spark 简介

Hadoop 的 MapReduce 虽然方便，但是每个节点的计算都需要读写 HDFS 文件。如果算法需要频繁地存取数据，就会很低效。针对这个问题，加州大学伯克利分校 AMP 实验室于 2009 年开始开发 Spark，并于 2010 年将其开源发布、2014 年发布 Spark 1.0.0，并成为 Apache 的顶级项目。

Spark 拥有 MapReduce 所具有的优点。由于中间输出结果可以保存在内存中，不再需要读写 HDFS，因此 Spark 能更好地适用于数据挖掘与机器学习等需要频繁迭代的 MapReduce 的算法。Spark 可以看作 MapReduce 的替代方案，同时可以兼容 HDFS、Hive 等分布式存储系统，能运行在 Hadoop 集群管理 YARN 上，可融入 Hadoop 生态，在日常使用中通常与 Hadoop 部署在同一个集群里。

Spark 的安装非常简便，在官网下载源程序解压后即可。根据文档设置环境变量，就可以在包含了 Hadoop 系统的集群中正常运行。Spark 基于 Scala 语言开发，但是提供了官方的 R 和 Python 接口，用户可以直接在 R 和 Python 中使用 Spark 弹性分布式数据集（RDD）的 API，从而在集群上交互式地运行各种 Spark 任务，详情可以查看 Spark 的官方文档和示例。

习题

1. 请为“计算 10 万条样本的均值”设计并行计算 R 或者 Python 代码。
2. 请举例说明 GPU 计算与 CPU 计算的差异。
3. 请简述使用容器的目的与优势。
4. 请简述云计算对初创公司的价值。
5. 请简述 4.3.2 节大规模数据的处理方法中介绍的方法在并行计算环境中的应用价值。
6. 请设计一个并行的排序算法，并使用 R 或者 Python 实现。

第 11 章 可重复研究与产品化

本章导读

学术界和产业界的数据科学家都需要同其他人交流，交流的载体可能是论文、报告、幻灯片等文档形式，也可能是客户端软件、远程系统等产品形式。对于普通文档来说，传统的方式是把分析过程和写文档的过程分开的，分析结果需要通过粘贴图表再排版来完成。这种方式容易出错，有时候分析结果更新后，最终文档上的图表忘记更新，会造成不好的影响。此外，由于数据分析的过程无法体现在最终结果中，这样的研究结果难以被其他人重复。

如果研究者要定期撰写同样的报告，可以通过计算机程序来自动执行，这样的方式称为自动化报告。如果基于信息系统或者软件来提供自动化报告，就是分析型的信息系统，这也是数据科学领域的重要产品形式。尤其在业界，分析的需求错综复杂，各种以商业智能、人工智能、大数据分析为名的分析型系统层出不穷，都可以自动化地生成分析结果，可以实时或者定期地展示出来。这样的工作通常都由软件工程师来完成，但是作为数据科学工作者，如果具备一些软件思维和开发设计产品的能力，可以更深入地从宏观层面理解和解决问题。

11.1 分析报告与数据产品简介

对于自动化的分析过程，如果展现结果的主体是分析报告，通过一些交互式的方法把代码和文字排版形成文档，这种方式一般称为自动化报告。如果展现结果的主体是信息系统，一般称为数据产品，在系统中通过不同的模板展示不同的分析结果。

11.1.1 自动化报告的常见框架

自动化报告以排版系统作为工具。在数据科学应用中，常用的排版系统有 Office 系列工具、LaTeX和 Markdown。图 11-1 显示了一份分析报告中的截图，研究者使用 Word 或者 LaTeX都可以很容易地生成类似格式的文档。

该分析报告来自某个读书群的年度报告，包括了该年度阅读的书籍总数（1 461 本）、作者数（1 204 位）以及年度排名前十的作者的表格。如果手动排版的话，需要先统计出以上

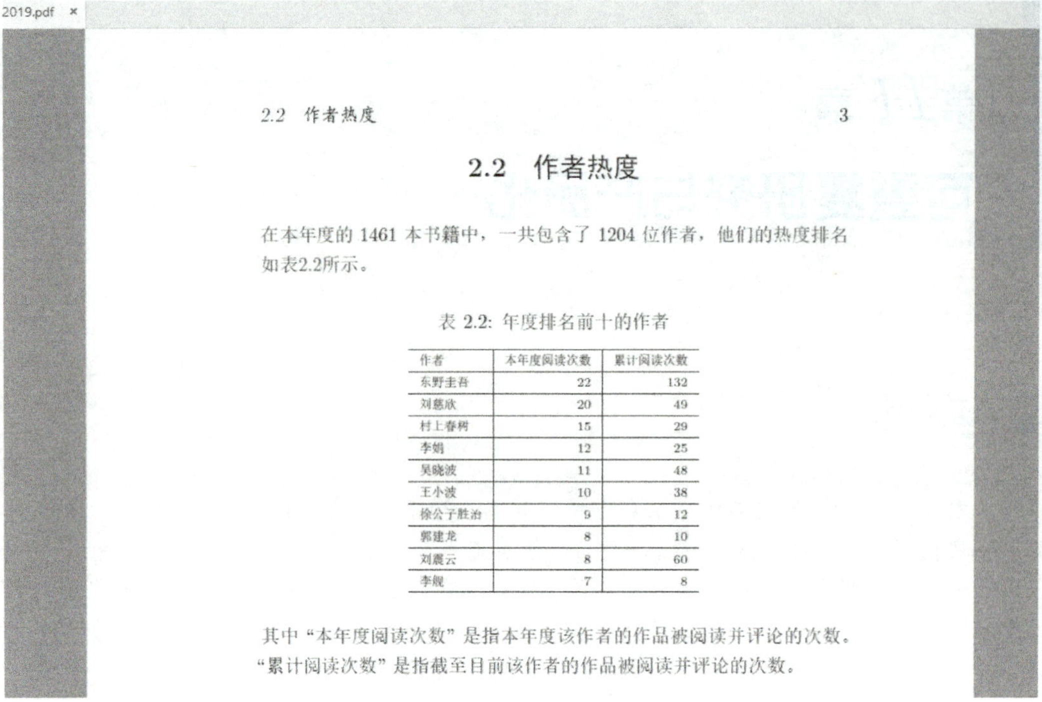

2019.pdf ×

2.2 作者热度 3

2.2 作者热度

在本年度的 1461 本书籍中，一共包含了 1204 位作者，他们的热度排名如表2.2所示。

表 2.2: 年度排名前十的作者

作者	本年度阅读次数	累计阅读次数
东野圭吾	22	132
刘慈欣	20	49
村上春树	15	29
李娟	12	25
吴晓波	11	48
王小波	10	38
徐公子胜治	9	12
郭建龙	8	10
刘震云	8	60
李舰	7	8

其中“本年度阅读次数”是指本年度该作者的作品被阅读并评论的次数。“累计阅读次数”是指截至目前该作者的作品被阅读并评论的次数。

图 11–1 分析报告示例

数据制作表格，再排版得到文档。到了下个年度，虽然报告的格式没有变化，但其中的统计数据发生了变化，需要把之前的分析统计工作重新做一遍，再来修改之前的文档。如果研究者希望自动化地生成报告，可以基于某个排版框架，结合程序自动计算其中的数值并直接生成表格，然后调用该排版框架自动生成文档。不同的排版框架可以采用的自动化方式有所不同，本节分别进行介绍。

1. Office 系列工具

美国微软公司于 1982 年在 DEC 的 CP/M 操作系统上推出了电子表格程序 Multi-Plan，1983 年基于 DOS 操作系统推出了文字处理软件 Word。1985 年微软公司在苹果的 Macintosh 系统发布的 Excel 电子表格和 Word 文字处理软件吸引了大量用户。1990 年微软推出 Office 1.0，集成了 Word 1.1、Excel 2.0 和 PowerPoint 2.0。从此以后，这三个软件成了 Office 工具的标配，也成了具有最广泛用户基础的排版工具。Word 通常用来进行文档的排版，无论学术论文、分析报告，甚至数据都可以用 Word 来撰写和编辑。Excel 是电子表格工具，常用来分析和处理数据，也可以用来进行表格和结构化文档的排版，从而获得良好的打印效果。PowerPoint 是幻灯片工具，可以用来对演示幻灯片进行排版。

Office 系列工具中都内置了 VBA，这是一种基于 Visual Basic 编程语言的宏语言，可以在 Word、Excel 和 PowerPoint 中调用①。VBA 能够使用程序对文档的内容、格式、版式等排版元素进行操作，从而实现自动化的报告。比如说一份文档中的某个数值需要按月更新，

① 在 Windows 系统中，通过快捷键“Alt + F11”可以调出开发环境。

可以基于 VBA 在每次更新时从数据库中获取最新的数值，然后定位到这个数值的位置，通过 VBA 中的 Office 对象来替换原先的数值，操作完之后保存即可。更进一步地，研究者可以直接通过 VBA 来"撰写"文档，完全由程序来控制 Word、Excel 或者 PowerPoint 中的内容。这种写文档的方式并不是 Office 的常规使用方式，也失去了 Office 工具所见即所得的便利性，但在需要频繁更新大量固定格式报告的场景下，通过程序来生成文档大大降低工作量且不易出错。这种方式是自动化报告的典型应用。

在实际的工作中，研究者甚至可以不直接使用 VBA，而是基于 R 和 Python 这样的数据科学工具利用 Office 接口来操纵文档，实现相同的自动化报告功能。R 中可以使用 `officer` 包操作 Word 和 PowerPoint，使用 `xlsx` 等包操作 Excel。Python 中可以使用 `python-docx`、`openpyxl`、`python-pptx` 来分别操作 Word、Excel 和 PowerPoint。这些包可以很方便地将 Office 文档中的元素转化成 R 或者 Python 中的对象，从而将分析的结果和报告文档关联起来，实现自动化的报告。

2. LaTeX和文学化编程

TeX是一个非常受欢迎的科技文排版系统，由唐纳德 · 克努特（Donald E. Knuth）于 1977 年开始开发。其初衷是创造一个以排版文章及数学公式为目标的计算机程序。当前的 TeX系统发布于 1982 年，1989 年又稍做改进。LaTeX是 TeX系统上的一个宏集，它使用一个预先定义好的专业版面，可以帮助作者高质量地排版和打印作品。LaTeX最初由莱斯利 · 兰伯特 (Leslie Lamport) 开发，使用 TeX程序作为排版引擎。现在的 LaTeX由弗兰克 · 米特尔巴赫 (Frank Mittelbach) 负责维护。用户可以开源地获取不同版本的 LaTeX工具集（集成了 TeX引擎和其他工具)，小到学术论文，大到专业书籍，都可以非常自如地使用 LaTeX来排版。对于 LaTeX环境中的书籍而言，LaTeX充当了图书设计者的角色，而 TeX则相当于排版者。

LaTeX提供了专业的版面设计，其一大特色是可以方便地排版数学公式，用户只需要学一些声明文档逻辑结构的命令即可，而不必纠结于文档中的版式细节。通过简单的命令可以很容易地生成像脚注、引用、目录和参考文献等复杂的结构。LaTeX和 Word 等所见即所得的排版工具不同，主要的工作环境是基于命令的文档编辑器，用户可以专注于内容的创作，而无需在意最终的格式，等到编辑完成，再编译出最终的文档。

克努特的著作《计算机程序设计艺术》（*The Art of Computer Programming*）是计算机科学领域的划时代巨著，他因此获得了 1974 年的图灵奖。发明 TeX之后，克努特于 1992 年出版了 *Literate Programming* 一书，提出了文学化编程这一经典的编程范式。简单来说，把文字和程序混合在一起并能编译出最终的格式化文档就是文学化编程。由于 TeX提供了排版和编程的完美框架，基于 TeX平台的工具也成了实现文学化编程的首选。

在数据科学里，R 和 Python 是最主流的分析工具，因此基于 R 或者 Python 的文学化编程平台比较流行。目前最优秀的工具是 `knitr` (Xie, 2015)。这是一个能够支持多种排版环境和编程语言的 R 包，可以在 TeX环境中运行 R、Python 和 Julia。本书中所有的文字和代码都是基于 `knitr` 和 LaTeX排版的。此外，Python 环境下的 Jupyter 也可以支持代码和文字的混排，但不属于严格意义上的文学化编程工具，因为其代码块主要基于顺序结构运行，无法实现完全自由的组织。关于 knitr 和 Jupyter 的操作，在 11.2 节可重复研究中进行详细介绍。

在很多应用场景下，研究者不需要完全灵活的文学化编程，只需要实现基础的代码块（或者代码运行结果）与文档混合排版即可。① 基于 LaTeX的报告体系是一个很好的选择。哪怕仅从格式来看，LaTeX既可以得到美观的数学公式，又可以得到在 PDF 格式的输出文件中包含矢量图，在学术论文、专业报告、科学类书籍中有广泛的应用。

3. Markdown 简介

Office 文档（尤其是 Word）可以所见即所得地快速编辑，修改细节容易且使用便利。但是由于结构化能力不足，对于一些大型文档（比如书籍）和结构化要求比较高的文档（比如技术文档）来说，排版很烦琐而且痛苦。另一方面，Office 文档需要依赖于系统中的微软软件，在互联网上不方便移植。LaTeX是一种极其强大而灵活的排版语言，结构化功能很强，但是学习成本比较高，初学者入门比较困难。如果人们需要一个轻量级的结构化、标记式的排版语言，可以得到简单清爽的版式结果，那么 Markdown 是一个很好的选择。

Markdown 的创始人为约翰 · 格鲁伯 (John Gruber) 和阿伦 · 斯沃茨 (Aaron Swartz)。该工具允许人们使用易读易写的纯文本格式编写文档，然后转换成有效的 XHTML（或者 HTML）文档。结合 Pandoc 等工具后，还可以自动转成 TeX和 Word 格式。各种文本编辑器都可以用来直接编辑 Markdown 文件，比如 Windows 记事本、Notepad++、Sublime 等。越来越多的网站（例如 Github）都可以直接支持 Markdown 格式的文档，很多技术型的博客甚至书籍也开始使用 Markdown 进行网页或者书籍的排版。

在 Markdown 中可以通过一些简单的标记来表示排版的元素，比如常见的标题层级、列表、程序代码、图形等，可以基于以下标签来实现：

(1) 标题:

- `\#` 表示一级标题。
- 有几个 `\#` 表示几级标题。

(2) 列表:

- `*` 开头表示无序列表，换行加 Tab 键表示下一级项目。
- 类似 `1.` 开头的项目表示有序列表。

(3) 代码:

- 以 Tab 符或者至少四个空格开始的行表示程序代码。

(4) 图形:

- 例如 `![Foo](\url{http://myhomepage.com/pic.png})` 。

用户可以轻松地设置文档的结构层次和各种排版元素，不需要纠结版式的细节，直接专注在文档的内容即可。尤其是对于经常写文档的人来说，创造一个常用的模板后，就可以一劳永逸。基于 Markdown 也可以轻松地实现文学化编程或者自动化报告，之前提到的 knitr 和 Jupyter 都能支持 Markdown，甚至成了可重复研究的标准搭配。本章将在 11.2 节可重复研究中进行详细介绍。

① 也就是普通的自动化报告的功能。

11.1.2　数据产品简介

所谓数据产品，可以认为是抽象程度更高的数据分析结果形态，在形式上也更加标准化，通常以信息系统的形式来体现。图 11–2 是一个典型的数据产品界面，用户通常通过互联网来访问。在系统中，不同的功能模块对应不同的界面，每一个界面都可以类比为一份自动化报告。不过文档形式的报告通常是静态的，而分析系统的界面通常是动态交互的。

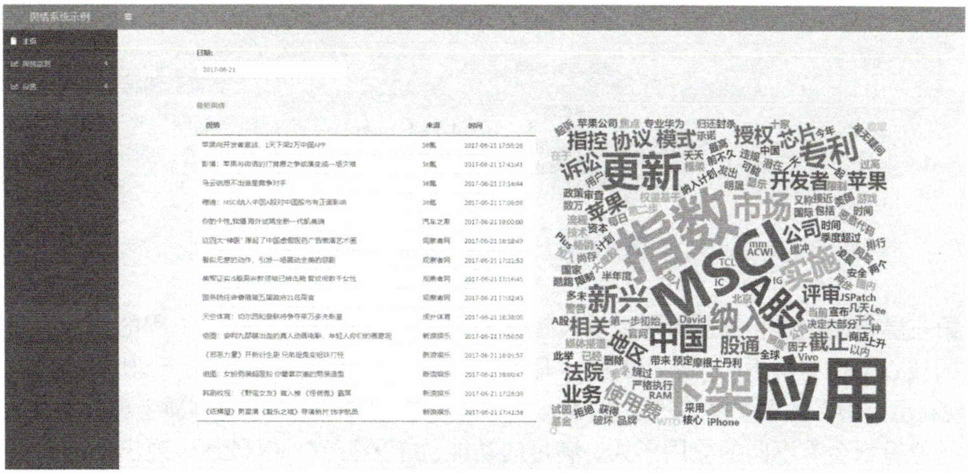

图 11–2　数据产品示例

在图 11–2 的例子中，通过日期选择框可以选择特定的日期，下方的数据表和右侧的词云图会实时更新，从而实现交互。这种交互性体现在两个方面：首先，通过选择框选择时间后，页面会和后台的服务器交互，实现数据的更新，体现在页面上是结果的更新，这是前端界面和后端服务之间的交互；其次，页面上的图形控件本身就能交互，基于 JavaScript 技术可以实现很多动态交互的效果，比如在词云图中，鼠标移到某个具体的词上，会自动显示其频数。

对于一个这样的数据产品，用户能看到的前端界面可能会非常简单，但其后台的技术框架往往较为复杂。不同的系统会选择不同的技术路线，总的来说，一个分析型的信息系统通常具有如图 11–3 所示的三层结构，本节以此为例进行简单介绍。

第一层是数据存储层，在数据科学的应用场景中，数据的来源非常丰富。有各种传统信息系统中结构化的数据库，也有文本数据、图像数据等非结构化数据源，还有来自实验室的各类研究数据，以及来自互联网的舆情口碑数据。这些数据可能存在于不同的数据库、云平台、应用软件、文件、网络中，按照数据仓库的流程，通常使用 ETL（抽取、转换、加载）的方式将所有数据汇总到一个中央的数据仓库或者云平台中，作为数据产品的统一数据源。

第二层是模型算法层，针对不同的应用场景，具体的模型算法也会有差异。一般来说可以分为统计模型、机器学习算法、人工智能算法、最优化方法、BI 分析引擎这几类。这些模型和算法可以在不同的技术环境中实现，数据科学中常用 R 和 Python。有些对性能要求高的算法还会使用 C/C++ 和 FORTRAN 来实现，在云平台上也会选用 Spark 等并行框架，在人工智能中还会使用 TensorFlow、MXNet、PyTorch 等深度学习框架。

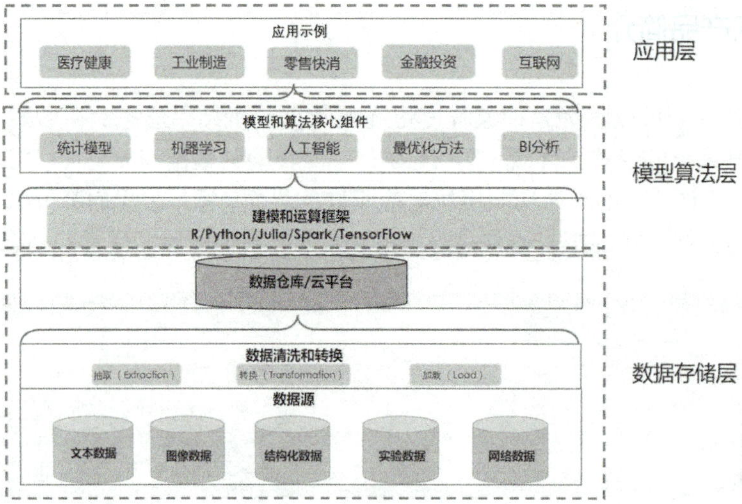

图 11–3　分析型系统架构示例

第三层是应用层，直接体现在系统模块的开发上，通常属于软件工程的任务，和数据科学的核心工作有所不同。常用的技术环境有 Java、PHP 等，比较主流的形式是 Web 平台，现在也有很多数据产品通过手机 App 甚至微信小程序来实现，但本质上都是类似的。不同的行业里都会有不同的应用形式，满足的功能也千差万别，但最终体现出来的界面都是图 11–2 展现的那种操作形式，从系统层面实现数据的应用。

11.2 可重复研究

可重复研究（reproducible research）是一个学术上的概念，指的是研究结果可以重现，通常要求研究的过程透明和开源。研究者除了提供最终的论文或者研究报告，还要提供数据及分析代码，这样可以帮助其他研究者快速地重现研究结果。在具体的应用形式上，需要将数据获取、数据整理、数据分析、结果展现等步骤内容全部整合到一份文档中，最好的方式就是一份自动化的报告，但是需要能包含所有分析和处理的细节。上一节介绍文学化编程时提到的方案就成了首选。

11.2.1 knitr 的应用

knitr 是基于 R 的动态报告系统，可以灵活地嵌入 LaTeX和 Markdown 等格式的文档中。其运行代码产生的图形、表格等输出结果都可以很方便地转化成文档中的元素，最后和文档一起编译出来，实现完美的文学化编程。

本节以 Markdown 为例，可以新建一个后缀名为.Rmd 的文本文件。将以下内容复制到该文件中，形成一个 knitr 和 Markdown 混排的脚本。

```
# 一级标题

Markdown 是一种简单易学的标记语言。这是一个测验文档,
学习 Markdown 和 R 代码的混编, 构成一个 Rmd 文档。

项目符号只需要在前面加上横线

- 第一点
- 第二点
- 第三点

使用 ‘‘‘r 开头, 可以生成一个 R 代码区块, 下面来绘制 cty
和 hwy 两变量之间的散点图。

‘‘‘r
library(ggplot2)
p <- ggplot(data=mpg,mapping=aes(x=cty,y=hwy)) +
geom _ point(position=’jitter’) +
theme _ bw()
print(p)
\ \ \
```

从上面的代码可以看到, Rmd 文档使用 “‘ {r} 和 ”’ 之间的区域来记录 R 代码。除此之外的其他格式完全和 Markdown 一样。如果使用 RStudio 作为工作环境, 打开.Rmd 格式的文件后, 会自动识别出 knitr 的格式, 并进行语法高亮显示。此外工具栏会自动出现 “Knit” 的按键, 如图 11–4 所示。

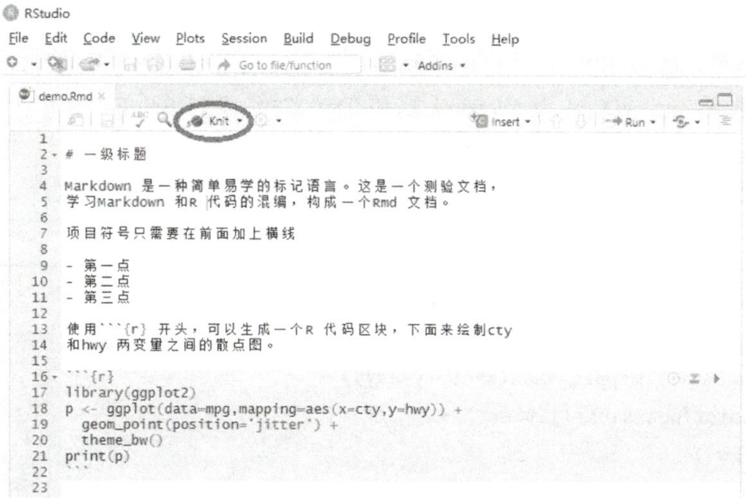

图 11–4 RStudio 运行 knitr

点击红圈中的“Knit”图标之后，它会调用 `knitr` 包先将文件转为纯 Markdown 格式，形成 md 后缀文件，再自动转为 HTML 文档，转换后会预览到效果。点击 save as 可将此文档保存为一个包含了所有结果的 HTML 文件，用户可发布到任何一个主机或网盘上。上面代码生成的网页结果如图 11–5 所示。

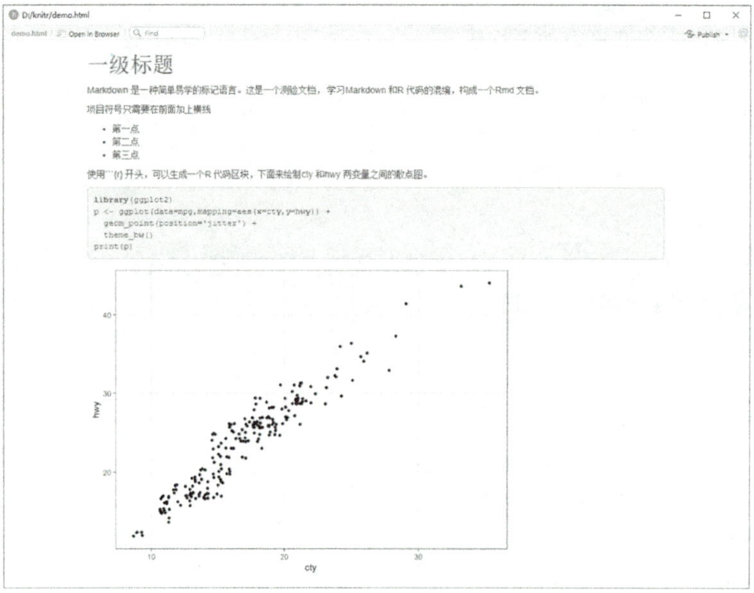

图 11–5　Markdown 与 R 代码混编结果

Rmd 文档是使用“```{r}”来表示 R 代码的开始。大括号内部是参数区，可以设置 knitr 参数。所有的代码和结果输出都默认整合到一个 HTML 文档中。在 RStudio 中可以直接使用“Ctrl + Alt + i”组合键来增加一个 R 代码区块，或者点击工具中的“Insert R”也是同样的效果。代码块中除 R 以外，还支持其他语言的高亮显示，如果安装了 `reticulate` 包，还可以自动执行 Python。

Rmd 文档可以生成 HTML 文件用于网络展示，如果需要，研究者也可以利用 `knitr` 中的 `pandoc` 函数将 md 文档转为 Word 文档和 TEX文档。在 RStudio 中也可以通过“Knit”图标旁边的选择框来选择生成的文档格式。

`knitr` 包还提供了丰富的参数，比如只高亮显示代码，不在 R 中执行，可以设置参数 `eval` 为 `FALSE`，如下所示：

```
```r, eval=FALSE
library(ggplot2) p <-
ggplot(data=mpg,mapping=aes(x=cty,y=hwy)) +
geom _ point(position='jitter') +
theme _ bw()
print(p) '''
```
```

常用的 knitr 参数可以参考以下列表：

- `include`，是否将代码和结果集成显示在输出中。
- `eval`，是否执行代码段。
- `echo`，是否显示原代码。
- `results`，如何显示代码结果，`markup` 表示显示 R 的输出内容，`hide` 表示隐藏 R 的输出内容，`asis` 表示原样显示。
- `warning`，是否显示代码结果中的警告。
- `error`，是否显示代码结果中的报错。
- `message`，是否显示代码结果中的信息。
- `tidy`，是否进行代码整理。
- `prompt`，是否显示提示符。

11.2.2 Jupyter 的应用

Jupyter Notebook 简称 Jupyter，是 Python 环境下的一个交互式笔记本，支持运行 40 多种编程语言，包括 R 和 Julia。其前身是 IPython Notebook，内置了一个名为 ipython 的交互式命令解析器（Shell），比默认的 Python Shell 更强大，可以支持变量自动补全，自动缩进，还支持 Bash Shell 命令，包含了许多很有用的功能和函数。在命令行通过第三方包的方式即可安装 `jupyter` 包：

```
pip3 install jupyter
```

同样在命令行运行以下命令，将会自动开启 Jupyter 服务器，并通过浏览器弹出网页版的控制台。

```
jupyter notebook
```

界面如图 11–6 所示，会自动显示当前路径下的.ipynb 文件，这也是 Jupyter 的默认文件格式，如果通过工具栏新建并保存后，也会自动生成.ipynb 文件。

图 11–6　Jupyter 启动界面

打开某个.ipynb 格式的笔记本之后，可以在网页页面中直接编写代码和运行代码，代码的运行结果也会直接在代码块下显示出来，如图 11–7 所示。

默认的运行方式是交互式脚本，不用考虑排版格式。研究者通常使用这种方式作为 Python 的开发环境，用来替代原生的命令行。在这个界面下可以方便地进行编辑，也支持多种快捷键。由于其基于浏览器可以远程访问，也可以很容易地实现跨平台操作，已经成了 Python 中进行程序开发的最主流方式。

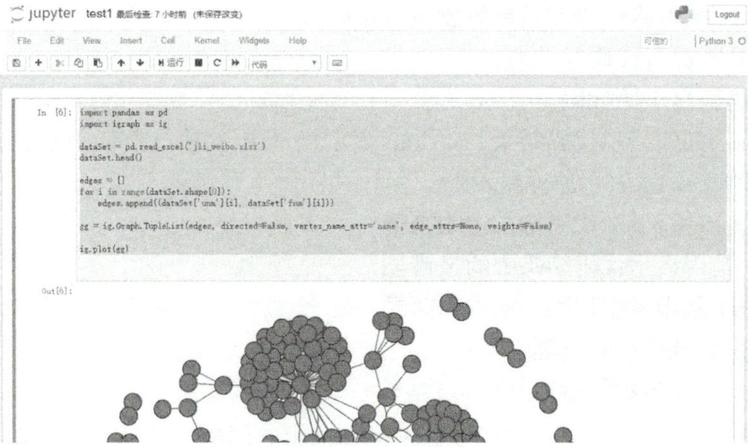

图 11-7 Jupyter 应用示例

在工具栏将默认的“代码”模式改成“Markdown”模式后就可以实现类似 knitr 功能的可重复研究了，在 Markdown 的环境下可以排版，还支持 LaTeX 风格的公式。结合 Python 代码及其输出结果，可以自动产生文档报告，并通过 Markdown 格式的文件进行分发和共享。

需要注意的是，Jupyter 的主要功能还是交互式的编程环境，可以实时显示程序运行结果，非常方便调试且无需编译。虽然其可以和 Markdown 整合实现一定程度的可重复研究，但是代码块无法灵活地改变位置，也不支持复杂的格式设置，所以不能算是文学化编程，也很少用来进行要求严格的排版工作。

11.3 数据产品的设计与开发

通过可重复研究的方式，研究者可以在开发环境（例如 RStudio 和 Jupyter）中直接基于文学化编程的内容生成排好版的文档，也可以在 R 和 Python 中基于程序来自动生成文档。将建模、计算、分析的过程用文档体现，这是数据科学家的常见工作方式。本书在 6.1 节从海量数据到大数据中介绍了数据挖掘项目的一般步骤，其中很关键的一点就是模型的部署，建模和分析结论对数据分析者可能意味着工作的结束，对软件工程师反而意味着工作的开始。

理论上说，数据产品中涉及模型的部分直接调用数据科学家的工作成果就好，其他的主要工作都是软件开发，数据科学家无须参与到具体的开发细节中去。不过数据科学家的核心工作虽然不在系统开发领域，但如果能具备一定的产品思维和软件工程思维，对于模型和算法的开发也是非常用帮助的。乔治 · 伯克斯 (George E.P. Box) 曾说过：“所有模型都不可能永恒正确，但不妨碍其有用性。” 没有完美的模型，只有适合现实的模型。在实际应用中，如果能了解一些系统设计与开发的流程，是能够基于产品思维来通盘考虑的。可以避免研究者在建模过程中钻牛角尖，在节约时间的同时得到更好的效果。

本节的重点在于数据产品设计和开发的思维，而不是具体的开发技术，因此以 R 下的 Shiny 为例。这是一个最简单的数据产品开发框架，通过例子读者可以了解系统开发的基本流程和思路，也能用这个工具开发轻量级的数据产品。

11.3.1 Shiny 基础

Shiny 是 RStudio 公司的产品，包括一个轻量级的 Web 服务器和一个开发客户端。客户端以 R 包的形式提供，完全在 R 环境中运行，基于 R 进行开发。作为开发环境的 R 包也内置了一个供测试使用的小型服务端，在 R 中启用后可通过本地浏览器（比如 IE 或 Chrome）来访问这个应用。如果需要向远程的用户提供服务，必须安装单独的 Web 服务器。目前服务器只支持 Linux 系统，开源版具备了大部分常用功能，付费版还增加了权限控制等功能。

对于普通用户来说，在 Windows 或 Mac 系统上基于 R 包开发 Shiny 项目就已经足够，可以完整地实现产品开发设计的流程。用户可以基于自己的电脑来演示这个项目，如果需要通过服务器向远程提供服务，把这个项目直接复制到安装了 Shiny 服务器的 Linux 电脑即可。Shiny 是一个完全基于 R 的 Web 应用框架，开发者只需懂 R 即可，不需要任何 HTML、CSS、JavaScript 知识就可以独立开发 Web 应用。

先来看一个简单的例子：在第 5 章数据可视化中介绍了直方图，下面使用 R 内置的 faithful 数据集描述美国黄石公园“老忠实”间歇泉的喷发时间和等待时间。使用 hist 函数对其喷发时间做直方图：

```
hist(faithful$eruptions,
        probability = TRUE,
        breaks = 50,
        xlab = "Duration (minutes)",
        main = "Geyser eruption duration")
```

结果如图 11–8 所示，其中参数 breaks 参数设置了直方图中断点的个数，也就是条状的个数。该数值越大对数据的分组越细，反之则越粗。如果研究者希望查看改变该参数的效果，就需要调整参数后再次画图。

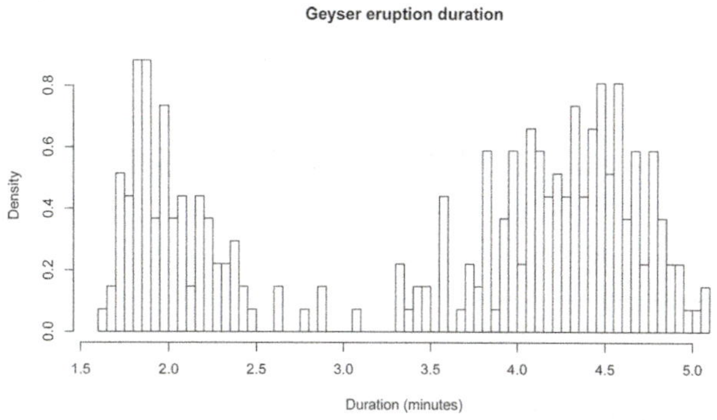

图 11–8　间歇泉喷发时间的分布

这里可以使用 Shiny 把这个图做成数据产品中的界面，用一个选择框来设置参数 breaks，希望当改变参数值的时候能看到图形实时变化。这是一个简单的需求，但可以代表所有类似信息系统的交互机制。用最简单的架构来描述，需要两个层级：其一是前端，是用户可以直接看到并操作的前面；其二是后端服务器，能根据用户的选择来触发新的计算并更新前端的结果。这个过程在 Shiny 中可以很容易实现。本节先来看效果，再来详细介绍实现的方式。

首先需要使用 Shiny 中的函数编写前端和服务器的工作代码，在 Shiny 的框架中，需要创建名为 "ui.R" 和 "server.R" 的脚本文件① ，将其存入某个文件夹中。该文件夹名即为该 Shiny 应用名，例如 "simple"。假设该文件夹的路径为 "`D:\char92 simple`"，那么打开 R 之后，运行以下代码就可以启动这个项目。

```
library(shiny)
runApp("D:/simple")
```

执行完成后，R 的控制台将会挂起② ，同时通过系统默认的浏览器弹出一个网页，如图 11-9 所示。在该网页中可以通过选择框来选择 "Number of bins"，关联 `hist` 函数中的 `breaks` 参数。参数改变后，下方的图形会实时地改变，这就实现了一个最简单的数据产品。

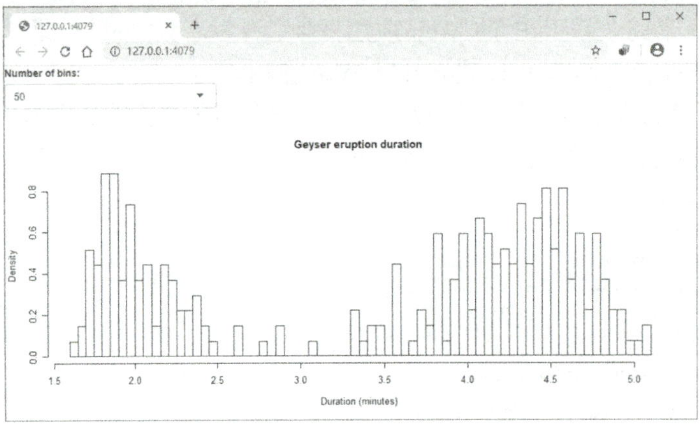

图 11-9 Shiny 示例

下面来分析 "ui.R" 和 "server.R" 中的具体代码。

1. ui.R

本例中 "ui.R" 脚本的代码如下所示，所有的程序都包含在 Shiny 提供的 `shinyUI` 函数中，然后嵌入一个 Bootstrap 前端框架。这是当前前端开发中非常常用的框架，基于 HTML、CSS、JavaScript 技术实现，非常灵活简便。Shiny 提供了 `bootstrapPage` 来直接实现，用户可以忽略其中的细节。

```
# ui.R
shinyUI(bootstrapPage(
        selectInput(inputId = "nbreaks",
                label = "Number of bins:",
                choices = c(10, 20, 35, 50),
```

① 可以创建普通的.txt 文本，将后缀名改为.R 即可。

② 可以使用 "Esc" 键强行退出。

```
                selected = 20),
        plotOutput(outputId = "plot1")
))
```

所谓 UI，就是**用户界面**（user interface）的简称，其开发的过程就是组合各种前端控件的过程。[1] 在 bootstrapPage 函数里，通过逗号来隔开各种前端控件，从而实现界面的设计。

这个例子的代码中包含了 selectInput 和 plotOutput 这两个控件，分别表示选择框和普通图形输出，默认以上下排列的方式显示。[2] 这两个控件都以函数的形式被调用，其中的参数详情可以查看帮助文档。

本例对选择框 selectInput 命名为“nbreaks”，通过参数 inputId 来设置。这个参数是用来和服务端交互的唯一 ID。参数 label 设置显示在该选择框上方的文字标签。参数 choices 设置该选择框的候选项，以向量的形式传入。参数 selected 设置默认的选项，如果省略这个参数的话，会默认选择 choices 参数中的第一个元素。

同理，对普通图形输出 plotOutput 命名为“plot1”，通过参数 outputId 来设置，也用来和服务端交互。

2. server.R

本例中“server.R”脚本的代码如下所示，服务端通过定义一个 shinyServer 函数来实现各项功能。该函数默认包含了两个参数 input 和 output，用来和前端交互，无须修改。所有的功能模块通过对 output 中的元素定义函数的方式来实现。

```
# server.R
shinyServer(function(input, output) {
        output$plot1 <- renderPlot({
                hist(faithful$eruptions,
                        probability = TRUE,
                        breaks = as.numeric(input$nbreaks),
                        xlab = "Duration (minutes)",
                        main = "Geyser eruption duration")
  })
})
```

在本例中，“ui.R”通过 outputId 为“plot1”的普通图形输出模块来显示图形，那么在“server.R”中定义“output$plot1”即可。普通图形输出模块 plotOutput 在服务端对应 renderPlot 函数，在其中生产的图像可以实时地显示在 plotOutput 的输出位置。读者可以看到，renderPlot 中包含的代码描述了一个正常的 R 绘图过程，绘图的结果会显示在前端的网页中。其中有一个关键的交互就是将选择框 selectInput 与 hist 函数的 breaks 参数绑定，在代码中通过 input$nbreaks 即可关联 inputId 为“nbreaks”的选择框的值，从而实现了前端输入与服务端计算之间的交互。

---

① 真实场景下的 UI 开发是一门技术和艺术，涉及用户体验和美学，我们使用 Shiny 进行简单开发的时候可以直接使用默认的配置，不用纠结细节。

② 如果需要进行复杂的布局，可以使用 fluidRow 和 column 等函数进行排版，此处不详述。

以上演示了一个完整的前后端交互的数据产品的开发过程。在 Shiny 中除了选择框 selectInput，还包含了以下常用的输入控件：

- numericInput，数值输入框。
- textInput，文本输入框。
- dateInput，时间输入框。
- checkboxInput，单选框。
- checkboxGroupInput，复选框。
- sliderInput，滑动条。

此外，除了默认的 plotOutput 与 renderPlot 这对普通图形输出模块，很多基于 htmlwidgets 技术的第三方包都提供了相应的输入输出方式，一般都会采用以 “Output” 和 “render” 开头的命名方式，下一节演示动态图时会进行详细介绍。

11.3.2 动态交互的数据产品

图 11–9 显示了一个极其简约的交互式界面，看上去并不像一个真正的数据产品，而图 11–2 看上去就要正式得多。后者实际上也是基于 Shiny 开发的，这两个界面的差异完全体现在 UI 上。前者使用默认的未经任何定制的 Bootstrap 前端框架，后者借用第三方包 shinydashboard，使用了其提供的函数 dashboardPage 来替代之前默认的 bootstrapPage，无须进行任何格式和美学上的修改，就能自动显示成图 11–2 的界面风格，还可以自动产生侧边栏，对应多个系统模块，从而开发出真实的应用系统。

在该系统中，包含了一个 “舆情监测” 模块，鼠标点击后可以展开。使用者点击 “情感走势” 可以看到一个动态气泡图的界面，如图 11–10 所示。该图形在 5.3 节现代数据可视化方法中提及过，但是没有介绍具体的实现方法，原因在于其中动态的时间轴需要进行前端和后端服务的交互，使用 Shiny 的机制可以很容易实现。

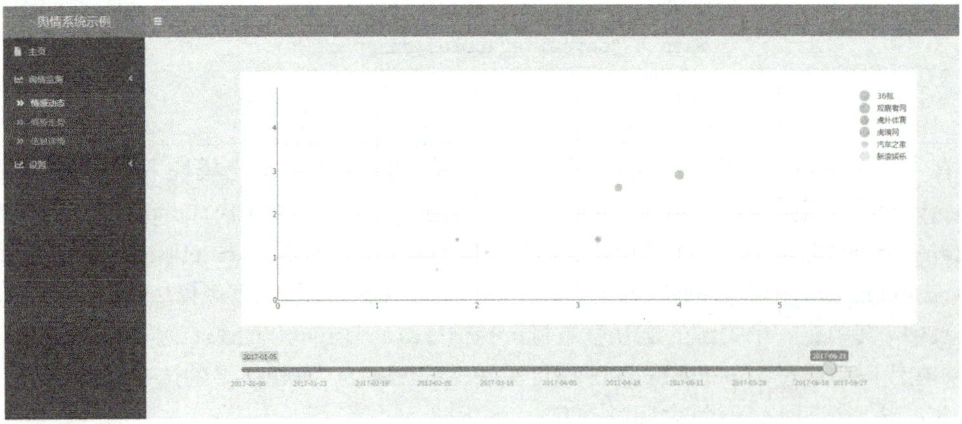

图 11–10 动态气泡图示例

对于该产品框架的 UI 模块，通过下面的代码片段进行简单介绍。

```
tabItem(tabName = "yuqing-mot",
  fluidRow(
    br(),br(),
      column(offset = 1, width = 8, plotly::plotlyOutput('line3'))
   ),
  fluidRow(
    br(),
    column(offset = 1, width = 8, sliderInput("slide1", "",
      min = as.Date("2017-01-05"), max = as.Date("2017-06-27"),
      value = as.Date("2017-01-05"), width = 1000))
  )
)
```

tabItem 是 shinydashboard 中各模块的单位，对应图中的“情感走势”模块。fluidRow 将页面分成了不同的行。本例中包含了两行，用逗号隔开。fluidRow 内部可以分列，用 column 来指定列，每一行可以有多个列，用逗号隔开。本例中的两行都只有 1 个列。在 column 中可以保护前端控件，本例中第一行是一个 plotlyOutput 图形模块，第二行是一个 sliderInput 滑动输入条。

plotlyOutput 来自 plotly 包，是强大的开源图表库 plotly.js 的 R 接口。plotly.js 是一个 JavaScript 图表库，集合了 20 种图表类型，包括 3D 图表、常用统计图形和 SVG 地图，均能实现动态交互的效果。plotly 包还有个特殊的功能，就是可以使用 ggplot 的语法把图形直接转化成 plotly.js 的动态效果，以下代码是使用 ggplot 语法绘制动态散点图的例子。

```
library(plotly)
ggiris <- qplot(Petal.Width, Sepal.Length, data = iris, color = Species)
ggplotly(ggiris)
```

用户使用 plotly 包可以在完全不了解 JavaScript 语法和数据结构的前提下绘制动态图形，非常方便。该包还提供了 plotlyOutput 和 renderPlotly 函数用来和 Shiny 交互，在图 11–10 的例子里就实现了一个散点图。该图的横轴表示某一天正面情感的新闻所占的比例，纵轴表示负面情感的新闻所占的比例，散点的直径表示当日新闻总数，构成气泡图。

在图形下方加上一个时间轴，随着时间的变化，气泡图发生变化。上述过程实现动态的效果，名为动态气泡图。在本例中，使用 sliderInput 滑动输入条作为输入，用户拖动到某个日期后，服务端的程序自动计算出当天的相关数值，并实时地更新 plotlyOutput 的结果，于是实现了动态气泡图。

本节以动态气泡图为例介绍了一个交互式的可视化案例，这也是数据产品的常见形式。在 Shiny 的框架下结合 plotly 包可以实现大部分的常用统计图形的动态交互形式。此外还有一些受欢迎的第三方包可以配合使用，比如 wordcloud2 包的词云图、leaflet 包的动态地图、DT 包的动态表格、rglwidget 的 3D 图形，详情可以参考这些包的帮助文档。

习题

1. 请使用 Markdown 撰写一份关于数据科学的简介。

2. 请用 knitr 设计一个可重复报告的模板，要求当数据变化时可以自动变更报告中的统计结果。

3. 请简述 Word、LaTeX、Markdown 进行文档排版的优点和缺点。

4. 浅谈你对文学化编程的理解。

5. 简述 Jupyter 和 knitr 的异同。

6. 如果要开发一个自动在线考试的系统，请设计系统的界面，并尝试用 Shiny 实现。

第12章 数据科学的行业应用

本章导读

正如第1章中图1-1所示，数据科学是以“计算机能力”和“数学与统计学知识”为工具，结合“专业领域知识”的方法与技术，其核心是“问题导向、数据驱动”。伴随技术进步与知识爆炸，数据科学已全面深入社会各领域。本章以互联网行业、零售行业、金融行业与医疗健康行业为例，围绕数据类型与应用方向展开讨论，并通过基于真实情景的案例实践向读者展示数据科学的行业应用。

12.1 互联网行业

互联网行业利用信息技术与互联网平台，充分发挥互联网在生产要素配置中的优化作用，实现互联网与传统产业的深度融合，将互联网的创新成果应用于国家经济、科技、军事、民生等领域中，实现国家生产力的提升。2019年6月，中国工程院院士陈鲸在第二届“强网论坛”上作了题为《未来互联网＋大数据时代数据科学发展与应用》的主题报告。陈院士指出，近20年来，互联网用户量随着计算机技术的迅速发展而激增，移动端设备也实现了数据化，数据量呈指数增长。

互联网技术的进步在促进数据科学发展的同时带来挑战。与前互联网时代统计学家所处理的小型数据相比，当前互联网行业的数据具有样本量大、特征变量多、结构复杂等特点。数据科学家不仅需要通过分布式存储技术将数据分散存储在多台独立的设备上，还需要花费大量的时间和精力对数据进行预处理，以得到可供分析的结构化数据。这一现状要求数据科学家不能仅仅局限于对理论方法的研究，还要接受“get your hands dirty”[①] 的理念，提升解决实际问题的能力。

12.1.1 互联网行业的数据

互联网行业的具体业务包罗万象，包括线上交易平台、智能控制、物流交付等，其数据形

① 英文俚语，形容人不畏困难，乐于干脏活累活。近年来，在数据科学领域，这一理念被用来形容数据分析师积极解决实际问题并乐于进行数据的收集、质量检测和清洗等烦琐但必要的前期处理工作。

式也较为复杂。从数据结构的角度看可以分为结构化数据、非结构化数据和半结构化数据。

1. 结构化数据

结构化数据指可以使用关系型数据库表示和存储、表现为二维形式的数据。一般特点是：数据以行为单位，每一行数据表示一个实体（样本点）的信息，每一列数据表示一个特征，且每一列的属性是相同的。例如，某网约车公司掌握的用户数据如表 12–1 所示，其中每一行代表一位用户，由主键（用户 ID）唯一确定，每一列代表用户的个人背景信息（性别、年龄等）以及业务相关信息（用车花费、是否深度用户等）。

表 12–1　结构化数据示例：某网约车公司用户数据

用户 ID	性别	年龄	用车平均花费（元）	是否深度用户
A0010	1	23	25 以下	0
A0121	0	30	25~50	1
B0808	0	43	25 以下	0
C0001	1	28	50~100	1
A1213	1	40	25 以下	1

2. 非结构化数据

非结构化数据指结构不规则或不完整，不方便用数据库二维逻辑表来表现的数据。在技术层面，它比结构化数据更难标准化，其存储、检索、发布以及利用需要更加智能化的 IT 技术。从具体形式看，非结构化数据包含文本数据、语音数据、图像数据等，对应多种具体业务。例如，线上购物平台上的用户评价通常是文本数据。研究者可以从文本中提取重要特征帮助电商了解用户的消费体验以优化服务；智能音箱持续分析接收到的外部声音，一旦检测到关键词，就把语音传给识别服务器以做出相应反馈；搜索引擎的"以图搜图"功能将用户上传的图片转化为数据矩阵，提取重要特征实现相似图片的匹配。

3. 半结构化数据

以 XML（eXtensible Markup Language）和 JSON（JavaScript Object Notation）为代表的半结构化数据虽然不具有关系型数据库或其他数据表的结构化形式，但其包含可以用来分隔语义元素的相关标记。相关标记还可以对记录和字段进行分层。在半结构化数据中，属于同一类的实体可以有不同的属性，而且属性的顺序可以不一致。图 12–1 所示的 JSON 数据记录了某手机软件的用户信息，其中有的用户只有姓名和性别两个属性，有的还包括职业属性，且不同用户的属性输入顺序也不同。半结构化数据相比于结构化数据的优势在于其具有更好的延伸性，新增数据可以自由地流入系统。例如，在图 12–1 所示的 JSON 数据中，如果软件的某位新用户填写了收入信息，那么在新增该用户信息的同时就已经引入了对应属性。而如果是使用结构化数据进行记录，则需要先中断系统以改变原表的结构，才能增加收入属性。在应用网络爬虫技术抓取在线数据时，JSON 是最常见的数据格式之一，数据分析师可以使用 Python 等工具将其方便地转化为其内建的数据类型，再整理成结构化数据以供后续分析。

```
{ "用户": [
    { "姓名": "张三", "性别": "男" },
    { "姓名": "孙小美", "性别": "女", "职业": "软件工程师" },
    { "姓名": "王五", "职业": "作家", "性别": "男" }
    ]}
```

图 12–1 JSON 数据示例

从数据处理方式的角度考虑，互联网行业的数据又可以分为批处理数据和流处理数据。批处理主要操作大容量的静态数据集，在计算过程完成后返回结果。MapReduce 是典型的批处理模型，其核心思想是先将数据分为若干小数据块，进行并行处理并分别产生中间结果，而后将所有中间结果合并为最终结果。由于能简单高效地实现复杂数据的存储和管理，批处理技术广泛应用于网页挖掘等领域。批处理的缺点是需要对数据集整体进行操作后才能返回结果，时效性较差。而某些数据（如股票价格、天气信息等）的业务价值会随时间的推移而迅速降低，在采集新数据后必须第一时间进行处理和分析。此时流处理技术是更好的选择。流处理系统将数据视为随时间延伸而不断增长、没有边界的流式数据集，例如购物平台的用户消费记录、网络游戏平台的玩家活动日志、股票交易数据等，都可以看作流数据。流处理一般不针对整个数据集执行操作，而是对在滑动时间窗口内进入系统的数据进行递增式处理与分析，包括关联、聚合、筛选和取样。借助此类分析得出的信息，互联网企业得以掌握用户的实时动态并迅速作出反应。

批处理和流处理分别适应不同的业务场景，没有本质的优劣之分。当数据的价值较为稳定，需要使用大量历史数据以保证较为精确的计算结果并对计算时间要求不高时，通常使用批处理。当数据随时间推移而迅速贬值，需要快速得到计算结果时，通常使用流处理。当前许多数据处理系统将两种技术有机结合，实现“批流一体化”，适应不同的业务需求。以推荐系统为例，根据用户在一段时间内（如一个月内）的消费记录，在购物平台的首页向其推荐可能感兴趣的商品，这一过程应用了批处理技术；当用户点击某笔记本电脑的详情页后，即刻向其推荐类似型号的电脑并显示在当前页面，则属于流处理。

12.1.2 互联网行业的数据科学应用

数据科学相关技术在互联网行业有着广泛的应用，本节挑选了一些具有代表性的进行介绍。

1. 推荐系统

线上购物平台（如淘宝、京东）会通过推荐系统在用户登录时为其推荐可能感兴趣的商品。推荐系统的本质是通过针对大量用户对海量商品购买行为数据的分析，探索用户与商品间相关度的统计测度，是典型的数据科学问题。平台通过追踪用户在购物时所表现出的消费倾向，结合用户注册时提供的基础信息以及商品本身属性，分别提取用户与商品的特征，利用相关性度量（余弦值等）或机器学习算法（聚类等）实现两者之间的关联分析。在构建推荐系统的过程中，既可以根据用户的购物记录实现用户的区格划分，向用户推荐与其具有相似兴趣的用户购买过的商品；也可以对商品提取重要特征，实现商品的聚类，向已购买某件商品的用户推荐相似商品。当用户打开购物软件时，后台的推荐系统会实时输入其对应特征，从而预测其最可能感兴趣的商品或服务，并展示在前端页面以吸引用户进行消费，实现精细化网络营销。

2. 智能舆情监测

在众说纷纭的网络世界中准确把握舆情发展方向的关键是将网络言论转化为可供分析的结构化数据，并使用统计方法进行全方位的分析与展示。舆情监测系统（例如百度舆情）在运用爬虫技术对网络平台上的用户言论进行实时抓取、一 “网” 打尽后，使用自然语言处理技术对文本进行分词，去除诸如语气助词、情态动词等无信息量的词汇，将剩下内容转化为词向量①，实现舆情数据化。数据科学家对用户隐私数据进行脱敏处理，通过机器学习模型过滤掉其中无价值的信息，并对提取后的数据进行多维度的可视化分析，展示网友对热点事件的关注程度、对事件中重点人物的情感倾向等舆情信息。舆情监测系统对于帮助客户及时准确地掌握网络动态、提高对重大网络事件的公关应变能力、把控舆情发展方向具有重要的现实意义，通过对专业媒体、自媒体大 V 与普通网友相关评论的分析，可以发现热点维权事件的网络舆情演化通常存在周期长、长尾效应显著、容易出现焦点转移等特点。

3. 搜索引擎

搜索引擎是一种网络信息检索工具，在接受用户的查询命令后提供符合要求的在线资源。要在数以万亿计②的网页中快速找到与搜索词最相关的网页，不仅需要借助计算机技术实现高效检索，还需要通过数据科学方法准确度量网页与搜索词的相关性。搜索引擎首先自动访问互联网抓取网页数据，再从页面信息（如所在 URL、编码类型、包含关键词等）中提取重要特征，建立网页索引数据库③。当用户输入搜索词后，系统会调用索引库检索包含该词的所有网页，并根据其对应特征，利用机器学习算法预测各网页与搜索词的相关性，以此对网页进行排序④。最后由页面生成系统将搜索结果的链接和页面内容摘要等内容组织起来返回给用户。

4. 图像识别

购物平台的拍照搜商品功能、搜索引擎的以图搜图功能可以根据用户上传的图像输出相应的商品或同类图片，其本质是实现用户上传图片与平台数据库中已有图片的匹配，需要

① 其中每一个元素对应一个关键词，元素取值与词频有关。
② 2008 年 7 月，谷歌官方宣布已索引超过 1 万亿个网页。
③ 相当于字典的目录，方便下一步快速检索。
④ 相关性越高，排序越靠前。

运用图像识别技术。该技术与传统搜索算法的区别在于，图片是典型的非结构化数据。数据科学家在衡量图片间的关联度前需要先进行特征工程，将其转化为结构数据：在去除图片中的噪声后，通过将每个像素点对应到具体数值得到特征矩阵，使其包含图片的颜色分布、梯度变化、纹理等基础特征；在这一基础上，通过神经网络算法进一步提取多层重要特征。在识别过程中，产品终端（如淘宝）首先根据已有数据（如商品快照）建立相当规模的检索图片库，并根据其特征进行分堆处理，将相似的图片聚为一堆。在用户上传图片后，检索图片库中与图片最相似的堆，在堆内部再进行细致的比对，最终向用户输出相应的商品或图片。例如，在购物平台的服装图片库中，根据服装特征将图聚为衬衫、外套、长裤等多个堆，当用户上传一张格子衬衫的图片后，系统先检索到衬衫所对应的堆，再在堆内的图片中进行比对，最终向用户输出其他相同款式衬衫的图片及购买链接。

5. 网络游戏

随着网络游戏玩家的渗透率越来越高，游戏服务器常常会积累大量用户数据。如何利用数据挖掘用户兴趣，吸引更多玩家以创造更大的商业价值，成为游戏策划的重点。网络游戏的成功运营，离不开数据科学的支持，例如，根据玩家在游戏中的道具喜好倾向对玩家实现聚类，在付费活动的推荐列表中推荐其可能更有付费意愿的道具，提升产品的转化率；对玩家行为进行实时监控，通过分类算法甄别用户是否使用“外挂”，打击作弊玩家；使用机器学习算法，根据玩家的历史操作数据建立模型，预判玩家是否会在短期内流失，并对该类玩家推出触发性的挽回活动，降低流失率。

12.1.3 分析示例

对于线上购物平台（如淘宝、京东）来说，如何根据用户的个人信息及购买行为记录从海量商品中快速检索出该用户可能感兴趣的商品进行精准推荐以促进消费，决定了平台的商业前景。大型购物平台通常用户众多、商品量大，要求推荐算法兼顾计算效率和估计精度，以及时反馈有价值的推荐结果。本节以阿里巴巴提供的淘宝用户行为数据集（UserBehavior）为例，展示推荐系统如何利用数据创造价值。

1. 数据介绍

UserBehavior 数据集的结构相对简单，只包含 5 个变量，分别为：用户 ID、商品 ID、商品类目 ID、行为类型、时间，各个变量的简单归纳如表 12–2 所示。其中，行为类型包括点击详情（pv）、购买（buy）、加入购物车（cart）和收藏（fav）。每一行表示某用户于某个时间点在移动购物平台进行的一次操作，例如“小明在 2020 年 1 月 1 日将属于电子产品的某品牌手机加入购物车”。该数据集一共包含 987 994 名用户对 4 162 024 件商品（从属于 9 439 个类别）的 100 150 807 次消费行为。阿里巴巴已经对数据进行脱敏处理，只显示商品及类别的编号，不显示具体名称。

表 12–2 UserBehavior 数据集变量归纳

变量	类型
用户 ID	整数
商品 ID	整数
商品类目 ID	整数
行为类型	字符串，枚举类型
时间	时间戳

2. 推荐算法

推荐算法可以分为四个大方向：基于流行度的推荐、基于用户属性的推荐、基于商品属性的推荐以及协同过滤。基于流行度的推荐，指研究者根据项目的流行程度（如被购买次数、关注人数）进行排序并向用户推荐热度排名较高项目的过程。典型的例子包括微博热搜、音乐软件的年度热榜等。该算法比较简单直接，但无法为不同用户实现个性化推荐，不适用于移动购物平台。基于用户属性的推荐，指研究者根据用户的人口学信息（如性别、年龄、职业等）进行用户聚类[①]，并将同类用户喜爱的商品推荐给当前用户的过程。该算法没有利用商品的信息，忽略了用户对商品本身的兴趣，因此推荐结果有时不够精确。基于商品属性的推荐，指研究者根据商品本身特征（如价格、所属类型、生产商等）进行商品聚类，并向用户推荐已购买商品类别中其他商品的过程。该算法的问题在于商品信息往往比较有限且不同类商品之间难以直接比较，并且没有考虑用户的购买行为。

与以上方法不同，协同过滤算法不依赖用户或商品本身的属性，而是基于大量用户对海量商品的购买行为进行推荐。以 UserBehavior 数据集为例，研究者可以将用户的消费记录整理成如表 12–3 所示的用户行为矩阵。记该矩阵为 $\boldsymbol{B}$，元素 $B_{ui}=1$ 表示用户 u 购买了商品 i，$B_{ui}=0$ 表示未购买[②]。协同过滤算法的核心思想是从该矩阵中提取重要特征，通过多个用户消费行为的协同作用将商品“过滤”出来推荐给目标用户。它是当前最主流的推荐算法，在工业界应用广泛。

表 12–3 协同过滤示例

用户	口红	眼影	美妆蛋	笔记本	平板电脑	《数据科学概论》
A	0	1	1	1	0	0
B	1	1	0	0	1	0
C	0	0	1	0	1	1
D	0	0	0	1	1	1
E	1	1	1	1	0	0

① 将具有相同人口学特征从而消费倾向更接近的用户划分到同一个区格。
② 在实际的购物平台数据中，由于每个用户只会购买商品库中的极少量商品，所以该矩阵是稀疏的。

根据算法对特征的提取与使用方式差异，可以分为以下三种：

(1) 基于用户的协同过滤，其核心思想是兴趣相近的用户更可能会购买同样的商品。由于行为矩阵的每一行表示一名用户的消费记录，研究者可以使用多种统计测度（如余弦值）度量行向量之间的相似度，以此代表用户之间的消费行为相似度。记行为矩阵第 u 行为 $\boldsymbol{B}_{u\cdot}$，那么用户 u 与用户 v 的相似度可表示为 $w_{uv}=\boldsymbol{B}_{u\cdot}\boldsymbol{B}_{v\cdot}^{\top}/(|\boldsymbol{B}_{u\cdot}||\boldsymbol{B}_{v\cdot}|)$。对于特定的用户 u，以其他用户与其相似度为权重，计算用户 u 对目前暂未购买的各个商品的感兴趣程度。用户 u 对商品 i 感兴趣的程度可表示为 $I(i|u)=\sum\limits_{v} w_{uv}B_{vi}$，以此对商品进行排序并推荐排名靠前的 K 件商品。在表 12–3 所示的例子中，用户 A 与其他四个用户的余弦值依次为 1/3、1/3、1/3 和 $\sqrt{3}/2$，那么其对口红的感兴趣程度为 $1\times1/3+0\times1/3+0\times1/3+1\times\sqrt{3}/2\approx1.20$，同理可以计算得到其对平板电脑和《数据科学概论》的兴趣值分别为 1 和 2/3。所以预测用户 A 最可能对口红感兴趣，可向其推荐该商品。该算法的优势在于可以帮助用户挖掘潜在兴趣，但由于移动购物平台上的用户行为时刻在发生变化，研究者需要在线计算相似度，因此计算成本较高。

(2) 基于商品的协同过滤，其核心思想是用户可能偏爱与已购买商品更加类似的商品。由于行为矩阵的每一列表示一件商品被购买的记录，研究者可以使用多种统计测度（如余弦值）度量列向量之间的相似度，以此代表商品之间的相似度。记行为矩阵的第 i 列为 $\boldsymbol{B}_{\cdot i}$，那么商品 i 与商品 j 的相似度可表示为 $w_{ij}^{\star}=\boldsymbol{B}_{\cdot i}^{\top}\boldsymbol{B}_{\cdot j}/|\boldsymbol{B}_{\cdot i}||\boldsymbol{B}_{\cdot j}|$。对于特定的用户，计算他目前暂未购买的各个商品与已购商品的总相似度，作为衡量其对各个商品的感兴趣程度的指标，则用户 u 对商品 i 感兴趣的程度可表示为 $I(i|u)=\sum\limits_{j} w_{ij}^{\star}B_{uj}$，以此对商品进行排序并推荐排名靠前的 K 件商品。例如，用户 B 已购买的商品为口红、眼影和平板电脑，《数据科学概论》与这三件商品的余弦值分别为 0、0 和 $\sqrt{6}/3$，总相似度为 $\sqrt{6}/3\approx0.82$；同理可得美妆蛋和笔记本与已购商品的总相似度均为 1.41，所以向其推荐后两件商品。该算法的优势在于商品的相似性一段时间内不会有大的改变，推荐过程只需要离线计算相似度，因此效率较高。但该系统所推荐商品的多样性较差，往往与已购买商品过于类似（例如给 B 推荐的均为化妆品和电子产品），不利于激发新的消费点。

(3) 基于模型的协同过滤，以行为矩阵作为输入数据，使用机器学习算法训练推荐模型，再根据实时用户的购买记录预测其最可能购买的商品进行推荐。例如，在表 12–3 所示的用户行为矩阵中，将用户是否购买某件商品视为二分类因变量，将除了该商品以外的购买记录视为自变量，针对每件商品分别训练逻辑斯蒂回归模型。对于特定用户，根据模型分别预测其购买各件商品的概率，取概率最高的 K 件商品进行推荐。在机器学习中，可以用于建立推荐模型的主流方法包括关联规则、聚类、分类、矩阵分解、神经网络以及图模型等。其中，基于深度神经网络的协同过滤算法在互联网行业大数据量环境下往往具有更高的预测精度，近年来逐渐成为主流。

为帮助读者加深对互联网行业的理解并动手实现推荐算法，本节从 UserBehavior 数据集中抽取一部分，使用推荐算法（如基于流行度的算法以及基于用户、商品的协同过滤算法等）分析数据并展示结果。

3. 推荐模型构建与结果评估

为方便读者后期实践，本节从原始数据集中随机抽取部分用户数据用于分析展示。值得注意的是，由于该数据集的用户行为矩阵较为稀疏，在子数据集上使用传统推荐算法可能会效果不佳。例如，在使用基于用户的协同过滤算法时，可能会出现用户对应的行向量之间的余弦值均为 0 的情况，导致用户对未购买商品的感兴趣程度均为 0，无法输出推荐结果。① 因此，在本节的推荐系统建模分析示例中，只对商品类别而非商品进行推荐。换言之，当某用户对某一类商品有过消费行为（包括点击详情、购买、加入购物车和收藏）即记为该用户对此类商品感兴趣。考虑 UserBehavior 数据集中平均每个类别包含约 441 件商品，这一操作可以大大降低用户行为矩阵的稀疏程度。根据这一规则，本节在 9 439 类商品中截取用户总感兴趣次数超过一定比例的热门商品类别，使行为矩阵变得更加稠密且用户之间的相似性信号更强，最终整理得到用于分析的数据集包含 789 名用户对 785 类商品的 90 656 次消费行为。

由于 UserBehavior 数据集只记录了用户的购买行为，不包含用户与商品本身的属性，所以考虑使用基于流行度的算法及协同过滤算法进行建模。随机取 600 名用户的数据作为训练集估计推荐模型，其余用户数据作为测试集考察推荐模型的准确率、召回率和新奇性。按照时间戳的顺序，将测试集中的每个用户数据分为前后两段，以前半部分数据作为模型的输入，模型输出向用户 u 推荐的商品集合 $\mathcal{P}_u$。记该用户在后半部分数据中实际购买的商品集合为 $\mathcal{G}_u$，则对于用户 u，算法推荐结果的准确率和召回率分别为：

$$\text{Precision}(u) = \frac{|\mathcal{P}_u \cap \mathcal{G}_u|}{|\mathcal{P}_u|}, \quad \text{Recall}(u) = \frac{|\mathcal{P}_u \cap \mathcal{G}_u|}{|\mathcal{G}_u|}$$

其中，准确率表示在推荐的商品中该用户实际购买的比例，召回率表示用户实际购买的商品中出现推荐商品的比例。综合考虑两指标，定义 F-measure 为：

$$\text{F-measure}(u) = \frac{2 \times \text{Precision}(u) \times \text{Recall}(u)}{\text{Precision}(u) + \text{Recall}(u)}$$

在推荐系统中，算法是否能为用户推荐尚未消费但可能感兴趣的商品数量也是一个重要的评价指标。定义 $\mathcal{S}_u$ 为用户 u 在前半部分数据中已经购买的商品，则算法的新奇性定义为：

$$\text{Novelty}(u) = \frac{|\mathcal{P}_u / \mathcal{S}_u|}{|\mathcal{P}_u|}$$

新奇性表示算法给该用户推荐的商品中新商品所占的比例。对测试集中的每个用户，分别计算以上指标并取期望，就得到算法在整个测试集上的评价指标取值。

利用训练集数据，分别构建基于流行度的推荐模型（popularity）、基于商品的协同过滤模型（item base）和基于用户的协同过滤模型（user base）。各模型根据测试集中用户前一半时间的消费行为预测最感兴趣的 20 件商品并与其在后一半时间内实际购买的商品进行比较，得到指标得分如表 12–4 所示。为了方便比较，本例加入随机推荐（random）的结果作为基准线。Precision 达到 10%② 表明平均而言用户会对所推荐的 20 件商品中的 2 件感兴趣，

---

① 通过 100 万名用户对 100 万件商品的购买记录找到两名相似的用户是容易的，但是在 100 名用户对 100 件商品的购买记录中，可能任意两个人购买的商品都完全没有交集。

② 在推荐系统领域，10% ~ 20% 的准确率已经是较为理想的结果。

而 Recall 达到 10% 表明平均而言在用户实际购买的商品中有 1/10 是推荐商品。考虑到商品量较大且用户购物倾向时刻发生变化，本例推荐结果整体来看令人满意。

表 12–4 UserBehavior 推荐结果评估

Method	Precision	Recall	F-Measure	Novelty
Random	0.93%	1.42%	1.05%	100%
Popularity	11.51%	15.29%	12.27%	100%
Item Base	11.64%	16.66%	12.74%	100%
User Base	12.83%	17.98%	13.93%	100%

4. 拓展：深度树匹配算法

下面考虑在完整的 UserBehavior 数据集上建立推荐模型。由于完整数据集所涉及的用户和商品数量巨大，使用基于用户或基于商品的协同过滤算法的计算代价太高，本节考虑基于模型的协同过滤算法。该算法的本质是对用户的行为矩阵进行分解，其中最为直接的分解方式就是奇异值分解。但是当矩阵的行（用户数）和列（商品数）较大时，该做法在技术上不可行。而神经网络算法以用户的行为矩阵的每一行（表示用户属性）和每一列（表示商品属性）作为输入层，经过多个隐藏层得到每一用户与每一件商品对应的 embedding 向量，可以高效准确地模拟矩阵分解的非线性实现。记用户 u 与商品 i 对应的 embedding 向量分别为 v_u 和 $v_i^\star$，所有商品的集合为 $\mathcal{J}$。推荐系统的目标即预测各个用户购买每个商品的概率，因此可以将其转化为大规模的多分类问题，在神经网络的最后一层使用 softmax 函数得到用户 u 购买商品 i 的概率为：

$$P(i|u) = \frac{e^{v_u^\top v_i^\star}}{\sum\limits_{j\in\mathcal{J}} e^{v_u^\top v_j^\star}}$$

该算法向用户实时推荐时需要从全库的 $m = |\mathcal{J}|$ 个商品中进行检索。由于候选商品集合的规模往往很大，在推荐系统里全面应用深度学习进行计算存在效果低下的问题。在实际应用中，研究者常采用负采样的方法提高计算效率。

阿里巴巴广告算法团队提出的深度树匹配算法 (Zhu et al., 2018)是一种比较新颖的推荐算法。其设计初衷是针对淘宝庞大的消费数据，创建能实现线上服务的实时推荐系统。相比于同领域的其他算法，该算法的优势在于使用树结构对全库的商品进行索引，然后训练深度模型以支持树上的逐层检索，从而将推荐系统中全库检索的复杂度由 $O(m)$ 降至 $O(\log(m))$。

图 12–2 用树结构表示所有商品的集合，其中每一个叶子节点表示一件商品。从根节点开始，按照某种规则将所有商品等量地分为两份，形成两个子节点，对子节点所代表的商品以同样的方式进行划分，一直到无法再分为止。该步骤相当于将商品逐层划分为子类。假设该树已经构建完成，使用 Beam-Search 的方式实现高效检索，向用户推荐最可能购买的 K 件商品：从根节点开始，选择购买概率最高的 K 个子类（对应 K 个子节点）；在上一步 K 个节点的所有子节点中，选择购买概率最高的 K 个；自顶而下重复以上操作，直到选中 K 个叶子节点为止，向用户推荐对应的商品。可以看到，表示 m 件商品的树结构一共有 $\log(m)$ 层，

而每层只需要访问上一层选中的 K 个节点的 $2K$ 个子节点，因此总共只要访问 $2K\log(m)$ 个节点即可实现 K 件商品的推荐。这一结构大大提升了检索速度。例如，在 UserBehavior 数据集中，商品数 $m=4\ 162\ 024$，而 $\log(m)\approx 15$。如果只推荐 1 件商品，总共只需要访问 30 个节点，远小于商品总数。

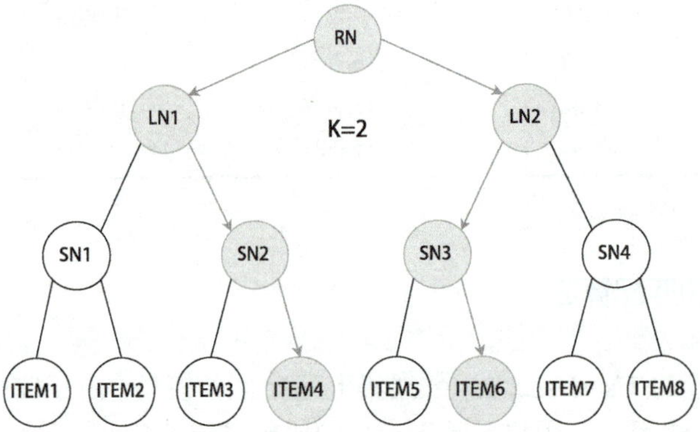

图 12–2 树结构示意图

要使得该检索过程能够返回用户最感兴趣的 K 件商品，只需要这样构建树：令用户在第 l 层对节点 r 所代表的商品集合感兴趣的概率正比于其对该节点的叶子节点感兴趣的概率的最大值，即

$$P^{(l)}(r|u)=\frac{\max_{r_c\in\{r's\text{ children nodes in level }l+1\}}P^{(l+1)}(r_c|u)}{\alpha^{(l)}} \tag{12–1}$$

式中，$\alpha^{(l)}$ 为确保用户对第 l 层各节点感兴趣的概率之和为 1 的标准化参数。读者可以自行验证，使用上述 Beam-Search 的方式在该树上进行检索，得到的一定是用户最感兴趣的 K 件商品。

如何预测用户对该树每一层中各个节点感兴趣的概率呢？想法非常朴素：只需要构造出满足式 (12–1) 的样本，然后使用样本训练模型即可。如图 12–3 所示，用户购买了商品

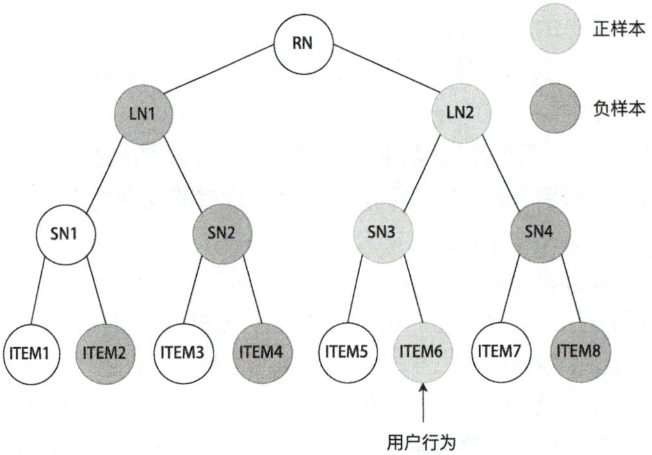

图 12–3 树结构正负样本示意图

ITEM6，那么其对应的叶子节点以及它到根节点所经过的所有父节点都是正样本点，标记取值为 1。在每一层中，在正样本之外随机抽取一定的负样本点，标记取值为 0。容易验证该子树是满足式 (12–1) 的。对每一层样本，都可以通过构建分类模型（如神经网络）预测用户对于该层中各个节点感兴趣的概率，最终所得的树便能近似满足式 (12–1) 中的性质。

如何构造满足要求的树结构呢？树的作用本质上是按照商品的内在联系对其进行细分。例如，某节点表示电子产品的集合，其子节点可以是手机、电脑等子类，而手机的子节点可以是各个品牌的手机（当然，实际应用中并不要求中间节点一定存在具体物理意义）。数据中没有商品本身的属性，所以首先随机初始化树结构，再通过模型训练符合要求的树。在初始化树时，由于 UserBehavior 数据集提供了商品所属类别，所以可以先根据类别随机排序，在每一类别中对商品进行随机排序，按照该顺序自顶而下构造二叉树。通过神经网络，可以得到每一个叶子节点（对应每一件商品）的 embedding 向量（从用户行为的角度反映了商品的内在联系），使用 K-means 聚类的方法，每次将节点所代表的商品聚为等量的两类，自顶而下重构树结构。

整套算法的流程如图 12–4 所示。可以看到，模型由神经网络以及商品的树结构两部分组成。在神经网络部分：由于 UserBehavior 数据集记录了消费行为的时间戳，所以可以将用户行为按时间切分为多个窗口。每个窗口内，对商品的 embedding 向量进行加权，得到新的特征，接着将多个时间窗口得到的特征拼接起来，通过三层全连接层以及一层 softmax 层得到用户对各节点感兴趣的概率。训练过程为：首先随机化生成树结构，确定每一层的正负样本，训练深度神经网络得到节点感兴趣概率；然后使用神经网络训练得到的 embedding 向量通过聚类方法重构树；而后再固定树结构重新训练神经网络……迭代直到得到一个高性能且稳定的模型。该模型包括两部分：(1) 确定的树结构；(2) 能根据用户的消费行为预测其对

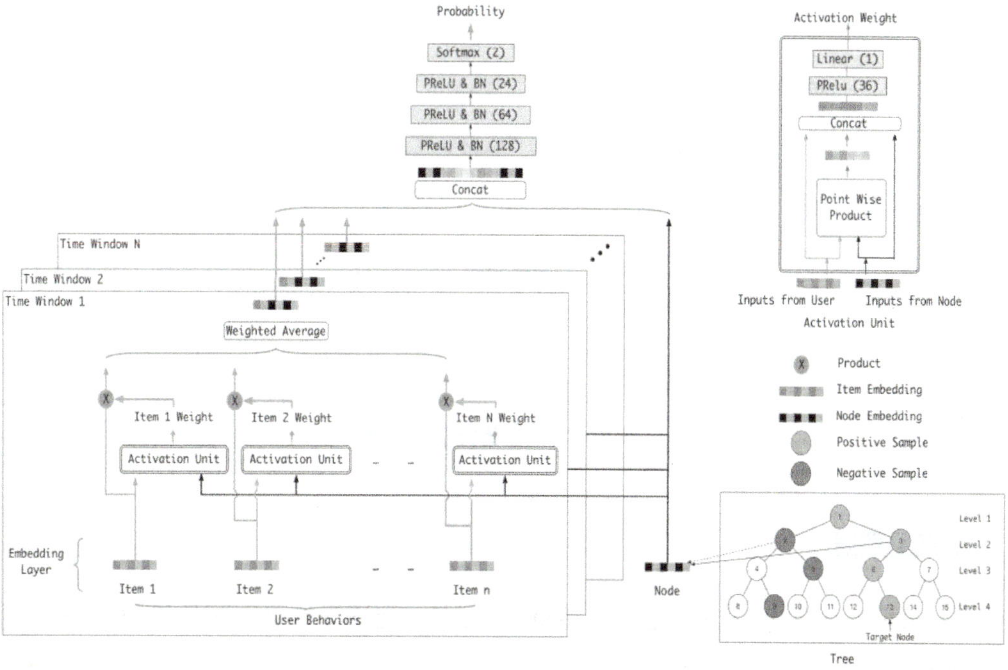

图 12–4　深度树匹配算法示意图

该树中每一层各个节点感兴趣概率的神经网络。当用户上线购物平台时，推荐系统会调取其消费历史记录作为特征，在树结构中使用 Beam-Search 的方式逐层检索（以神经网络预测的节点感兴趣概率为依据确定前 K 个节点），输出向其推荐的 K 件商品。

12.2 零售行业

国家统计局发布的《国民经济行业分类》将零售业定义为：百货商店、超级市场、专门零售商店、品牌专卖店、售货摊等主要面向最终消费者的销售活动，以互联网、邮政、电话、售货机等方式的销售活动，还包括在同一地点后面加工生产前面销售的店铺。[①] 零售行业销售产品种类众多，客户分散但数量庞大，天生具有大数据基因。一个大型零售企业每天需要处理 TB 级的新数据，数据库中存储着 PB 级的历史数据。若研究者可以灵活、合理地利用数据科学方法，可以帮助零售企业化大数据的挑战为机遇，提高公司的利润与竞争力。

12.2.1 零售行业的数据

零售行业分为传统零售行业和新零售行业：传统零售行业一般拥有实体营销场所，如大型连锁超市；新零售行业指通过互联网平台完成销售活动的电商。如图 12–5 所示，传统零售行业和新零售行业的数据有相同之处，也有不同之处。

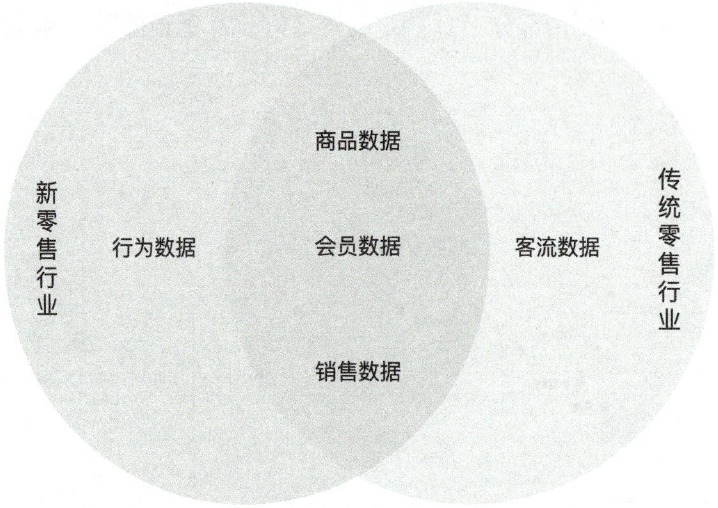

图 12–5　零售行业的数据

1. 商品数据

商品数据包括品牌、产地、包装、用料、保质期、规格等与商品自身有关的信息。商品

① 详细定义见《国民经济行业分类》（GB/T 4754-2017）2019 年修改版。

数据是结构化数据，往往使用商品数据模型进行数据存储。商品数据模型中最核心的部分是**标准化产品单元**（standard product unit, SPU）和**库存单元**（stock keeping unit, SKU）。标准化产品单元是最接近用户认知的产品单元，即产品名称，如 iPhone6。库存单元指具体的某种规格的标准化产品单元，是商家最关心的单元，具体到每一个货物，如 iPhone6 - 金色 -32G。一个简单的商品数据模型在数据库中的存储结构如图 12–6 所示。这只是较为基础的框架，实际中存在更多数据表和更详细的划分 (Agrawal et al., 2001)，在此不做详细展开。

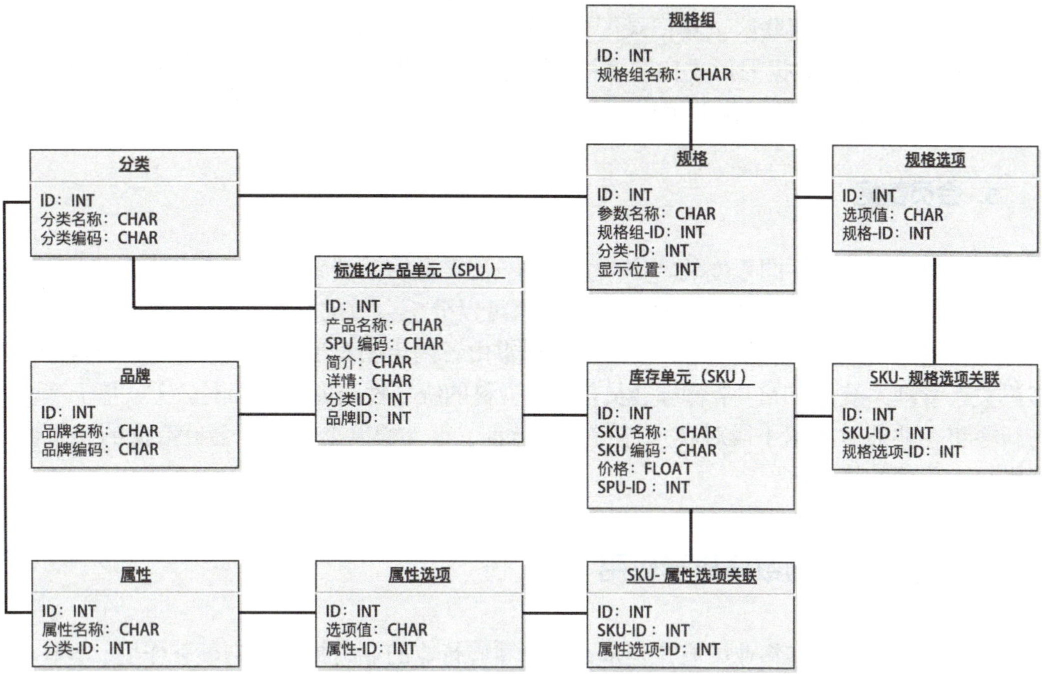

图 12–6 商品数据存储结构示例

2. 销售数据

销售数据包括销售基础数据和销售指标数据。销售基础数据包括销售日期、销售地点、渠道分类、产品价格、销售额、销售数量等，其储存方式与商品数据类似，与商品数据通过 SKU 编码互相连接。销售指标数据由销售基础数据计算衍生得出，主要分销售、店铺、库存、劳动力四方面，销售相关指标包括毛利率、营业利润率、租金费用率、退货率等；店铺相关指标包括坪效、客单件、客单价、单店平均销售、购买率、营业面积率等；库存相关指标包括失货率、周转率、每平方米存货、在货率等；劳动力相关指标包括人效、时效、人员费用率、加班费用率、人员流失率、平均区域管理范围等。销售数据随时间不停积累，各种指标需要实时监控且存储历史数据，因此数据积累迅速。

3. 客流数据

客流数据是实体零售行业特有的基于地理位置信息的数据。譬如，商场在入口及内部的道路枢纽设置红外装置记录不同时间不同区域的客流情况，超市在购物车上安装传感器记录的顾客购物路径，研究机构通过遥感与视频分析记录的不同级别道路车流量。这些包含客流数据的信息可以为零售企业的展店选址、门店绩效考核、货架布局等管理目标提供量化支撑。

4. 行为数据

新零售行业借助互联网工具记录了大量的用户行为数据，如商品浏览记录、购买记录、评论记录等等。该类数据的形式比较多样，既有半结构化的行为日志，也有非结构化的评论文本。另一方面，行为数据伴随销售行为而迅速增长，具有明显的海量化特征。

5. 会员数据

会员数据中包含不同程度的客户个人资料，比普通的消费者信息蕴含更大的价值。综合商品购买行为记录与会员等级变迁信息，商家可以分析会员的购物习惯并制定个性化的营销方案促进销售。传统零售企业的会员数据通常由各门店相对独立地收集整理，通常会使用客户关系管理系统（CRM）来管理会员信息，资料的统一性与完整性相对较差。基于互联网的新零售企业通过技术手段对客户进行实名认证，很大程度上保证了会员数据的完整性与可供统一分析的格式化。

12.2.2 零售行业的数据科学应用

数据科学在传统零售业中有广泛应用，对零售行业的业绩提升起到显著作用，本节对一些重要的应用加以介绍。

1. 购物篮分析

购物篮分析通过汇总顾客的采购列表来挖掘商品间的销售关联，帮助经营者了解顾客的购买行为。零售企业可以通过商品间的关联规则设计货架布局、建立商品促销组合，在激烈的竞争中树立特色与优势。购物篮分析中最著名的案例是 1992 年提出的“啤酒和尿布”：通过对 Osco 药店的 25 家门店总计 120 万笔销售记录分析，发现男性在下午 5~7 点常常同时购买啤酒与尿布。一个合理的解释是年轻的父亲在返家途中为孩子购买尿布之时也犒劳一下自己。这个例子生动形象地展示了购物篮分析的目的与效果，近 30 年来在数据挖掘、市场营销等领域广为流传。

2. 商业智能

随着计算机和互联网技术的进步，大型零售企业的日数据量已经达到了 TB 级别。若经营者在这个数据量下继续使用传统方法进行分析，即使简单的搜索操作或计算都会花费大量的时间。为了能够快速、及时地从海量信息中监测营销数据和指标的变化，商业智能（BI）

应运而生。1996 年，Gartner 集团正式将商业智能定义为：一类由数据仓库（或数据集市）、查询报表、数据分析、数据挖掘、数据备份和恢复等部分组成的、以帮助企业决策为目的的技术及其应用。从概念诞生至今，BI 的价值和使命并未发生根本的变化：将数据转化为有用的信息，让企业的决策有数据可依。目前，BI 的核心技术主要包括数据存储、数据 ETL、数据分析、数据挖掘，以及数据可视化。随着数据量的激增和应用场景的复杂化，BI 在技术上也有所补充。例如，Hadoop 和 Hive 等大数据技术的出现提升了 BI 处理大数据的能力。

3. 商业战略分析

随着经济全球化的迅猛发展和我国“一带一路”倡议给世界带来的积极影响，越来越多的企业需要开拓海外市场。但是各个国家地区市场背景、文化背景差异巨大，尽快把握陌生市场并夺得先机是每个公司跨国经营时亟待解决的战略问题。如何收集数据、整理数据、建模分析、解释模型，这些都离不开数据科学。对于零售企业尤其是电商平台，寻找海外消费者感兴趣的商品特性是一个重要问题。研究者通过整理京东国内外智能手机销售记录以及顾客评论信息，使用 BTM 模型（Biterm Topic Model）挖掘文本数据中顾客主要讨论的话题，进而用 Lasso 等方法判断手机的哪些特征会影响手机的销售，以指导手机销售战略的制定。

12.2.3 分析示例

本案例使用一个真实连锁便利店 POS 机汇总记录的脱敏后数据，包括两个文件：一个记录了 2014 年 5 月 1 日至 2015 年 4 月 30 日 36 个门店每日不同性别顾客的数量，另一个记录了 2014 年 7 月 1 日至 2014 年 12 月 31 日 34 个门店所出售的商品及其日销量。总部希望基于门店销售数据优化运营模式，为不同门店设计最优的进货方案。本案例采用如图 12–7 所示的分析思路：一方面基于销售数据挖掘最优的商品组合；另一方面根据商品在不同时期的销售量调整进货量。

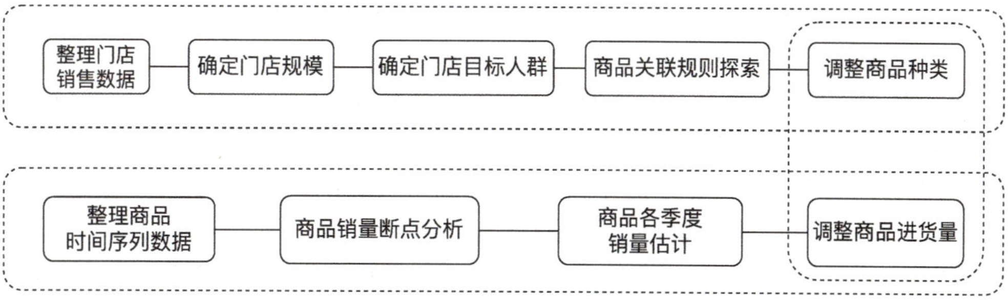

图 12–7 分析框架示意图

为了优化门店进货种类，除了淘汰滞销商品和保留畅销商品，可以利用相关性分析或关联规则等方法找到可以互相促进销售的商品组合，也可以通过聚类分析等方法找到顾客群体和规模相似的门店，互相取长补短以更新商品清单。为了确定每类商品在不同时期的进货量，可以使用时间序列分析方法刻画商品在销售方面体现出的季节性规律，在市场需求量出现较大变化之前调整商品进货量。

1. 调整商品种类

图 12-8 中的折线对应右侧纵轴，代表门店所售出的商品种类数目。大部分门店出售的商品在 600 种左右，但一共有 1 245 种商品可供选择。受门店规模的限制，如何在不扩大商品种类的前提下调整商品清单以提高销量，是总部研究者需要考虑的问题。图 12-8 中左侧纵轴代表性别比，从左向右男性比例依次降低。若本例数据中包含详细的商品信息，研究者可以进一步分析性别与商品种类及其销量间的关系。

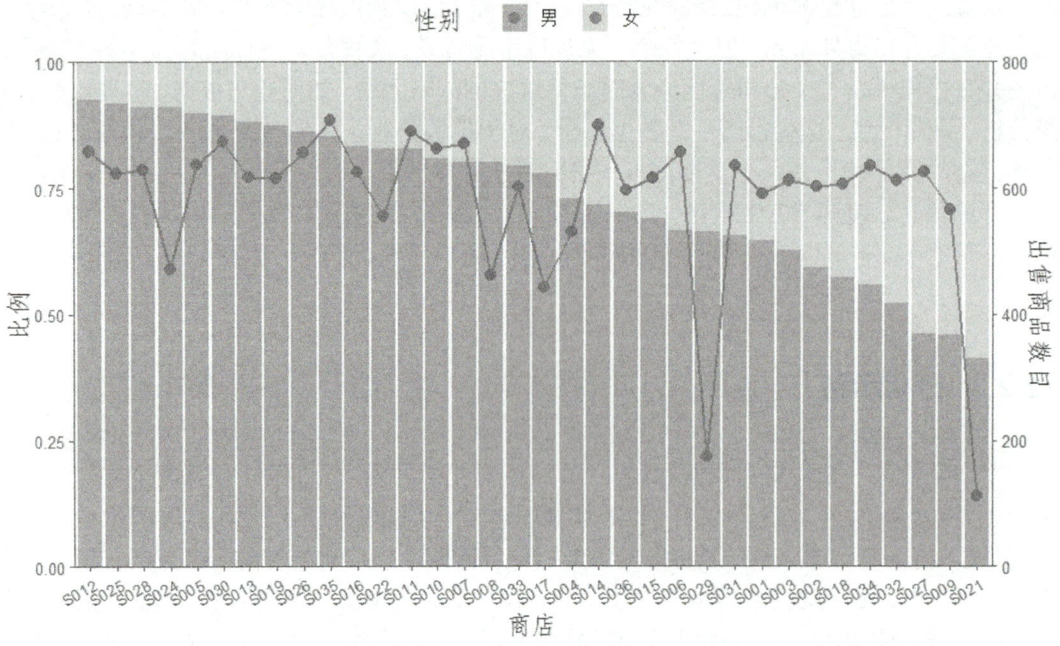

图 12–8　各商店出售商品种类数目（折线图）及男女顾客比例（柱状图）

研究者可以根据各类产品的销量分析商品种类的销售关联情况。首先将每类商品在所有门店的总销售量进行汇总，然后判断两个商品的销量是否具有相关性。判断相关性的指标有很多，本例使用衡量数据间线性相关性的**皮尔逊相关系数**（Pearson correlation coefficient）。图 12-9 展示了部分商品销量间的相关性，点越大、颜色越深说明线性相关性越强，如有空白的方格则表示两个商品销量间无明显的线性相关关系。借助这种分析可以帮助销售者发现商品之间的联系，对门店销售活动的设计起到指导作用。

关联规则算法是一种基于规则的机器学习算法，该算法可以在数据中找到感兴趣的关系。它的目的是利用一些度量指标来分辨数据库中存在的强规则，是一种无监督机器学习方法。规则的定义是同时售出的两件商品之间的联系，联系较强就称强规则，比如“啤酒 - 尿布”。以编号为“S001”的商店为例，数据每一行记录了该门店每一个商品在不同日期的销售情况，如果有销售记录就为 1，没有销售记录就为 0。由于数据的稀疏性，使用**稀疏矩阵**（sparse matrix）。稀疏矩阵只记录矩阵中非零值的坐标和数值，所以利用稀疏矩阵可以大大降低稀疏数据占用的储存空间，提高运算速度。对于所有可能的规则，需要确立一个指标来

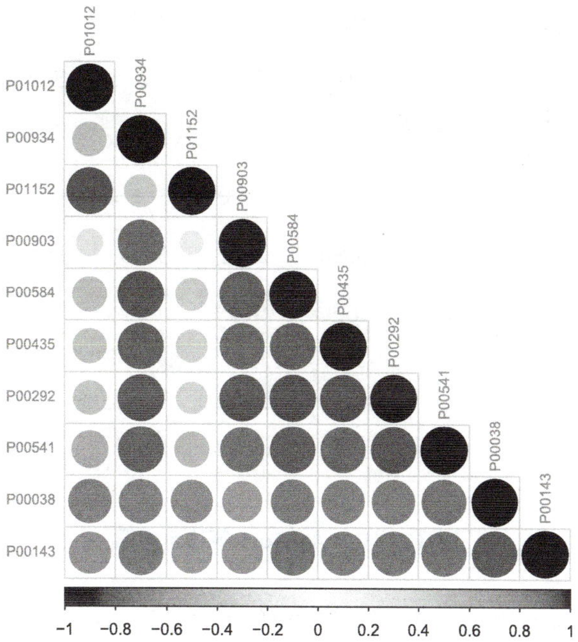

图 12–9　部分商品相关系数图

度量规则的强弱程度。最常见的度量指标有**支持度**（support）和**置信度**（confidence）。支持度表示规则在整个数据中出现的频率，在本例中指两个商品同时销售的天数除以总天数。置信度表示某个规则在涉及相关变量的规则中出现的频率，比如“P01105”-“P01073”这个规则在所有涉及“P01073”的规则中所占的比例。研究者通过设置最小支持度和最小置信度搜索满足条件的强规则。

本例数据集中有 1 245 件商品，共有 774 390 条规则，遍历一遍需要很长时间。为降低计算时间，研究者使用 Apriori 算法原理：如果某个项集是频繁项集，那么它所有的子集也是频繁的。换言之，如果 {0,1}是频繁的，那么 {0}，{1} 也一定是频繁的。这个原理的逆定理同样有用：如果一个项集是非频繁的，那么它的所有超集也是非频繁的。根据这个原理，首先从 1 245 件商品中筛选不满足最小支持度的商品；然后用剩下的商品两两组合成项集，再筛除不满足最小支持度的项集；剩余商品组成含有三项元素的项集，以此类推，直到只剩一个项集。图 12–10 使用四条商品记录进行 Apriori 算法演示。圆圈上方的数字代表了这个项集的支持度，如 {0,2}的支持度是 2/4=50%。将最小支持度设置为 50%，小于 50% 的项集在算法过程中被筛选出去，用深色的圆圈表示，直至最后只剩下 {1,2,4}这一个项集。

对本例使用 Apriori 算法，共找出 1 245 件商品中的强规则，这些强规则当中有很多是可以通过经验得到的，比如铅笔和橡皮，也有部分是通过数据挖掘才可能发现的。对于这部分无法通过日常经验总结出的强规则，研究者需要仔细分析其内在联系，探索可以提升消费的商品组合。

2. 调整商品进货量

研究者以商品销量随时间的变化规律为目标分析不同时期的销售特点，可以指导门店

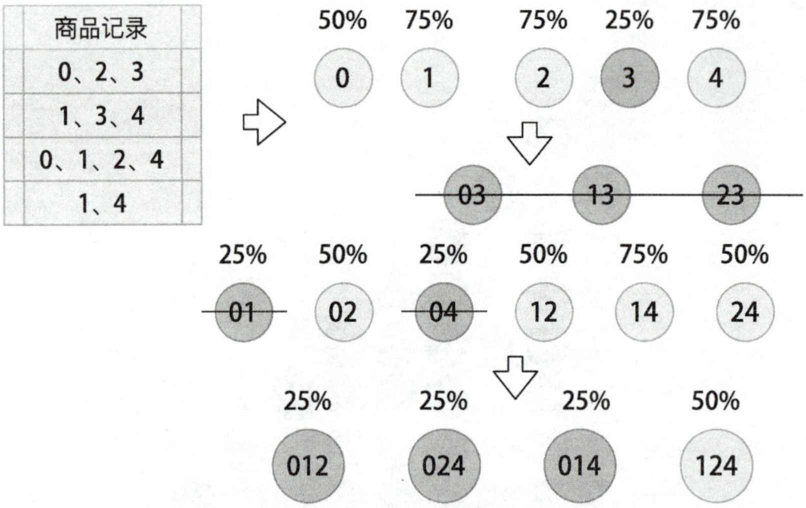

图 12–10 Apriori 算法示意图

调整各类商品在不同时期的进货量。本例首先将 34 个门店的商品数据按照日期进行汇总，以商品编号为“P01308”的商品为例对商品销量数据进行时间序列分析。图 12–11 是该商品销量的时间序列图。由图可知，“P01308”商品的销售存在明显的季节性特点。在销售旺季到来之前，门店需要提前进货。

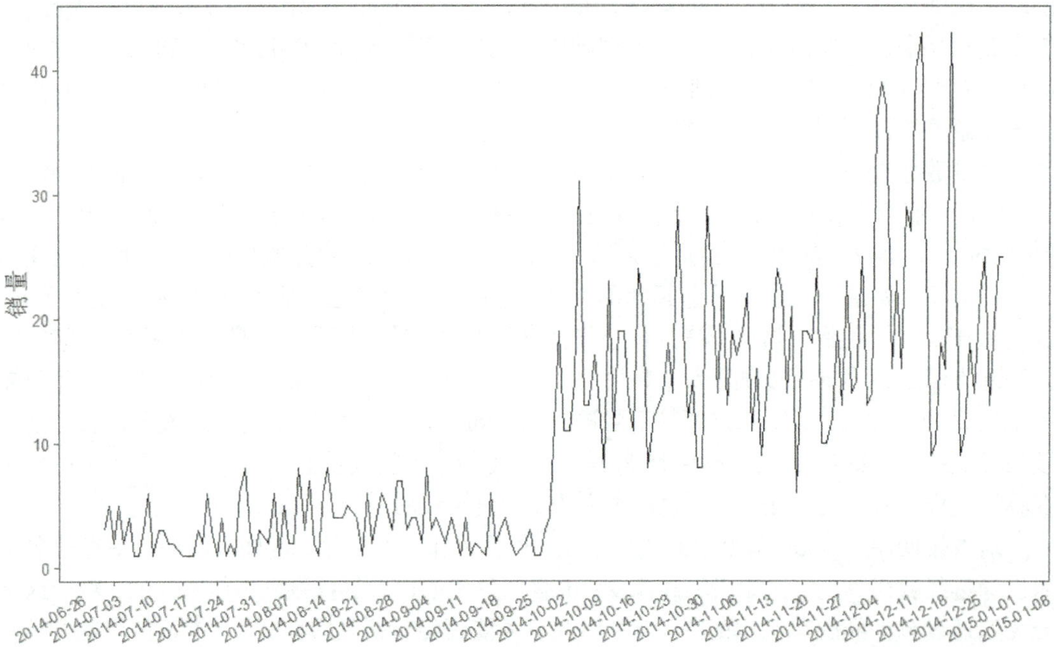

图 12–11 商品“P01308”销量时间序列图

由于门店销售商品的种类繁多，无法通过逐个画图观察的方式来确定商品销量的季节性变动。本例使用推特开源的一款基于 E-Division with Medians（EDM）算法的时间序列断点检测工具。这个算法不依赖于正态分布假设，并且可以同时进行给定时间序列上多个断点的检测，非常适合用于商品销量时间序列数据分析。使用该算法对商品“P01308”的时间序列数据进行分析，结果显示在 2014 年 10 月 2 日出现断点，这与直接观察的结果大体一致。将所有的商品销量数据分别分析，可以得到每个商品销量可能出现较大变化的日期，方便门店在这些日期之前调整对应商品的进货计划。

12.3 金融行业

作为现代服务业的金融业既是数据的生产者又是数据的使用者。金融业高度依赖信息技术的创新，是最为典型的数据驱动型产业，因此利用数据科学方法进行研究是金融行业发展的趋势。现如今金融业的各大板块涉及的数据量是巨大的，资产计算、群体分类、信贷评估、风险把控等业务都需要采用数据科学方法对原始信息进行有价值的提取和处理。运用恰当的数据科学方法进行行业数据分析、市场行情预测等都是金融行业的重要内容，对现代社会以及企业的发展起到重要作用。数据科学在金融行业中的应用变得越来越广泛，对于数据的应用分析能力正在成为金融机构未来发展的核心竞争要素。银行、证券、保险、信托、直投、小贷、担保、征信等传统金融业，以及众筹等新兴金融领域正利用数据科学进行一场颠覆性的变革。

12.3.1 金融行业的数据

从数据的构成形式看，金融行业的数据主要可分为：用户数据、交易数据、文本数据（如电子邮件、留言等），以及其他数据（如金融服务或产品供给情况等）。

1. 用户数据

金融行业中业务的开展离不开用户的参与。为保障用户在交易过程中的金融安全，保证日常金融活动的顺利进行，金融企业针对用户信息的管理十分严格。通常情况下，用户的基本信息被收录和存储在企业信息系统中。作为金融行业的服务对象，用户是不可缺少的组成部分，用户规模不仅直接反映了企业的规模，还间接反映了企业的发展前景。

2. 交易数据

金融行业的主要活动离不开用户交易。金融企业为用户交易提供平台媒介及相关金融服务。为保证交易安全，提高企业的服务质量，便于回溯和取证，系统会记录用户交易的过程。长期积累的交易数据不仅可以用来分析用户的交易偏好，也可用来侦测用户的异常交易行为，为防止交易风险提供依据。

3. 文本数据

在金融行业的发展过程中，针对某一企业或产品存在大量的评价、留言、沟通交流信息，这些信息体现了民众的舆论动向。金融运行的基础是信用与预期，这种特征使其更容易受社会信用与预期舆情的影响。金融舆情能够通过一定的作用机理对金融行业的运行产生现实的影响，如果不能及时关注和应对小的金融舆情，有可能酿成大的金融危机事件。

除上述数据外，还有诸多外部因素影响着金融行业的运行，如国家宏观经济运行情况、物价水平、进出口、行业发展状况等。为保证金融企业的正常运行，应该全面细致地整理和收集相关数据。从金融企业的角度看，数据是企业最重要的资产，高效的数据管理是企业成功的关键。随着互联网技术的不断进步，海量、多样化的金融数据越来越常见，比如社交媒体活动数据、移动设备应用数据、市场交易详情数据等。金融行业中的数据科学家经常需要处理各种结构化和非结构化的数据，但人工处理这些数据是一个巨大的挑战。因此，大多数公司都将机器学习技术与管理过程进行整合，以此从数据中提取有价值的信息。自然语言处理（NLP）、数据挖掘和文本分析技术的组合能够将数据转换为有价值的信息，实现更智能的数据处理方式和更好的业务解决方案，帮助公司提升盈利能力。

12.3.2 金融行业的数据科学应用

技术是基于需求产生的，数据科学在金融行业的应用也是由金融行业的业务驱动衍生出来的。根据金融行业中的应用场景，本节挑选了一些富有代表性的数据科学应用进行介绍。

1. 社交商业链

在数据科学的时代背景下，金融业客户的信息通过社交网络[①]生成和传播，被搜索引擎组织、排序和检索，通过数据分析最终形成有价值的社交商业链（杜永红, 2015; 纪瑞朴等, 2017; Neumeyer and Santos, 2018）。电子商务平台可以利用买卖双方的交易信息，通过用户在电商平台及社交媒体中的搜索、浏览、决策、交易全过程判断用户的行为和潜在需求，洞察市场动向，设计有针对性的产品或服务。例如，阿里巴巴入股新浪微博，实现了社会化媒体与电子商务交易平台的合作，并在此基础上推出阿里小贷。它将电商平台的交易数据与消费者的社交信息等数据结合，得到较为全面的信用数据。利用此数据可以构建信用评级系统及风险模型，依据结果向阿里巴巴商户发放订单贷款或信用贷款。

另一方面，随着社交媒体成为目前信息传播的主要方式，众筹项目的社会推广活动越来越受到关注。根据全球最大的众筹平台之一 Kickstarter[②] 的报告，所有项目的成功率只有 35.9% 左右。为了提高众筹项目的成功率，研究者提出利用社交网络评估众筹项目中各个参与者的社会影响力。通过与在项目融资过程中获取的动态数据结合，构建预测模型并利用特征提取方法探索与众筹项目成功密切相关的因素，根据结果及时调整项目的宣传推广策略。

---

① 社交软件根据用户在社交平台上的交友选择，以及浏览信息时所表现的个人兴趣，将用户抽象为网络中的节点，将用户间的关联抽象为节点间的边形成社交网络。

② https://www.kickstarter.com/help/stats#projects and dollars.

2. 精准营销

金融行业的企业可以将行为数据与营销服务进行有效结合，通过用户偏好分析实现精准营销服务。首先，在机构内部收集客户的信用卡还款记录、转账记录、风险偏好、对金融产品的购买及浏览记录等行为数据；其次，使用特定技术系统清洗、划分与识别数据，使用数据科学方法（如聚类分析、差异化行为分析和客户需求预测等）完成用户画像；最后，对不同客户的需求进行精确的市场细分与定位，采取不同的市场营销手段，通过微博、微信等多渠道进行定向信息推送，将合适的金融产品在适当的时间通过适当的营销手段销售给有需求的客户群体，实现精准营销。

目前，掌众金融等企业依托内部数据开发中心深度加工用户数据，制定画像特征和标签体系，对用户进行全方位量化，描绘用户画像为合作平台提供精准用户推荐，也可以为场景化用户研发和搭建定制化的金融产品提供可靠的数据支撑。花旗银行与联通合作，为花旗用户量身定制全球化的金融资产配置计划。在花旗银行数据分析的基础上，利用上海联通大数据的机器学习建模和人工智能分析，为用户提供精准的全球资产配置、境外理财、金融保险等金融服务。

3. 风险管理与控制

风险管理和控制是金融机构中重要的业务，它要为公司的安全、可信度和战略决策负责。企业可通过数据科学中的机器学习算法对海量的客户数据、金融借贷数据、交易数据、行为数据和保险结果数据进行训练和分析，建立风险评价模型以增加风险管理的效率和可持续性。在企业内部设立金融数据风控团队，建立信用管理系统及风控平台，通过收集用户的征信数据，建立企业信用指数、风险指数、反欺诈模型等量化企业及个人的信用额度及风险水平。根据计算结果实时监测企业及个人的行为模式，从贷前、贷中、贷后全方位防范风险，增强金融风险的管控能力。

比如，京东金融、网易金融等企业依据自己的数据库建立反欺诈模型、交易行为风险模型等。通过构建数据科学风控体系和平台，对平台企业进行智能风控和贷后管理，以解决信贷欺诈问题。各地方政府也积极建立大数据金融风控平台。北京、苏州、广东等地联合金融办、联通、电信等建立金融风险监测预警平台，通过用户信用画像、平台业务管理、融资担保管理、小额信贷管理和平台综合管理等多种系统实现对相关企业的分级监管和预警处理，对加强地区金融风险防控有积极意义。

4. 个性化服务

通过分析数据，金融企业可将客户的行为转化为咨询流建立客户消费模型。通过消费模型分析客户的个性特征、风险偏好，了解客户的金融往来习惯及使用行为，进一步分析及预测客户潜在的需求，将精准行销扩展至服务的创新与优化。以银行为例，通过数据资料库，依照资料库中机构所在地的人口特征、年龄及交易量复杂度等数据，以及对客户在网站、手机银行、微信银行等软件的使用习惯进行分析，为客户提供个性化的服务。比如，针对高龄客户比例偏高的机构，可以考虑新增矮柜服务窗口并提供大屏幕显示器提醒；针对顾客对网银、手机银行的使用习惯，将浏览率高的栏目与浏览率低的栏目进行重新排版设计，以提升客户使用率及忠诚度；根据不同人群在网络、手机 App 访问的记录，分析其关注资讯的不同 (页面浏览时间、次数、频率等)，提供不同需求的咨询和服务。

5. 量化投资

量化投资是基于数据科学以及经济金融理论对投资想法构建模型，利用历史数据对模型进行回测验证，从中优选模型指导投资决策的一种投资方法。量化投资依赖于数据科学的发展，它可以通过计算机程序进行投资分析、完成股票选择、时机把握及仓位控制，并由计算机来完成整个交易过程。随着量化投资与数据科学的不断结合，投资领域出现了新的产业：智能投顾 (Jung et al., 2018)。智能投顾 (Robo-Advisor)，利用数据科学的优势结合投资人的风险水平、期望收益以及市场动态，采用多种算法和模型给予投资人综合的资产配置服务。智能投顾的发展依赖于金融大数据和算法模型，是数据科学在金融投资领域的最综合的应用，包括金融数据收集与处理、金融计算与建模、风险管理、与客户可视化沟通等。

12.3.3 分析示例

投资组合是由投资人或金融机构持有的股票、债券、衍生金融产品等组成的集合。构造投资组合是金融投资分析中历久弥新的问题。多年以来，学界、业界提出诸多对投资组合进行优化的方法 (Haugen, 2001; Elton et al., 2009)。比如，由经济学家马科维茨提出的**均值–方差方法** (mean-variance) 用收益率方差表示收益率的波动性，基于收益率均值和收益率波动性进行组合优化。后来，又衍生出基于**夏普比率** (Sharpe ratio) 构建投资组合 (Zakamouline and Koekebakker, 2009)、基于 VaR (value at risk) 和 CVaR (conditional vaule at risk) 对投资组合进行优化的思路 (Rockafellar et al., 2000) 。除此之外，对冲基金界还有一种基于**风险均摊** (risk parity) 对投资组合进行优化的方法 (Asness et al., 2012)。

构建投资组合的流程如图 12–12 所示。一般来说，投资者在构建投资组合前首先要界定组合范围，即明确将要投资的股票、债券、衍生金融产品等，再根据界定的范围获取对应的交易数据 (价格序列数据)。大多数金融研究都是针对资产的收益率序列而不是资产的价格，Campbell et al. (1997)给出了两个主要原因：首先，对于一个普通的投资者来说，资产收

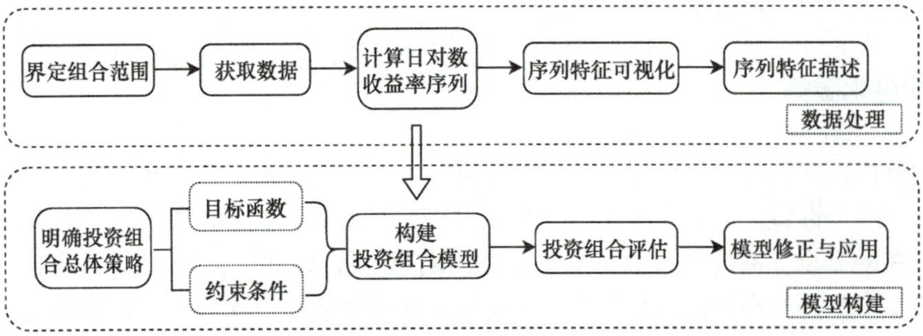

图 12–12 投资组合构建流程图

益率代表一个完全的、尺度自由的投资机会的总结和概括。其次，资产收益率序列比价格序列更容易处理，前者有更好的统计特性。因此在构建投资组合时，一般考虑对股票的收益率序列进行分析，根据获取的资产交易数据计算得到日对数收益率序列数据。在得到收益率序列数据后，可采用图示法进行序列特征的可视化，进行特征的初步探索与描述。与此同时，投资者可根据自己的投资偏好明确投资组合的总体策略，将寻找投资组合的过程转化为带有约束条件的优化问题 (即在相应的约束条件下最优化目标函数)，以此得到最优的组合权重。根据求解得到的最优权重以及各资产的收益率序列计算投资组合的收益及风险等指标，进行投资组合的评估。最后，依据结果对投资组合模型进行修正及实际应用。

本节以道琼斯指数① 作为基准，对组成它的 30 只股票做一个基于特定投资风格的 SAA (strategic asset allocation)。道琼斯指数的计算公式为：入选股票的价格之和/入选股票的数量，也就是按照每只入选股票的价格为权重进行加权计算。本案例考虑按照**组合波动 (方差) 最小准则** (global minimum variance portfolio, GMVP) 构建最优投资组合，将构造的投资组合与道琼斯指数基准股进行比较，以此说明在量化投资中如何利用股票交易数据进行最优投资分析。

1. 界定组合范围

本案例所采用的数据是道琼斯指数的 30 只成分股自 2009 年 1 月 1 日至 2020 年 1 月 1 日的日收益率数据。30 只成分股的名称、所属行业及股票代码如表 12–5 所示。

表 12–5 道琼斯指数 30 只成分股

公司名称	所属行业	股票代码	公司名称	所属行业	股票代码
耐克	服装	NKE	卡夫	食品	KFT
美国运通	金融服务	AXP	波音	航空航天	BA
花旗	金融服务	C	卡特彼勒	重型机械	CAT
杜邦	化工	DD	迪士尼	娱乐业	DIS
沃博联	药品连锁零售	WBA	思科	电子	CSCO
家得宝	零售、家居改善	HD	雪佛龙	石油	CVX
威士	信用卡	V	IBM	硬件、软件和服务	IBM
英特尔	微处理器	INTC	强生	制药	JNJ
摩根大通	金融服务	JPM	可口可乐	饮料	KO
麦当劳	快餐、特许经营	MCD	3M	原料、电子	MMM
高盛	银行	GS	默克制药	制药	MRK
微软	软件	MSFT	辉瑞制药	制药	PFE
宝洁	家庭用品、制药	PG	苹果	消费电子产品	AAPL
联合科技	航空、防御	UTX	威瑞森	电信	VZ
沃尔玛	零售业	WMT	埃克森美孚	石油	XOM

① 道琼斯指数最早是在 1884 年由道琼斯公司的创始人查尔斯 · 亨利 · 道 (Charles Henry Dow, 1851—1902) 开始编制的一种算术平均股价指数。道琼斯指数是世界上历史最为悠久的股票指数，它的全称为股票价格平均指数。本节所说的道琼斯指数是指道琼斯指数四组中的第一组道琼斯工业平均指数 (Dow Jones Industrial Average)。

2. 获取数据

研究者可以通过 R 中的 quantmod 包直接访问雅虎和谷歌财经中的股票数据。以苹果公司股票数据为例，直接获得的数据如表 12–6 所示。

表 12–6 由 R 直接获得的苹果公司股票数据

日期	开盘价	最高价	最低价	收盘价	交易量	调整价
2019-01-02	12.27	13.01	12.17	12.96	186503800	11.25
2019-01-05	13.31	13.74	13.24	13.51	295402100	11.73
2019-01-06	13.71	13.88	13.20	13.29	322327600	11.54
2019-01-07	13.12	13.21	12.90	13.00	188262200	11.29
2019-01-08	12.92	13.31	12.86	13.24	168375200	11.50

3. 序列特征可视化与描述

首先从直观上简要分析股票收益率的时间序列数据。在分析金融数据时，图示法是一个有用的工具。图 12–13(a) 给出了从 2009 年 1 月 1 日至 2020 年 1 月 1 日苹果公司股票的日对数收益率的时序图。日对数收益率可简化为股票价格对数的变化，序列的变化可以通过对数价格的差得到，即 $r_t = \ln(p_t) - \ln(p_{t-1})$，这里 p_t 表示 t 时刻的股票价格，使用调整后的价格来计算股票的对数收益率。从图 12–13(a) 中可以看到：(1) 序列中存在一些较大的异常值；(2) 收益率序列在某些时期波动很大，而在其他时期是较为稳定的。前者称为资产收益率存在着厚尾现象，后者称为收益率的**波动聚集** (volatility clustering) 现象。

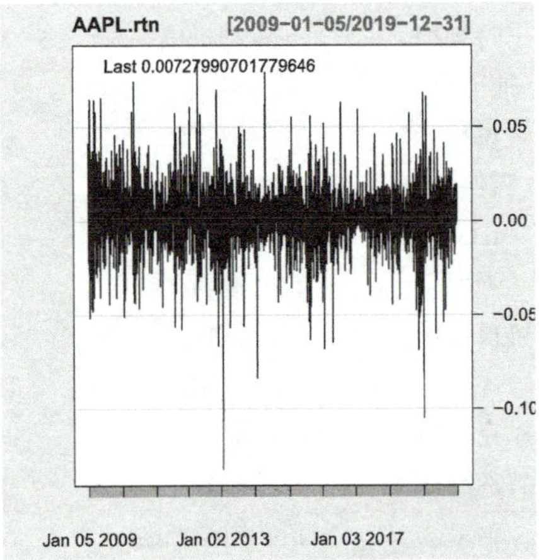

(a)

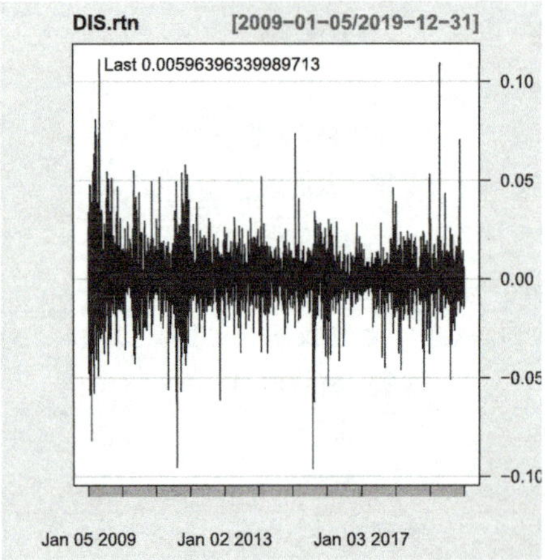

(b)

图 12–13 (a) 苹果公司股票日对数收益率时序图；(b) 迪士尼公司股票日对数收益率时序图

图 12–13(b) 显示了从 2009 年 1 月 1 日至 2020 年 1 月 1 日迪士尼公司股票日对数收益率的时序图，迪士尼公司股票的日对数收益率显示出与苹果公司股票日对数收益率相类似的特征。

4. 明确投资组合总体策略

投资组合的构建可依赖于不同的准则，投资者可以根据自己的需求或者风险偏好寻找最优的投资组合。作为示例，本节站在风险厌恶型投资者的角度，以最小化全局投资组合的波动 (GMVP) 为目标构建新的投资组合。

全局最小方差投资组合 (GMVP) 是构建资产组合方式的一种，它为我们提供尽可能低的收益方差或投资组合波动性。这里的波动性被用作风险的替代品，因此波动性越小，资产的风险就越小。按照 GMVP 构建的投资组合只关注风险，忽略预期收益。它的目标函数是

$$\min_\omega \omega^T \Sigma \omega, \quad \text{subject to} \quad 1^T\omega = 1, \quad \omega > 0$$

通过求解最优权重 ω 得到投资组合。

5. 构建投资组合模型

2020 年道琼斯指数的成分股与 2009 年道琼斯指数的成分股相比，有 8 只股票发生了变化。鉴于本案例的研究重点是多只股票的投资组合，为了简单起见本案例不妨忽略成分股的变化。换言之，在投资组合构建的过程中，假设在我们所选取数据的起止日期内 (即 2009 年 1 月 1 日至 2020 年 1 月 1 日)，道琼斯指数的成分股为 2020 年存在于道琼斯指数中的 30 只股票。

由前所述，道琼斯指数是由 30 只股票按照各自的价格进行加权平均计算得到的。该计算方式的优点在于简单易行，但同时也存在一些不容忽视的问题。首先，按照各只成分股的价格进行加权平均会导致高价股比低价股在平均指数中更有影响力，如低价股 1 美元的增长可以被高价股小于 1 美元的下跌所抵消。① 此外，从风险厌恶型投资者的角度来讲，这种投资组合不是最优的。即这种投资组合无法帮助投资者达到规避风险的目的。因此，本案例以组成道琼斯指数的 30 只股票为底物② ，依据 GMVP 准则重新构建投资组合。在组合风险最低的前提下，将该投资组合的累计收益率与道琼斯指数同期的累计收益率做比较，以此阐述量化投资的优势。

投资组合的构建方式如下③ ：由前一年的股票日对数收益率数据按照 GMVP 准则计算出投资组合的最佳权重，将该权重应用到后一年的投资组合中。比如，基于 2009 年 30 只股票日对数收益率的数据可以由 GMVP 准则计算出投资组合的最优权重，接下来，2010 年全年该投资组合将保持这个权重，计算得到投资组合的收益；到了 2011 年，再用 2010 年的股票日收益率序列数据计算出新的权重并保持一年，以此类推。

---

① 即使低价股增幅非常大，但因为高价股的权重较大，可以轻易抵消低价股的变动。

② 即以这 30 只股票作为投资组合的候选股票。

③ 在本案例中，为了简单起见将投资组合的回测期设置为 1 年。在实际应用中，投资者也可以根据所获得的时间序列的长度合理地选择回测期，如 1 个月、6 个月等。

6. 投资组合评估

为了展示该投资组合的表现，考虑将按照 GMVP 准则得到的最优投资组合与道琼斯指数 (基准) 进行比较。计算该投资组合的日对数收益率，获取道琼斯指数的同期日对数收益率，绘制股票日对数的**累计收益率** (cumulative returns) 如图 12–14 所示。

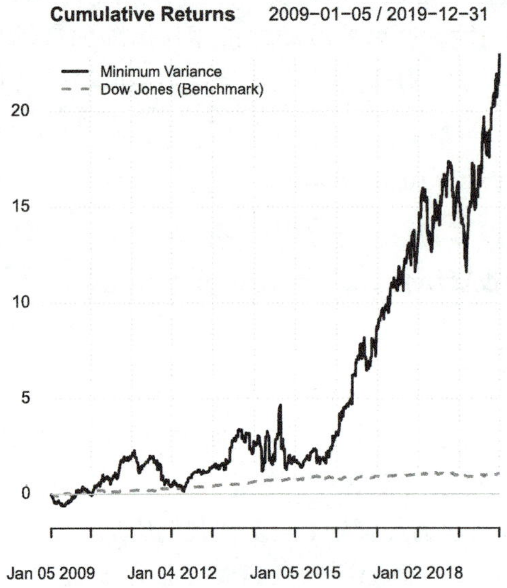

图 12–14　两种投资组合日对数的累计收益率

图 12–14 中虚线代表了道琼斯指数的累计收益率曲线，实线代表依据 GMVP 准则构造的投资组合的累计收益率曲线。从图中可以看出，按照 GMVP 准则构造的投资组合在累计收益率上明显优于道琼斯指数。这也说明了投资于资本市场或在构建投资组合时考虑股票市场价格风险十分必要。

7. 总结

在上述案例分析中，研究者站在风险厌恶型投资者的角度构建了最优的投资组合，即以全局最小方差 (最小化组合的波动率) 为出发点计算各只股票在投资组合中的权重。按照马科维茨的资产组合理论，投资者可以按照自身的风险偏好构建投资组合，可以将根据不同投资偏好构建的投资组合进行对比。此外，投资组合理论有许多新的发展，比如基于 VaR 的投资组合理论、基于连续时间的长期投资组合理论以及基于非效用最大化的投资组合理论等。上述案例仅提供了简单的示例，感兴趣的读者可以做进一步的探索。

12.4 医疗健康行业

传统的医疗健康行业涉及医疗卫生、健康服务、医药制造、生物技术等诸多领域，一直以来都是统计学应用的重点领域。由于事关全人类的生存和发展，医疗健康行业一直被人们特别关注，很多新技术产生后也会率先应用于这些领域。随着信息化技术的发展和大数据时代的来临，医疗数据以其丰富性和复杂性的特点催生了很多新的应用，是当今数据科学技术应用的热门领域，相关的产业也习惯被统称为大健康产业。

2019 年 4 月，国家统计局发布了《健康产业统计分类（2019）》，在《国民经济行业分类》的基础上将健康产业范围确定为医疗卫生服务，健康事务、健康环境管理与科研技术服务，健康人才教育与健康知识普及，健康促进服务，健康保障与金融服务，智慧健康技术服务，药品及其他健康产品流通服务，其他与健康相关服务，医药制造，医疗仪器设备及器械制造，健康用品、器材与智能设备制造，医疗卫生机构设施建设，中药材种植、养殖和采集等 13 个大类。显然，这个分类涵盖了公众认知中的“大健康产业”，并进行了明确的界定。

12.4.1　医疗健康行业的数据

医疗健康行业涉及的信息系统非常多样，因此数据的形式也相对复杂，基本上包含了全部主流的形式。图 12–15 显示了一个简单的框架，包含信息系统数据、影像数据、文本数据、试验数据。

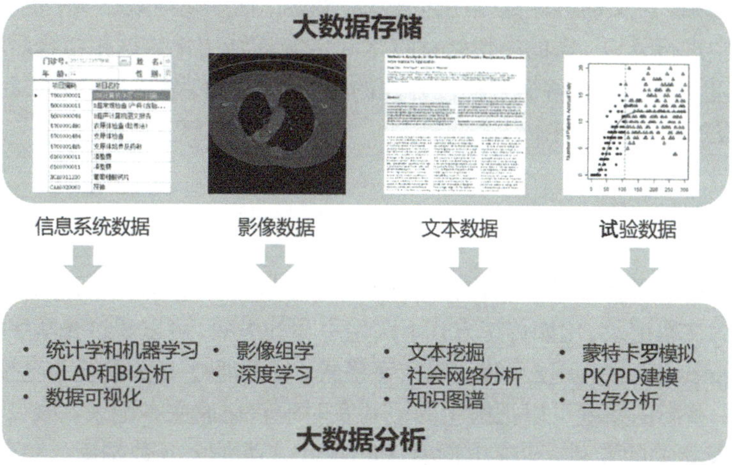

图 12–15　医疗数据常见形式

1. 信息系统数据

信息系统数据主要指来自于信息系统中的结构化数据，这些数据通常存储在关系型数据库中，是医疗领域最重要的数据来源。其中主要的信息系统是医疗机构的内部系统，例如医院信息管理系统（hospital information system，HIS）、放射科信息系统（radiology information system，RIS）、影像归档与通信系统（picture archiving and communications system，PACS）、实验室信息系统（laboratory information system，LIS）等。有时也会借助第三方的信息系统，比如政府公开数据库、相关的商业信息系统、研究机构的共享数据库等。

HIS 系统有时用来指代医院的整个信息系统，但在实际应用中，通常只包含医院的通用信息，比如患者病案、治疗方案、药物信息、疾病管理信息等。在很多医院里，HIS 系统需要和其他专业的信息系统搭配使用。RIS 系统通常会包含 PACS 和其他信息，用来存储与管理医学影像信息，为现代医疗临床诊断提供了主流的影像支持。LIS 系统包含了各种生化检测的信息，在一些前沿的应用场景中还包含了 DNA 及 RNA 的检测数据，是医疗健康领域微观数据的主要来源。

这些结构化的数据通常以二维的形式存在，可以很容易地转化为矩阵或者数据框，是统计模型和机器学习方法的研究对象。此外，研究者还可以借助 BI 工具进行 OLAP 分析及可视化分析。

2. 影像数据

使用 PACS 提供的影像数据进行分析是一个前沿研究方向。传统的影像数据通常基于 DICOM 等格式进行数字化存储，其应用场景主要在于帮助医生进行辅助诊断，比如自动标注和 3D 重建等。但近年来随着深度学习技术的发展，基于医学影像进行人工智能分析并实现自动诊断的方法收获了很好的准确率和应用效果，是人工智能技术发展的主要场景之一。

影像数据作为非结构化数据在过去一直是分析的难点，但在深度学习的时代反而成了稳定可信的数据源。广义的影像数据还包含视频数据，比如超声数据等，也可以在计算机视觉的技术框架中进行分析。新的图像处理技术和传统的结构化数据相结合后称为影像组学，弥补了纯粹深度学习技术在科学解释性方面的不足。它和传统统计学方法相结合，相得益彰，也是未来发展的重要方向。

3. 文本数据

文本数据是另一种重要的非结构化数据来源，在医疗健康领域主要有三种类型：第一种是医疗过程中的文本记录，比如传统方式下医生手写的医嘱，可以通过**光学字符识别**（optical character recognition，OCR）技术转化成数字格式，或者通过 HIS 系统中直接录入成电子信息，现在也有一些新的系统可以把医生的语音实时地转化成文本记录。第二种是文献信息，包括医学论文及相关的专利，论文方面有 PubMed 之类的公开数据库，专利方面有中国专利数据库等。第三种是网络舆情信息，在互联网上会产生大量的和医疗健康相关的资讯与知识，都是以数字化的文本形式存在，可以通过服务商提供的官方接口或者合法的网络爬虫工具进行采集。

针对文本数据，可以使用文本挖掘和知识图谱技术进行结构化的组织和分析建模，从而挖掘出知识，对临床诊断和治疗提供支持。此外，也可以为医疗健康领域的科研人员提供辅助，对复杂的信息进行汇总和提炼，提升研究效率。

4. 试验数据

试验数据在形式上可以归入医疗信息的结构化数据、影像数据、文本数据中，但其研究意义有所不同，所以此处单独列出。在大部分的信息系统中，存储的数据无论形式上是否有不同，都是观察性的历史数据，只能进行回顾式研究。这种研究方式可以帮助人们了解一些潜在的规律，但通常只是相关性方面的规律。如果要实现因果分析并深入科学理论，还需要前瞻性的试验研究做支撑。试验数据的分析结果可以帮助设计进一步的试验，也可以直接论证内在的规律。

在当前的应用中，比较前沿的方向是结合建模与模拟的技术，通过蒙特卡罗方法来探索数据未来的规律，并进行针对性的试验设计。在制药领域，这一思路已经成了新药研发的关键环节。比较典型的应用场景是 PK/PD（药动学和药效学）的建模和模拟，能够帮助研究人员探索药物在人体中的反应规律，指导进一步的研发。

12.4.2　医疗健康行业的数据科学应用

数据科学相关的技术在医疗健康行业有着广泛实践，本节挑选一些具有代表性的应用进行介绍。

1. 临床辅助诊断

传统的临床辅助诊断主要借助计算机来辅助医生，比如一些商业巨头专注的领域——**计算机辅助诊断**（computer aided diagnosis，CAD）。还有一些早期的专家系统基于经验构建了专家知识库，对输入的患者信息进行分析，帮助医生形成诊断意见。在人工智能时代，基于影像数据使用深度学习方法来进行自动诊断，是研究的热点。另外基于文本和自然语言处理、知识图谱等方法来进行诊断，也是人工智能的应用前沿。

2. 个性化治疗

受法律和伦理的约束，研究者对自动化治疗工具持谨慎态度，但这是未来的重要方向。传统的治疗方案讲究普适性①，从而可以更好地对疗效和安全性进行评估。随着大数据时代的到来，再加上基因测序技术的发展，每位患者个体也可以累积足够多的数据量，使得个性化的建模和分析成为可能，并能开发诊断性的治疗方案。

3. 疾病风险预测

疾病风险预测涉及的领域比较广泛，既包括基于基因技术对某些人群未来罹患某些疾病的风险进行预测，也包括通过医疗机构大数据平台挖掘疾病之间的关联关系、共病关系、时空关系等进行风险预测。还有一些可穿戴设备可以实时采集用户的健康指标并进行分析预测，也属于疾病风险预测的范畴。

4. 新药研发

制药行业有严格的监管和实验审批机制，一直是统计学的深入应用领域。所有的新药上

① 中国传统中医讲究辨证论治，在思想性方面具有参考意义。

市之前都要经过大量严格的试验，而对药物有效性的验证是其能成功上市的关键因素，需要进行大量的临床试验以及相应的数据分析。基于有限的试验数据进行建模和模拟，从药物的动力学、药效学模型开始并和各种疾病发展模型甚至生存模型整合起来，可以帮助评估和探索新药研发的方向，从而降低风险、提高效率。

5. 疾病防控

疾病防控通常涉及流行病学、公共卫生统计等学科。在大数据时代下，一些新的数据源和分析方法也被纳入进来，比如对文本舆情的分析和挖掘，基于社会网络和知识图谱的分析等。上述数据科学方法能够帮助研究者更快地发现疾病的传播状态和规律，并评估未来的影响，从而更好地管控和预防。

6. 医院质控

在医院的各项事务中都需要质量控制，尤其是实验室检验，需要遵循一套严格的流程和管理控制体系，这也是统计学的重要应用领域。在新的技术环境下，数据的丰富程度和质量越来越好，结合人工智能技术，可以实现动态而快速的控制，也能不断提升对异常的侦查能力。

7. 医保和定价

通过对疾病数据、用药数据、付费数据的分析，可以对医疗资源与需求进行合理的预测，同时结合最优化方法，实现精准的规划和调控，帮助医保提高效率和降低成本。此外，也可以和医药企业共享分析结果、分担治疗风险，在价格和治疗效果方面实现双赢。

8. 医疗云平台

医疗云平台主要涉及软硬件设施的基础架构，是大数据技术的重要组成部分。由于数据科学更偏重数据的分析，所以平台的技术架构不是重点。然而，即使不参与系统的开发与建设，研究者也需要了解数据在云平台上的操作方式，因为几乎所有的应用场景在未来都会架构在云平台之上。

12.4.3 分析示例

近年来，利用患者背景信息和临床病例数据进行临床辅助诊断越来越受到重视，本节以心脑血管疾病为例展示其研究思路。心脑血管疾病具有高患病率、高致残率和高死亡率的特点。从发病机制上来看，其通常是由血液脂肪含量过高、血液黏稠、动脉粥样硬化、高血压等所导致的心脏、大脑及全身组织发生的缺血性或出血性疾病。从发病的人口特征方面看，心脑血管疾病通常与个人的年龄、生活习惯、心理状态密切相关。已有研究发现心脑血管疾病有明显的年龄倾向，年龄越大的人群发病风险越高。另外，摄入过多的脂肪、缺乏运动，甚至作息不规律和工作压力过大都可能成为心脑血管疾病的诱因。本案例使用两个常见的医疗信息系统数据建立疾病辅助诊断模型，辅助心脑血管疾病的诊断与预防。基本思路如图 12–16 所示，其主要包含以下两个步骤：首先对两个信息系统中的数据进行整合，去除缺失值样本和异常值样本；然后对潜在的发病因素进行筛选，再利用筛选出来的因素建立辅助诊断的疾病预测模型。

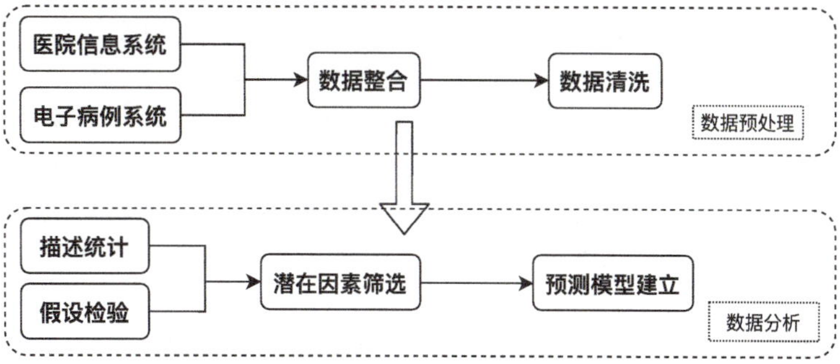

图 12–16　临床辅助诊断的构建流程图

1. 数据预处理

本案例数据来自两个信息系统：第一个是包含患者基本信息的医院信息系统，具体条目见表 12–7，记录了每一位患者的基础信息和生理指标；第二个是包含就诊记录的电子病历系统 (electronic medical record, EMR)，具体条目的信息见表 12–8，记录了病人就诊的详细情况和诊断结果。虽然两个系统记录了两个不同方面的信息，但是它们可以通过一个共同的变量患者 ID 建立起联系。研究者将两个系统中的患者 ID 作为主键进行数据合并，可以得到一个刻画患者信息及患者就诊信息的完整系统，该系统覆盖了从 2016 年 1 月 1 日到 2020 年 1 月 2 日之间 45 047 名患者的 46 136 条就诊记录，其中门诊记录 27 457 条，住院记录 18 679 条。

表 12–7　医院信息系统中的具体条目

变量名	变量类型	备注
患者 ID	定性	患者的唯一标识
性别	定性	二分类变量：M/F
患者年龄	定量	数值型变量：最小值为 0，最大值为 100
血型	定性	四分类变量：A/B/AB/O
RH 型血	定性	二分类变量：P/N
民族	定性	多分类变量：汉 / 满 / 回 ……
文化程度	定性	四分类变量：小学 / 初中 / 高中 / 大学及以上
身高	定量	数值型变量：最小值为 44，最大值为 198
体重	定量	数值型变量：最小值为 3，最大值为 111

研究者需要对原始数据进行清洗：首先筛选出年龄在 16~100 岁间的人口作为基础研究对象；其次注意到原始数据中存在一些记录错误，例如存在入院时间减去出生日期所得与患

者年龄不相符的情况，将这一类观测都作为缺失值来处理。最后可以得到 45 030 名患者的 46 121 条有效就诊记录。

表 12–8　电子病历系统中的具体条目

变量名	变量类型	备注
就诊编号	定性	就诊的唯一标识
就诊类型	定性	二分类变量：住院 / 门诊
患者 ID	定性	患者的唯一标识
入院时间	定量	数值型变量：最早 2016/1/1，最晚 2019/12/31
入院科室	定性	二分类变量：呼吸科 / 综合内科
出院时间	定量	数值型变量：最早 2016/1/1，最晚 2020/1/2
出院科室	定性	二分类变量：呼吸科 / 综合内科
最终诊断	定性	最终诊断的结果
诊断疾病编码	定性	诊断结果的唯一编码

2. 潜在风险因素筛选

通常来说，心脑血管的发病风险与个体的一些生理特征密切相关。本案例首先对性别、血型、身高、体重和年龄五个重要变量在患病人群和正常人群中的分布进行刻画：对于离散变量，绘制正常人群和患病人群中类别变量的占比；对于连续变量，绘制各个变量取值在正常人群和患病人群中的箱线图，见图 12–17。

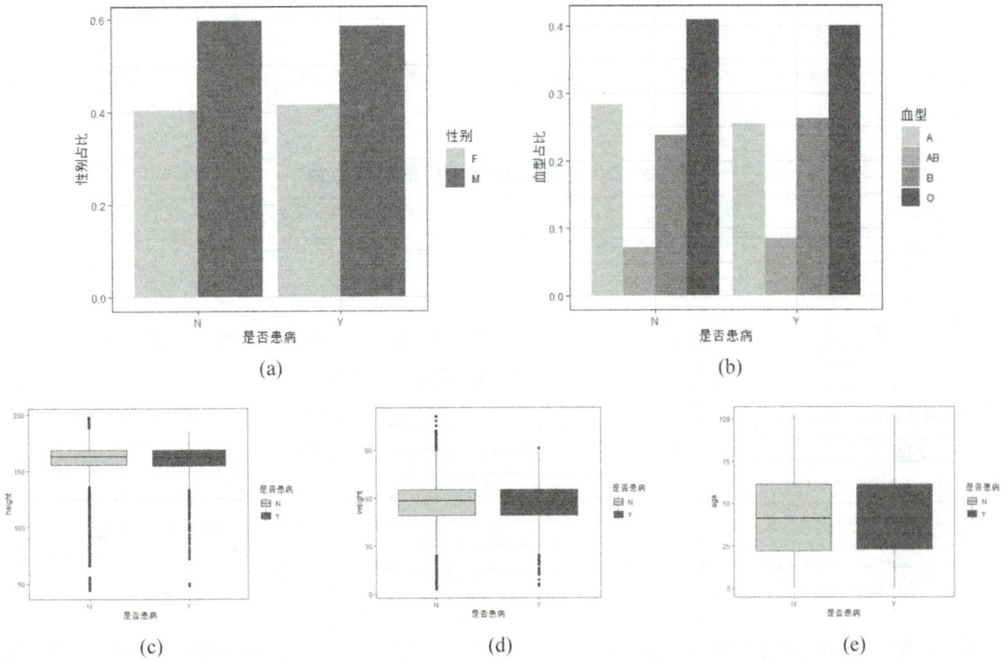

图 12–17　性别、血型、身高、体重和年龄五个重要变量在患病人群和正常人群中的分布情况

通过比较可以发现，虽然在正常人群和患病人群中男性的比例都比女性高，但是患病人群中男性的比例会比正常人群中男性的比例更高。其次，观察正常人群和患病人群在不同血型中的分布可以发现，血型的分布基本一致。因此，对两个类别型变量而言，性别特征可能成为区分是否患有心脑血管疾病的重要变量，而血型对于区分是否患有心脑血管疾病可能缺少有效的信息。对于年龄，患病人群的平均年龄明显大于正常人群，这说明老年人更有可能罹患心脑血管疾病。但是，从箱线图中可以看出，正常人群和患病人群在身高和体重上的差异并不是很大，与实际经验并不一致。

为了进一步对身高和体重这两个变量进行刻画，可以利用假设检验来比较正常人群和患病人群中变量的均值。由于这是大样本情形，研究者可以使用两总体均值的大样本 Z 检验，设置检验的显著性水平为 0.05，提出以下两组假设检验问题：

$$H_0：\text{正常人群的身高等于患病人群的身高} \leftrightarrow H_1：\text{正常人群的身高不等于患病人群的身高}$$

$$H_0：\text{正常人群的体重等于患病人群的体重} \leftrightarrow H_1：\text{正常人群的身高不等于患病人群的体重}$$

计算得到第一组 Z 统计量为 –1.87，p 值为 0.23，不能够拒绝原假设 H_0，不能够说明正常人群和患病人群的身高存在明显的差异。第二组的 Z 统计量为 –1.56，p 值为 0.058，同样不能够拒绝原假设，不能够说明正常人群和患病人群的体重存在明显的差异。假设检验的结论与描述统计结论是一致的。

作为影响心脑血管疾病的重要因素，身高和体重的分析结论与预期不符，导致该现象的原因可能是研究者忽略了变量之间的交互作用，比如说身高和体重间的交互作用——身体质量指数（BMI），可以作为个体的肥胖程度的度量。所以，我们进一步对 BMI 指数进行假设检验，以探究其在正常人群和患病人群中是否存在差异，计算得到 Z 统计量为 3.12，p 值为 0.009，可以拒绝原假设 H_0，得到结论，患病人群的 BMI 要显著大于正常人群的 BMI，也就意味着肥胖人群更容易罹患心脑血管疾病。

综上所述，通过初步分析发现性别、年龄、BMI 指数在正常人群和患病人群中存在较为明显的差异，这三个变量可能是影响心脑血管发病风险的潜在因素。

3. 疾病预测模型

疾病预测模型将和心脑血管的发病有关系的特征变量信息整合起来建立预测机制。当新的患者就诊时，该模型可以根据患者特征对其患病风险做出一个初步的判断，以辅助医生诊断。通过之前对心脑血管疾病的人口特征进行刻画，本案例可以初步筛选出三个与心脑血管疾病相关的变量：性别、年龄、BMI 指数。另外，可以考虑将年龄和 BMI 指数的交互效应也作为一个新变量加入疾病预测模型。本案例使用线性判别分析作为建模工具，线性判别分析的具体原理见 6.3 节有监督学习，可以通过 R 中 MASS 包的 lda 函数实现。本案例使用 2016 年 1 月 1 日到 2018 年 12 月 31 的样本作为训练数据，将 2019 年 1 月 1 日到 2019 年 12 月 31 的样本作为评价数据。

从表 12–9 的初步分析可以发现，年龄与 BMI 指数的交互效应在两类人群中有比较明显的差异，这说明患病人群中年龄越大且 BMI 指数越高的个体越有可能罹患心脑血管疾病。

表 12–9 变量在两类人群中的均值

	genderM	age	BMI	age:BMI
患病	0.557	43.028	22.164	958.594
正常	0.594	43.226	22.025	951.412

根据模型的输出结果，可以得到性别、年龄、BMI 以及年龄和 BMI 的交互效应的系数估计分别为 –0.008，0.181，0.212 和 1.343。将该模型应用到评价数据上面，可以发现该模型在评价数据上也有较好的分类效果，灵敏度（TPR）与特异度（TNR）分别为 0.91 和 0.85。

4. 总结

在本案例中，研究者对心脑血管疾病的发病人群特征进行了分析：首先对心脑血管的发病潜在影响因素进行初步筛选，并且通过线性判别分析建立了预测能力优良的疾病分类模型。在实际应用中，该模型能帮助医生识别心脑血管发病的可疑人群，做到尽早预防尽早治疗，对于医疗资源的调控和公众的健康管理都有较强的现实指导意义。

习题

1. 推荐算法中“基于用户属性的推荐”和“基于用户的协同过滤”分别是什么？二者有什么异同？
2. 请结合自身经历列举一个数据科学在零售行业的应用，并简要介绍具体实例。
3. 请结合自身经历列举一个数据科学在金融行业的应用，并简要介绍具体实例。
4. 请简述如何利用数据科学方法评价大规模突发传染性疾病对社会与经济的影响。
5. 在互联网、零售、金融、医疗等行业中，有哪些分析模型和方法是可以共用的？试列举并介绍其应用情况。
6. 试阐述各行业的领域知识在数据科学中的重要性。

参考文献

[1] Abadi, M., Barham, P., Chen, J., Chen, Z., Davis, A., Dean, J., Devin, M., Ghemawat, S., Irving, G., Isard, M., Kudlur, M., Levenberg, J., Monga, R., Moore, S., Murray, D. G., Steiner, B., Tucker, P., Vasudevan, V., Warden, P., Wicke, M., Yu, Y., Zheng, X. Tensorflow: A system for large-scale machine learning. *12th USENIX Symposium on Operating Systems Design and Implementation*, 2016: 265–283.

[2] Agrawal, R., Somani, A., Xu, Y. Storage and querying of e-commerce data. *VLDB*, 2001(1): 1, 149–158.

[3] Ahdesmäki, M., Strimmer, K. Feature selection in omics prediction problems using cat scores and false nondiscovery rate control. *Annals of Applied Statistics*, 2010, 4(1): 503–519.

[4] Akaike, H. Information theory and an extension of the maximum likelihood principle. *Selected Papers of Hirotugu Akaike*. New York: Springer, 1998: 199–213.

[5] Asness, C. S., Frazzini, A., Pedersen, L. H. Leverage aversion and risk parity. *Financial Analysts Journal*, 2012, 68(1): 47–59.

[6] Bergstra, J., Breuleux, O., Bastien, F., Lamblin, P., Pascanu, R., Desjardins, G., Turian, J., Bengio, Y. Theano: a CPU and GPU math expression compiler in Python. *Proceedings of the* 9th *Python for Scientific Computing Conference*, 2010, 4(3): 18–24.

[7] Box, G. E. Robustness in the strategy of scientific model building. *Robustness in Statistics*, NewYork: Academic Press, 1979: 201–236.

[8] Breiman, L. Bagging predictors. *Machine learning*, 1996, 24(2): 123–140.

[9] Breiman, L. Random forests. *Machine learning*, 2001, 45(1): 5–32.

[10] Broman, K. *Data Science is Statistics*. https://kbroman.wordpress.com/2013/04/05/data-science-is-statistics.

[11] Campbell, J. Y., Champbell, J. J., Campbell, J. W., Lo, A. W., Lo, A. W., MacKinlay, A. C. *The Econometrics of Financial Markets*. Monticello:Princeton University Press, 1997.

[12] Carmichael, I., Marron, J. S. Data science vs. statistics: Two cultures? *Japanese Journal of Statistics and Data Science*, 2018, 1(1): 117–138.

[13] Chang, J., Hall, P. Double-bootstrap methods that use a single double-bootstrap simulation.

Biometrika, 2015, 102(1): 203–214.

[14] Chen, T., Li, M., Li, Y., Lin, M., Wang, N., Wang, M., Xiao, J., Xu, B., Zhang, C., Zhang, Z. Mxnet: A flexible and efficient machine learning library for heterogeneous distributed systems. *arXiv preprint arXiv*: 1512.01274, 2015.

[15] Collobert, R., Bengio, S., Mariéthoz, J. *Torch: A modular machine learning software library.* IDIAP, 2002.

[16] Conway, D. *The Data Science Venn Diagram.* http://drewconway.com/zia/2013/3/26/the-data-science-venn-diagram.

[17] Dean, J.,Ghemawat, S. MapReduce: simplified data processing on large clusters. *Communications of the ACM*, 2008, 51(1): 107–113.

[18] Deng, J., Dong, W., Socher, R., Li, L. J., Li, K., Li, F. F. Imagenet: A large-scale hierarchical image database. *2009 IEEE Conference on Computer Vision and Pattern Recognition*, 2009: 248–255.

[19] Dhar, V. Data science and prediction. *Communications of the ACM*, 2013, 56(12): 64–73.

[20] Donoho, D.50 years of data science. *Journal of Computational and Graphical Statistics*, 2017, 26(4): 745–766.

[21] Eforn, B. Bootstrap methods: Another look at the jackknife. *Annals of Statistics*, 1979(7): 1–26.

[22] Elton, E. J., Gruber, M. J., Brown, S. J., Goetzmann, W. N. Modern Portfolio Theory and Investment Analysis. Hoboken: John Wiley & Sons, 2009.

[23] Fan, J., Li, R.Variable selection via nonconcave penalized likelihood and its oracle properties. *Journal of the American statistical Association*, 2001, 96(456): 1348–1360.

[24] Fan, J., Lv, J. Sure independence screening for ultrahigh dimensional feature space. *Journal of the Royal Statistical Society: Series B (Statistical Methodology)*, 2008, 70(5): 849–911.

[25] Fan, J., Lv, J. Nonconcave penalized likelihood with NP-dimensionality. *IEEE Transactions on Information Theory*, 2011, 57(8): 5467–5484.

[26] Fan, J., Samworth, R., Wu, Y. Ultrahigh dimensional feature selection: beyond the linear model. *Journal of Machine Learning Research*, 2009(10): 2013–2038.

[27] Fisher, R. A. The use of multiple measurements in taxonomic problems. *Annals of Eugenics*, 1936, 7(2): 179–188.

[28] Hampel, F. R., Ronchetti, E. M., Rousseeuw, P. J., Stahel, W. A. *Robust Statistics: The Approach based on Influence Functions.* NewYork: John Wiley & Sons, 2011.

[29] Haugen, R. A. *Modern Investment Theory.* Upper Saddle River:Prentice Hall, 2001.

[30] Hinton, G. E., Osindero, S., Teh, Y. W. A fast learning algorithm for deep belief nets. *Neural Computation*, 2006, 18(7): 1527–1554.

[31] Huber, P. J. *Robust Statistics.* Hoboken: John Wiley & Sons, 2004.

[32] Jarrett, K., Kavukcuoglu, K., Ranzato, M. A., LeCun, Y.What is the best multi-stage architecture for object recognition? *2009 IEEE* 12th *International Conference on Computer Vision*, 2009: 2146–2153.

[33] Jia, Y., Shelhamer, E., Donahue, J., Karayev, S., Long, J., Girshick, R., Guadarrama, S.,Darrell, T. J.Caffe: Convolutional architecture for fast feature embedding. *Proceedings of the* 22nd *ACM International Conference on Multimedia*, 2009: 675–678.

[34] Jung, D., Dorner, V., Glaser, F., Morana, S. Robo-advisory. *Business & Information Systems Engineering*, 2018, 60(1): 81–86.

[35] Kleiner, A., Talwalkar, A., Sarkar, P., Jordan, M. I. A scalable bootstrap for massive data. *Journal of the Royal Statistical Society: Series B (Statistical Methodology)*, 2014, 76(4): 795–816.

[36] Lantz, B. *Machine Learning with R*. Birmingham:Packt Publishing, 2013.

[37] LeCun, Y., Boser, B., Denker, J. S., Henderson, D., Howard, R. E., Hubbard, W., Jackel, L. D. Backpropagation applied to handwritten zip code recognition. *Neural Computation*, 1989, 1(4): 541–551.

[38] LeCun, Y., Bottou, L., Bengio, Y., Haffner, P. Gradient-based learning applied to document recognition. *Proceedings of the IEEE*, 1998, 86(11): 2278–2324.

[39] Mayer-Schönberger, V., Cukier, K. Big Data: A Revolution That Will Transform How We Live, Work, and Think. London:Eamon Dolan/Mariner Books, 2014.

[40] Mallows, C. L. Some comments on Cp. *Technometrics*, 2000, 42(1): 87–94.

[41] Meinshausen, N., Bühlmann, P. Stability selection. *Journal of the Royal Statistical Society: Series B* (*Statistical Methodology*), 2010, 72(4): 417–473.

[42] Minsky, M., Papert, S. Perceptrons: An Introduction to Computational Geometry. Cambridge: MIT Press, 1969.

[43] Mitchell, T. M. Machine Learning. NewYork: McGraw Hill, 1997.

[44] Mosteller, F., Tukey, J. W. Data analysis, including statistics. *Handbook of social psychology*, 1968(2): 80–203.

[45] Nan, Y., Yang, Y. Variable selection diagnostics measures for high-dimensional regression. *Journal of Computational and Graphical Statistics*, 2014, 23(3): 636–656.

[46] Neumeyer, X., Santos, S. C. Sustainable business models, venture typologies, and entrepreneurial ecosystems: A social network perspective. *Journal of Cleaner Production*, 2018,172: 4565–4579.

[47] Pearson, K. Principal components analysis. *The London, Edinburgh, and Dublin Philosophical Magazine and Journal of Science*, 1901, 6(2): 559.

[48] Raina, R., Madhavan, A., Ng, A. Y. Large-scale deep unsupervised learning using graphics processors. *Proceedings of the 26th Annual International Conference on Machine Learning*, 2009: 873–880.

[49] Rockafellar, R. T., Uryasev, S. Optimization of conditional value-at-risk. *Journal of Risk*, 2000(2): 21–42.

[50] Roweis, S. T., Saul, L. K. Nonlinear dimensionality reduction by locally linear embedding. *Science*, 2000, 290(5500): 2323–2326.

[51] Rumelhart, D. E., Hinton, G. E., Williams, R. J. Learning representations by back-propagating errors. *Nature*, 1986, 323(6088): 533–536.

[52] Samworth, R. A note on methods of restoring consistency to the bootstrap. *Biometrika*, 2003, 90(4): 985–990.

[53] Schwarz, G. Estimating the dimension of a model. *Annals of statistics*, 1978, 6(2): 461–464.

[54] Sengupta, S., Volgushev, S., Shao, X. A subsampled double bootstrap for massive data. *Journal of the American Statistical Association*, 2016, 111(515): 1222–1232.

[55] Skene, A. M., Shaw, J. E. H., Lee, T. D. Bayesian modelling and sensitivity analysis. *Journal of the Royal Statistical Society: Series D* (*The Statistician*), 1986, 35(2): 281–288.

[56] Srivastava, N., Hinton, G., Krizhevsky, A., Sutskever, I., Salakhutdinov, R. Dropout: a simple way to prevent neural networks from overfitting. *The Journal of Machine Learning Research*, 2014, 15(1): 1929–1958.

[57] Student. The probable error of a mean. *Biometrika*, 1908, 6(1): 1–25.
[58] Tenenbaum, J. B., De Silva, V., Langford, J. C. A global geometric framework for nonlinear dimensionality reduction. *Science*, 2000, 290(5500): 2319–2323.
[59] Tibshirani, R. Regression shrinkage and selection via the lasso. *Journal of the Royal Statistical Society: Series B (Statistical Methodology)*, 1996, 58(1): 267–288.
[60] Tufte, E. R. The Visual Display of Quantitative Information. Cheshire: Graphics Press, 1983.
[61] Tukey, J. W. The future of data analysis. *The Annals of Mathematical Statistics*, 1962, 33(1): 1–67.
[62] Xie, Y. *Dynamic Documents with R and knitr*. Boca Raton: CRC Press, 2017.
[63] Yu, B., Kumbier, K. Veridical data science. *Proceedings of the National Academy of Sciences*, 2020, 117(8): 3920–3929.
[64] Yuan, Z., Yang, Y. Combining linear regression models: When and how? *Journal of the American Statistical Association*, 2005, 100(472): 1202–1214.
[65] Zakamouline, V., Koekebakker, S. Portfolio performance evaluation with generalized Sharpe ratios: Beyond the mean and variance. *Journal of Banking & Finance*, 2009, 33(7): 1242–1254.
[66] Zhu, H., Li, X., Zhang, P., Li, G., He, J., Li, H., Gai, K. Learning tree-based deep model for recommender systems. *Proceedings of the 24th ACM SIGKDD International Conference on Knowledge Discovery & Data Mining*, 2018: 1079–1088.
[67] Zou, H., Hastie, T. Regularization and variable selection via the elastic net. *Journal of the Royal Statistical Society: Series B (Statistical Methodology)*, 2005, 67(2): 301–320.
[68] 陈志泊, 王春玲. 数据库原理及应用教程. 2 版. 北京: 人民邮电出版社, 2008.
[69] 杜永红. 大数据时代互联网金融发展对策研究. 价格理论与实践, 2015(7): 109–111.
[70] 方匡南. 数据科学. 北京: 电子工业出版社, 2018.
[71] 方艳. 数据挖掘在生物信息学中的应用. 微机发展, 2004, 14(4): 1–3.
[72] 韩纪庆, 张磊, 郑铁然. 语音信号处理. 3版. 北京: 清华大学出版社, 2019.
[73] 纪瑞朴, 王胤文, 王晓婷. 社交金融：商业银行转型发展新路径. 国际金融, 2017(2): 24–28.
[74] 廖开际. 数据仓库与数据挖掘. 北京: 北京大学出版社, 2008.
[75] 李扬, 张长, 朱建平. 融合统计思想的大数据算法. 统计研究, 2018, 35(7): 125–128.
[76] 李舰, 海恩. 统计之美: 人工智能时代的科学思维. 北京: 电子工业出版社, 2019.
[77] 李舰, 肖凯. 数据科学中的R语言. 西安: 西安交通大学出版社, 2015.
[78] 刘文志. 并行编程方法与优化实践. 北京: 机械工业出版社, 2015.
[79] 刘振鹏, 王苗, 赵红. 数据结构. 4 版. 北京: 中国铁道出版社, 2016.
[80] 林存洁, 李扬. 大数据分析仍需要统计思想 —— 以 ARGO 模型为例. 统计研究, 2016, 33(11): 109–112.
[81] 齐晖, 潘惠勇. 数据库技术及应用. 北京: 中国铁道出版社, 2017.
[82] 张舒, 褚艳利. GPU高性能运算之CUDA. 北京: 中国水利水电出版社, 2009.
[83] 周志华. 机器学习. 北京: 清华大学出版社, 2016.

图书在版编目（CIP）数据

数据科学概论 / 李扬，李舰编著. -- 北京：中国人民大学出版社，2021. 3
（数据科学与大数据技术丛书）
ISBN 978-7-300-29060-7

Ⅰ. ①数… Ⅱ. ①李… ②李… Ⅲ. ①数据处理 Ⅳ. ①TP274

中国版本图书馆 CIP 数据核字（2021）第 031586 号

数据科学与大数据技术丛书
数据科学概论
李扬　李舰　编著
Shuju Kexue Gailun

出版发行	中国人民大学出版社		
社　　址	北京中关村大街 31 号	**邮政编码**	100080
电　　话	010－62511242（总编室）		010－62511770（质管部）
	010－82501766（邮购部）		010－62514148（门市部）
	010－62511173（发行公司）		010－62515275（盗版举报）
网　　址	http://www.crup.com.cn		
经　　销	新华书店		
印　　刷	固安县铭成印刷有限公司		
规　　格	185 mm×260 mm　16 开本	**版　　次**	2021 年 3 月第 1 版
印　　张	16.5 插页 1	**印　　次**	2025 年 8 月第 7 次印刷
字　　数	405 000	**定　　价**	49.00 元

中国人民大学出版社　理工出版分社

教师教学服务说明

中国人民大学出版社理工出版分社以出版经典、高品质的统计学、数学、心理学、物理学、化学、计算机、电子信息、人工智能、环境科学与工程、生物工程、智能制造等领域的各层次教材为宗旨。

为了更好地为一线教师服务，理工出版分社着力建设了一批数字化、立体化的网络教学资源。教师可以通过以下方式获得免费下载教学资源的权限：

- 在中国人民大学出版社网站 www.crup.com.cn 进行注册，注册后进入“会员中心”，在左侧点击“我的教师认证”，填写相关信息，提交后等待审核。我们将在一个工作日内为您开通相关资源的下载权限。

- 如您急需教学资源或需要其他帮助，请加入教师 QQ 群或在工作时间与我们联络。

中国人民大学出版社　理工出版分社

教师 QQ 群：229223561(统计2组) 982483700(数据科学) 361267775(统计1组)
教师群仅限教师加入，入群请备注（学校+姓名）

联系电话：010-62511967，62511076

电子邮箱：lgcbfs@crup.com.cn

通讯地址：北京市海淀区中关村大街 31 号中国人民大学出版社 507 室（100080）